AF501799

COURS ÉLÉMENTAIRE

DE

BOTANIQUE

EXTRAIT DES PROGRAMMES OFFICIELS

du 28 janvier 1890

CLASSE DE CINQUIÈME

BOTANIQUE

Étude sommaire des différents organes d'une plante à fleurs : racine, tige, feuille, fleur, fruit, graine. — Exemples importants des variations de forme de ces organes.

Grandes divisions du règne végétal. — Étude sommaire de quelques exemples choisis dans les principales familles, telles que les suivantes :

Phanérogames. — Dicotylédones : Renonculacées, crucifères, papavéracées, légumineuses, rosacées, ombellifères, composées, rubiacées, primulacées, solanées, personnées, labiées, amentacées.

Monocotylédones : Liliacées, iridées, orchidées, palmiers, graminées.

Gymnospermes : Conifères.

Cryptogames. — Notions sommaires sur les cryptogames. — Cryptogames à racines : Fougères, prêles, lycopodes. — Cryptogames sans racines : Mousses, algues, champignons, lichens.

GÉOLOGIE

Voir l'ouvrage de M. SEIGNETTE : *Cours élémentaire de Géologie*. 1 vol. in-16, cart. toile. . . . . 2 fr. 50

51267. — Imprimerie LAHURE, rue de Fleurus, 9, à Paris.

COURS ÉLÉMENTAIRE

DE

BOTANIQUE

conforme aux programmes officiels du 28 janvier 1890

POUR LA CLASSE DE CINQUIÈME

ENSEIGNEMENT SECONDAIRE CLASSIQUE)

PAR

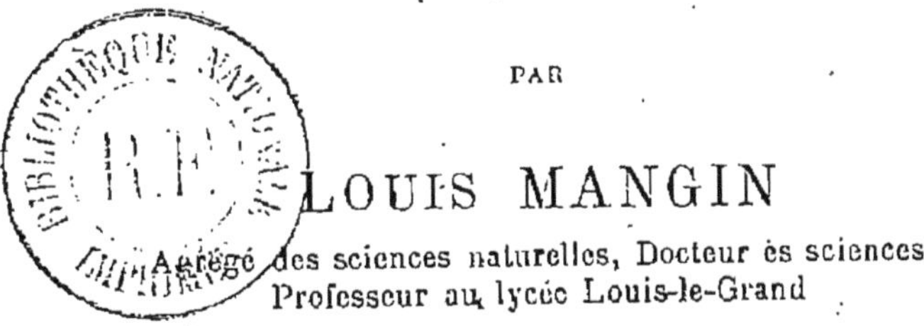

LOUIS MANGIN

Agrégé des sciences naturelles, Docteur ès sciences
Professeur au lycée Louis-le-Grand

OUVRAGE ILLUSTRÉ DE 446 GRAVURES INTERCALÉES DANS LE TEXTE
DE 3 CARTES ET DE 2 PLANCHES EN COULEUR

TROISIÈME ÉDITION

PARIS
LIBRAIRIE HACHETTE ET Cie
79, BOULEVARD SAINT-GERMAIN, 79

1895

INTRODUCTION

CARACTÈRES DES VÉGÉTAUX

Les végétaux, qui font l'objet de l'étude de la Botanique, sont des êtres vivants, qu'on distingue facilement des animaux par plusieurs caractères.

On remarque d'abord que les animaux peuvent se déplacer au gré de leur volonté à l'aide d'organes spéciaux, les muscles et quelquefois les os, tandis que les végétaux, dépourvus d'organes de mouvement, sont, par suite, incapables de se déplacer. Aussi les animaux peuvent-ils chercher leur nourriture, composée de substances végétales ou animales, à d'assez grandes distances. Les végétaux, à cause de leur immobilité, doivent, pour continuer à vivre, trouver leurs aliments immédiatement autour d'eux, dans la terre, dans l'eau ou dans l'air.

D'autre part, les animaux ont des organes des sens, yeux, oreilles, etc., et des organes nerveux, qui leur permettent de percevoir et de sentir les impressions du dehors ; ils peuvent donc manifester par des cris ou des mouvements la douleur qu'ils ressentent. Les végétaux au contraire n'ont ni organes des sens ni organes nerveux : ils n'éprouvent donc pas de sensations et restent inertes quand on leur fait subir des mutilations.

Les différences précédentes sont faciles à saisir quand on compare un chien, une poule ou un poisson à un chêne, un lis, ou une fougère.

Il existe bien un certain nombre d'êtres très simples et de petite taille qui manquent d'organes des sens et qui sont mobiles, de sorte qu'on ne peut, à première vue, dire si ce sont des végétaux ou des animaux ; mais la plupart des végétaux sont faciles à distinguer des animaux par l'absence du mouvement et des sensations, et on adopte ordinairement ces caractères pour séparer le règne végétal et le règne animal.

Nous rangerons donc dans le règne végétal tous les *êtres doués de vie, dépourvus d'organes de mouvement et, par suite, incapables de chercher eux-mêmes leur nourriture, dépourvus d'organes des sens, de système nerveux, et par suite incapables d'éprouver des sensations.*

COURS ÉLÉMENTAIRE
DE BOTANIQUE

PREMIÈRE PARTIE

ÉTUDE DE LA PLANTE ET DE SON MODE DE VIE

CHAPITRE I

PARTIES DONT SE COMPOSE LA PLANTE — CONDITIONS A REMPLIR POUR LA FAIRE VIVRE

Avant d'étudier les végétaux et leur manière de vivre, cherchons à connaître de quels organes se compose une plante.

Nous prendrons pour cela des objets qu'on peut se procurer partout : des graines, telles que celles du Haricot ou du Blé, des tubercules de Pomme de terre ou des oignons de Jacinthe.

Ces parties se forment au milieu ou à la fin de l'été; elles traversent, sans périr, la mauvaise saison et ne donnent pendant ce temps, en apparence, aucun signe de vie. Cependant elles sont encore vivantes et on les fait pousser facilement en les plaçant dans l'eau, sur du sable ou de la mousse humides.

Nous les examinerons au moment où elles vont commencer à pousser.

Développement d'une graine (Haricot).

Conformation de la graine. — La graine de Haricot (fig. 1) est entourée d'une peau assez épaisse, appelée *tégument*, qui est blanche ou colorée et s'enlève facilement, surtout quand les graines sont gonflées. Cette membrane enveloppe une partie centrale, l'*amande*, qui se sépare en deux moitiés, réunies l'une à l'autre par un petit corps arqué, allongé. Ces deux moitiés ont reçu le nom de *cotylédons*; le corps qui les réunit se divise en une région externe, apparente à l'extérieur de l'amande, c'est la *radicule*, et en une partie interne, placée entre les cotylédons, c'est la *tigelle*. La tigelle réunit les deux cotylédons; au-dessus de l'endroit où les cotylédons sont attachés, on aperçoit la *gemmule*, présentant deux petites lames incolores.

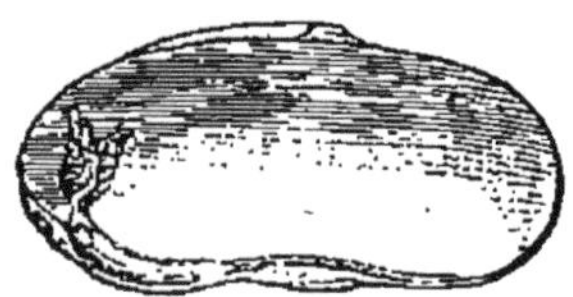

Fig. 1. — Graine de Haricot coupée en long. On voit la radicule, la tigelle et l'un des cotylédons.

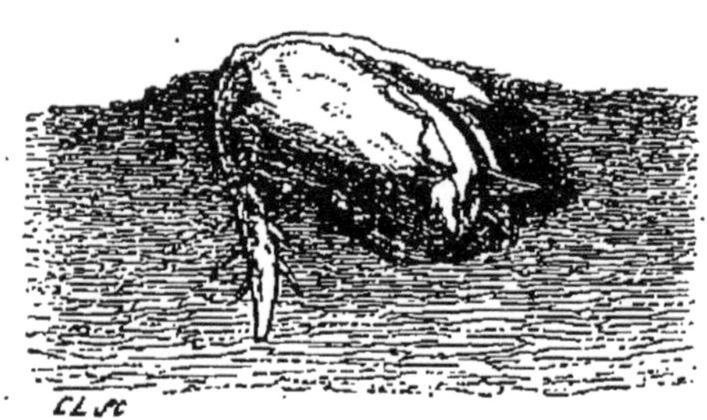

Fig. 2 et 3. — Graine de Haricot germant. Les enveloppes de la graine se déchirent et l'on voit apparaître la racine.

Toute l'amande est donc formée par les deux cotylédons, réunis l'un à l'autre au moyen de la radicule et de la tigelle. On donne le nom d'*embryon* à l'ensemble de ces quatre parties; c'est, comme nous allons le voir, une plante en miniature.

Développement de la graine, germination. — Semons ces graines dans un verre contenant de la mousse ou du sable humides, et abandonnons-les à la température ordinaire d'une chambre.

Bientôt (fig. 2 et 3) les enveloppes se déchirent et l'on voit sortir d'abord la radicule, qui s'allonge en se dirigeant en bas; puis les deux moitiés de l'amande, ou cotylédons, s'écartent l'une de l'autre, et deux lames vertes apparaissent

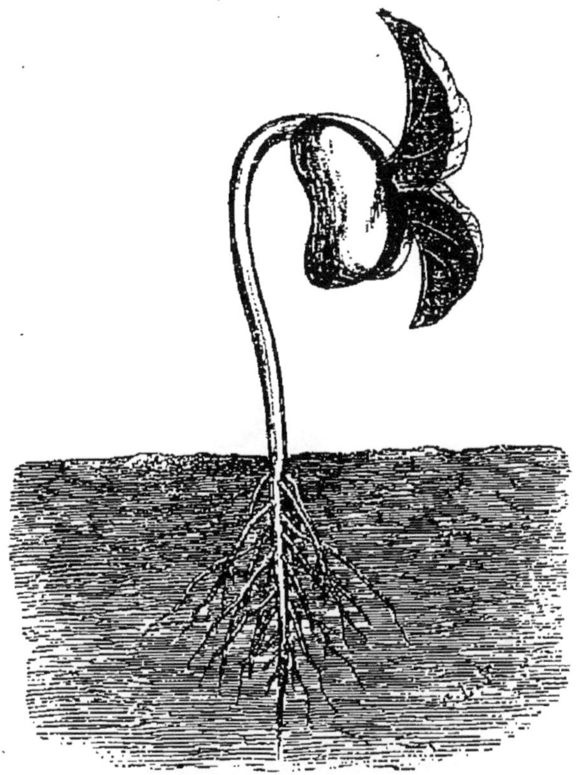

Fig. 4. — La tigelle a soulevé les cotylédons et l'on voit apparaître deux feuilles entre ceux-ci.

dans la fente qu'ils laissent entre eux (fig. 4). Peu à peu ces lames deviennent libres et s'épanouissent au-dessus des cotylédons, qui ont été soulevés et sont à ce moment sortis du sable.

La jeune plante développée aux dépens de la graine est alors constituée par une partie qui s'enfonce dans le sable et qui est toujours sans couleur ou peu colorée : c'est la *racine;* la racine se continue par une autre partie, toujours dirigée de bas en haut, qu'on appelle *tige;* la tige porte, outre les cotylédons de la graine qu'elle a soulevés avec

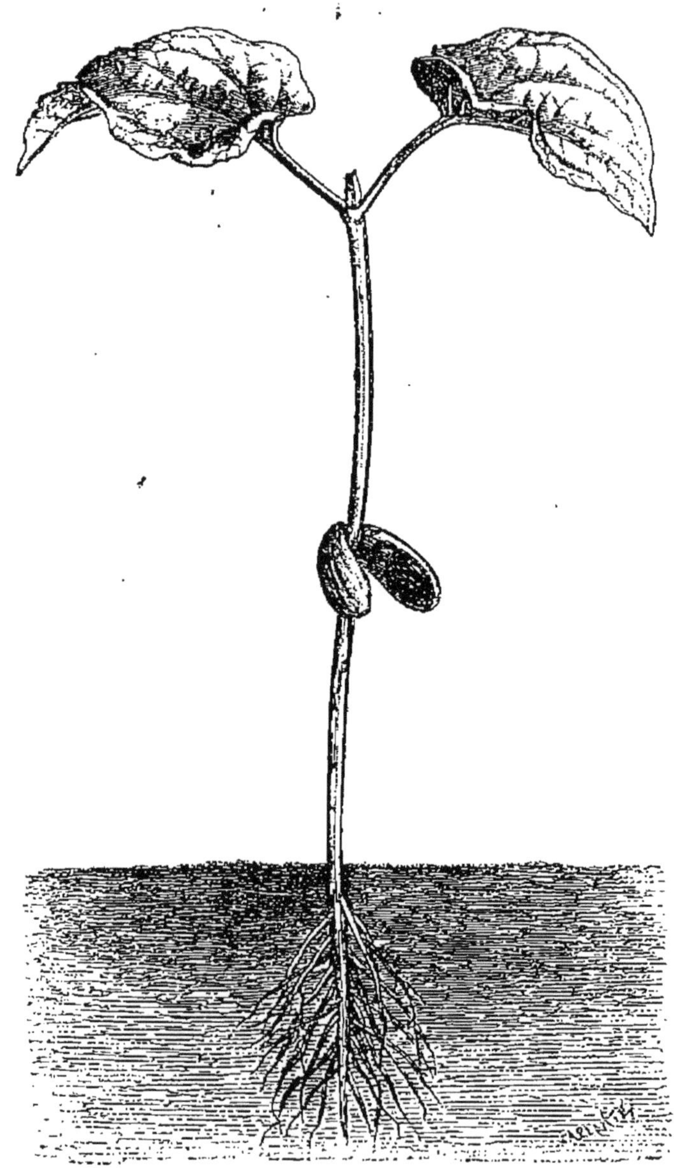

Fig. 5. — La graine du Haricot a développé une tige, des racines et des feuilles. Les cotylédons commencent à se flétrir.

elle, deux ou un plus grand nombre de lames vertes, qu'on appelle *feuilles*.

Ainsi trois parties sont à distinguer dans cette plante (fig. 5) : la *racine*, la *tige* et les *feuilles*, et ces parties étaient déjà formées dans la graine : la racine était représentée par la *radicule*, la tige par la *tigelle* et la *gemmule*, enfin les feuilles existaient, sous la forme de petites lames, à l'extrémité de la tigelle.

Comment se nourrit la plante obtenue? Elle ne trouve aucun aliment dans le verre, puisqu'elle plonge sa racine dans le sable ou la mousse, qui n'en contiennent pas. Mais si l'on examine les deux cotylédons, on voit qu'ils étaient d'abord charnus et qu'ils se flétrissent à mesure que la jeune plante s'accroît; c'est donc des cotylédons qu'elle tire sa nourriture, et non des racines ou des feuilles. En effet, on peut couper ces organes, il s'en reforme bientôt de nouveaux; mais si l'on coupe les cotylédons, la jeune plante meurt faute d'aliments.

En la cultivant, comme nous l'avons fait, dans un verre contenant de la mousse et du sable humides, elle meurt toujours au bout d'un certain temps quand la provision de nourriture renfermée dans les cotylédons est épuisée.

La graine de Haricot peut donc se transformer en une jeune plante pourvue de racines, de tige et de feuilles, qui puise exclusivement sa nourriture dans les parties charnues appelées *cotylédons*. On dit alors que la graine *germe*, et les phénomènes qui s'accomplissent à ce moment constituent la *germination*.

Conditions nécessaires à la germination. — Pour que les graines germent et développent une nouvelle plante, elles doivent être dans un milieu *aéré*, *humide* et *chaud*.

1° Le milieu doit être aéré. — Les graines placées dans un milieu qui ne contient pas d'air ne peuvent vivre. Ainsi, quand on empile dans un verre des graines de Haricot préalablement gonflées, on voit germer celles qui occupent la surface, mais celles qui occupent le fond ne subissent aucun changement, à cause du manque d'air.

La présence de l'air est nécessaire, car, au moment où la

graine de Haricot se transforme en une jeune plante, elle absorbe l'oxygène qui est renfermé dans l'air et rejette une certaine quantité d'acide carbonique. On peut le constater en plaçant des graines humides dans un flacon rempli d'air et hermétiquement fermé : au bout de quelque temps, si l'on ouvre le flacon, on constate qu'une bougie allumée s'y éteint, parce que l'oxygène de l'air, absorbé par les graines, a disparu et a été remplacé en partie par de l'acide carbonique. La présence de ce gaz est ensuite constatée au moyen d'un peu d'eau de chaux qu'on verse dans le flacon et qui se trouble par suite de la formation du calcaire.

Le dégagement d'acide carbonique pendant la germination s'observe aussi dans les germoirs ou les silos destinés à conserver les graines, car on constate souvent qu'une bougie allumée s'éteint quand on l'introduit dans les chambres renfermant beaucoup de graines.

2° Le milieu doit être humide. — Sans eau les graines ne peuvent germer; on le sait bien, puisque l'on conserve les graines pendant plusieurs années sans qu'elles s'altèrent, en les plaçant dans des endroits secs : greniers, tiroirs, etc.

L'humidité est indispensable, car, si l'on compare la graine du Haricot à la jeune plante qui en provient, on voit que la plante formée par la germination est gorgée d'eau, tandis que les graines n'en contenaient qu'une très faible quantité.

3° Le milieu doit être chaud. — En effet, on ne peut faire pousser des graines quand il gèle. La température qui convient le mieux pour les faire pousser est la température moyenne des appartements (12 à 15°). Si la température est trop élevée ou trop basse, non seulement les graines ne poussent pas, mais elles peuvent être tuées.

La nécessité de la chaleur n'a pas besoin d'une longue démonstration, car c'est une nécessité commune à tous les êtres vivants : tous ont besoin de chaleur pour vivre. Si elle leur fait défaut, ils périssent ou s'engourdissent.

Ainsi les conditions à remplir pour faire germer une

graine sont au nombre de trois : il faut lui fournir à la fois de la *chaleur*, de l'*humidité* et de l'*air*.

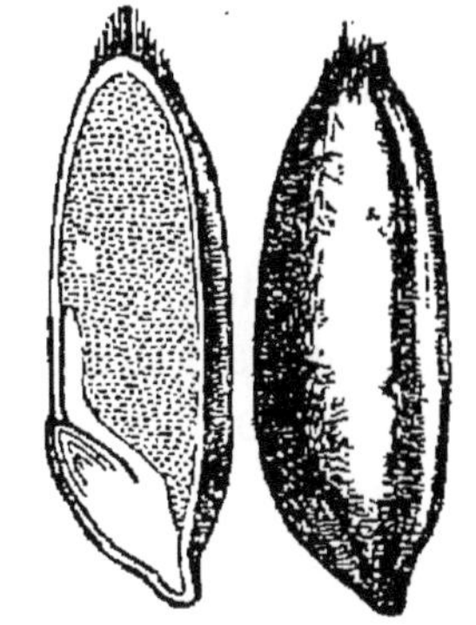

Fig. 6. — Conformation du grain de Blé. L'embryon n'occupe que la partie inférieure de l'amande.

Développement des graines de Blé ou de Maïs. — Les conditions nécessaires à la germination et les phénomènes extérieurs qui s'accomplissent pendant cette phase de la vie des graines, peuvent être démontrés avec d'autres plantes, des graines de Blé ou de Maïs par exemple.

Le grain de Blé ou celui du Maïs diffère d'abord de la graine de Haricot parce que l'embryon, très petit, n'occupe qu'une partie du volume du grain (fig. 6). La provision de nourriture nécessaire à la jeune plante pour se développer, au

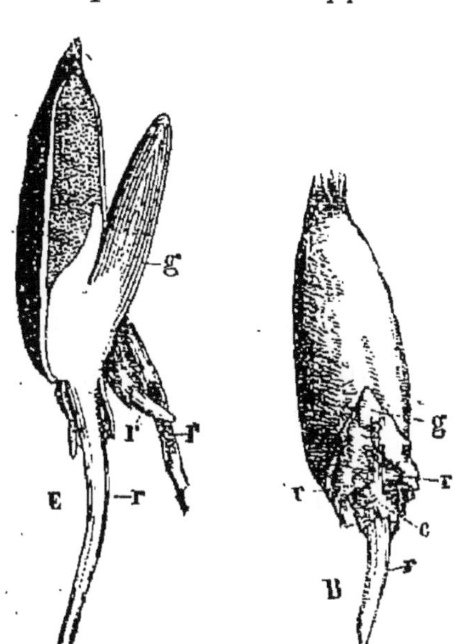

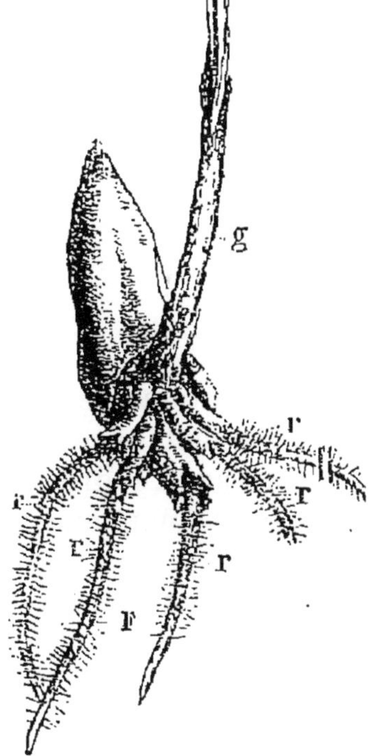

Fig. 7. — Germination d'un grain de Blé. États successifs : *r*, racines fixées à la base et sur les parties latérales de la tige ; le sommet de celle-ci est terminé par la gemmule *g*.

lieu d'être renfermée dans les cotylédons, est en dehors de l'embryon ; c'est elle qui fournit la farine. On donne à cette réserve de nourriture, placée à côté de l'embryon dans la graine, le nom d'*albumen*.

En outre, l'embryon du grain de Blé ne présente qu'un seul cotylédon, qui reste pendant la germination emprisonné avec la graine dans le sol ; il constitue un suçoir, au moyen duquel la jeune plante tire sa nourriture de l'albumen.

Si nous plaçons des grains de Blé dans les mêmes conditions que les graines de Haricot, nous les verrons commencer à germer au bout de quelques jours. Les enveloppes du grain de Blé se déchirent à la base (fig. 7), et l'on voit plusieurs cordons blancs *rr* formant les racines s'échapper à travers la déchirure et se diriger de haut en bas dans le sol ; puis la gemmule *g* s'allonge vers le haut en développant une tige très courte, entièrement cachée par des lames vertes enroulées en cornet, qui constituent les feuilles.

Pendant le développement de cette jeune plante, la provision de nourriture formée par l'albumen disparaît peu à peu, absorbée par le cotylédon, et bientôt il ne reste plus que les enveloppes du grain de Blé.

Développement d'un tubercule de Pomme de terre.

Les conditions de vie que nous venons d'étudier ne sont pas seulement nécessaires au développement des graines, elles sont aussi indispensables à d'autres parties des plantes, lorsqu'elles commencent à pousser après l'hiver.

Conformation d'un tubercule. — Prenons comme nouvel exemple les tubercules de Pomme de terre. Ces tubercules, récoltés à la fin de l'été, sont conservés pendant l'hiver sans donner en apparence signe de vie.

Chacun d'eux (fig. 8) se montre sous la forme d'une masse arrondie, irrégulière, dont la surface est creusée d'un certain nombre de dépressions, appelées *yeux*.

L'un de ces yeux, examiné à la loupe, contient au fond de la dépression une petite saillie couverte par quelques lames ou écailles incolores ; cette saillie forme ce que l'on

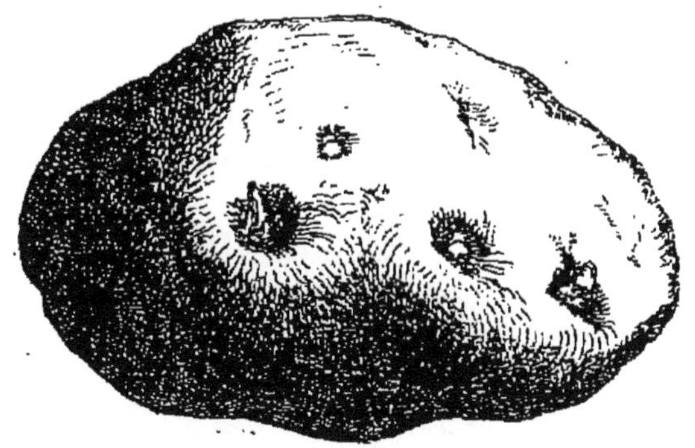

Fig. 8. — Pomme de terre qui présente un certain nombre d'yeux ou de bourgeons.

appelle un *bourgeon ;* elle est assez semblable aux bourgeons qu'on voit en l'hiver sur les branches des arbres.

Développement d'un tubercule. — Au printemps, dans les caves ou sur du sable humide, les Pommes de terre commencent à pousser. De chaque œil on voit sortir un cordon blanc ou jaunâtre, qui porte à sa surface de petites écailles, et se dirige de bas en haut. Bientôt, sous l'influence de la lumière, ce cordon verdit et des lames vertes se développent sur sa surface ; il représente une *tige*, et les lames vertes sont des *feuilles*. La tige et les feuilles existaient dans le bourgeon, dont nous avons constaté la présence au fond de chacun des yeux du tubercule. Plus tard nous voyons se détacher, sur les parties latérales de la tige, un certain nombre de filaments blancs qui se dirigent de haut en bas et s'enfoncent dans le sable : ce sont les *racines* (fig. 9).

Ainsi chacun des yeux du tubercule de Pomme de terre développe, comme la graine de Haricot, une jeune plante constituée par les trois organes essentiels : *tige*, *racines* et *feuilles*.

Les conditions nécessaires pour le développement d'un

tubercule sont celles que nous avons réalisées pour faire germer la graine de Haricot, c'est-à-dire la présence de la chaleur, de l'humidité et de l'air.

Comment se nourrit la plante développée par un tubercule?

Si nous coupons une Pomme de terre au moment où elle commence à pousser, nous voyons qu'elle est d'abord rem-

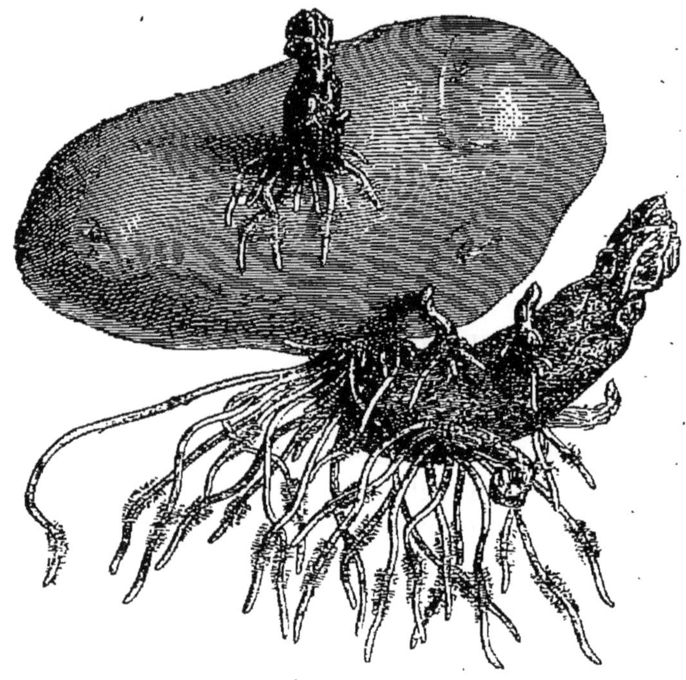

Fig. 9. — Pomme de terre examinée au printemps. Chaque œil a développé une tige; celle-ci porte des écailles ou feuilles et des racines.

plie de fécule; mais à mesure que se développent les bourgeons qui occupent les yeux, la fécule disparaît dans la région voisine de ceux-ci, et bientôt tout le tubercule, devenu mou, se flétrit par suite de la consommation de la fécule.

Ici, comme dans le Haricot, les jeunes plantes qui se constituent dans les yeux du tubercule tirent exclusivement leur nourriture de celui-ci; c'est la fécule qui est à ce moment leur aliment. Ce fait explique pourquoi les Pommes de terre poussent si souvent au printemps dans les caves où elles sont conservées. Mais les jeunes plantes ainsi obtenues ne tardent pas à mourir quand la provision de nourriture est épuisée.

Développement d'un oignon (Jacinthe).

Conformation de l'oignon. — Coupons par le milieu et suivant sa hauteur un oignon de Jacinthe semblable à ceux que l'on trouve chez les marchands de fleurs (fig. 10). Nous verrons sur la tranche obtenue, et à la base, une partie élargie qui se termine en pointe. Elle porte sur toute sa surface un grand nombre de lames qui, par leur réunion, forment l'oignon de Jacinthe.

Ces lames constituent les *écailles*, et la partie centrale qui les porte est la *tige*. Au sommet de la tige on aperçoit même les fleurs qui vont s'épanouir.

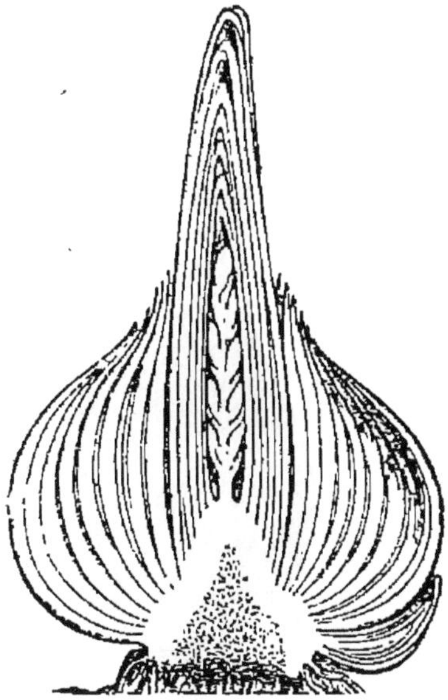

Fig. 10. — Coupe en long d'un oignon de Jacinthe. On aperçoit au milieu la tige qui porte sur les côtés des écailles épaisses, et, au sommet, des feuilles vertes enveloppant une grappe de fleurs.

Développement de l'oignon. — Pour faire pousser cet oignon, il suffit de le placer sur le goulot d'une bouteille remplie d'eau, de manière que sa base plonge dans l'eau.

Au bout de quelques jours on voit se développer un grand nombre de filaments blancs qui se dirigent de haut en bas, et s'enfoncent dans l'eau : ce sont les *racines*. En même temps les écailles supérieures, jaunies, s'écartent, et laissent passer des lames vertes qui s'épanouissent bientôt et forment les *feuilles*. Un peu plus tard on voit sortir du milieu des feuilles un petit pédoncule qui porte les fleurs.

A ce moment la Jacinthe est complètement formée, avec ses racines, sa tige très courte et ses feuilles.

Pour que l'oignon puisse développer un pied de Jacinthe, nous avons dû lui donner de l'humidité, de la chaleur et de l'air. Si nous avions placé le bulbe dans l'eau, en l'exposant au froid, ou en empêchant l'air d'arriver jusqu'à lui, il n'aurait pas poussé, et au bout de quelque temps il aurait péri.

Fig. 11. — Oignon de Jacinthe poussant dans l'eau ; la tige a poussé des racines et les feuilles entourées par les écailles se sont étalées.

Comment se nourrit la Jacinthe? Si l'on coupe les feuilles vertes et les racines, on ne l'empêche pas de vivre ; mais si l'on enlève une à une les écailles de l'oignon, la plante se développe moins bien, et d'autant moins qu'on enlève un plus grand nombre d'écailles.

C'est donc dans les écailles que se trouve la provision de nourriture destinée à la jeune plante ; ce qui le prouve encore, c'est que les écailles sont épaisses, dures, au moment où l'oignon commence à pousser, puis elles se vident et deviennent molles quand la Jacinthe est formée.

Résumé.

Un végétal se compose ordinairement de trois organes essentiels :

1° La *racine*, qui se dirige toujours de haut en bas en s'enfonçant dans le sol ;

2° La *tige*, ordinairement dirigée de bas en haut ;

3° Les *feuilles* ou lames vertes portées par la tige.

Quand ce végétal se forme aux dépens d'une graine, d'un tubercule ou d'un oignon, il suffit, pour obtenir la plante entièrement développée, de placer ces objets dans un milieu chaud, aéré et humide.

Au début de son développement, la jeune plante n'emprunte aucune nourriture à l'extérieur, elle puise ses aliments dans la graine, le tubercule ou l'oignon. C'est un peu plus tard, quand elle est déjà développée, qu'il faut lui fournir dans l'air ou dans la terre les aliments dont elle a besoin.

CHAPITRE II

RACINE

La racine est l'organe de la plante qui se dirige toujours de haut en bas et s'enfonce dans le sol.

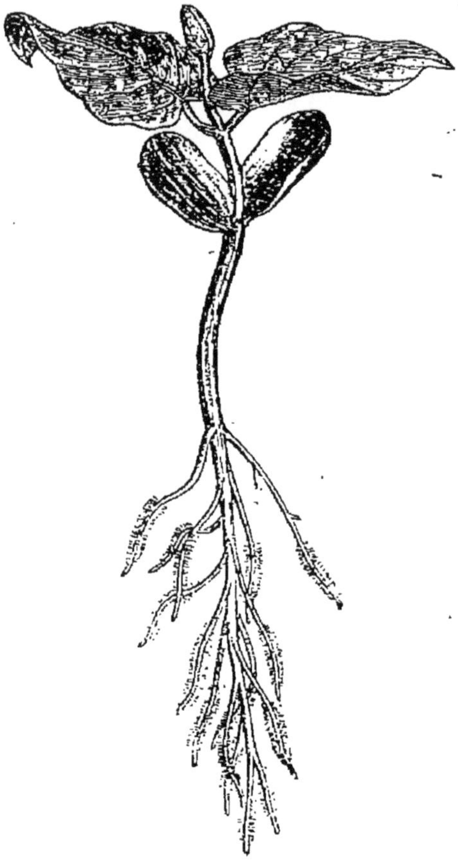

Fig. 12. — Jeune plant de Haricot montrant la conformation des racines.

Conformation des racines.

Pour étudier la conformation des racines, il faut examiner des plantes que l'on fait pousser dans l'eau ou dans l'air humide. Nous prendrons comme exemples les racines des Haricots ou les racines que développent les graines de Cresson, de Lin quand on les fait germer en les déposant sur du plâtre humide. On voit que l'extrémité de chaque racine, terminée en pointe, a une coloration jaunâtre; cette extrémité, formée d'un tissu plus résistant que celui qui forme la jeune racine, est appelée *coiffe;* elle protège la partie jeune de la racine. A une certaine distance de l'extrémité de la racine (fig. 12), on aperçoit un duvet sur toute la surface latérale et sur une longueur de 2 ou 3 centimètres; ce duvet, examiné à la loupe, est constitué par une grande quantité de poils, appelés *poils absorbants*.

Les parties plus âgées de la racine sont entièrement dépourvues de poils et possèdent une coloration brune.

Telle est l'apparence extérieure des racines.

Si l'on examine une coupe en travers d'une racine de Haricot (fig. 13), on distingue deux régions : une région exté-

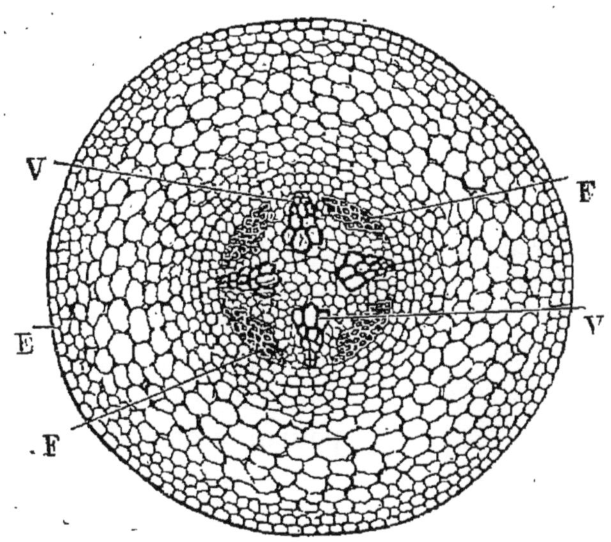

Fig. 13. — Coupe en travers de la racine du Haricot. On aperçoit dans la région centrale les vaisseaux de la plante qui sont coupés. Ils sont représentés en F et en V.

rieure, appelée *écorce*, entourant une partie centrale assez étroite; c'est dans la partie centrale qu'on aperçoit les vaisseaux (F, V, fig. 13) qui font communiquer la racine avec la tige et les feuilles ; ils sont disposés en groupes qui alternent régulièrement entre eux.

Rôle des racines.

Les racines absorbent les matières nutritives. — Pour connaître le rôle des racines, comparons ensemble trois pieds de Haricot obtenus par germination : le premier auquel nous coupons les racines quand la provision de nourriture est épuisée, le second qui a poussé dans du sable lavé, et enfin le dernier, planté dans la terre végétale. Au bout de quelques jours, les deux premières plantes sont mortes ou près de mourir, tandis que la troisième, très vigoureuse, a développé des tiges et des feuilles.

On voit, d'après cela, que les racines servent à puiser dans le sol des matières nutritives destinées à la plante : ce sont les organes de l'absorption. En les coupant, ou en plaçant les plantes dans un milieu qui ne contient pas d'aliments, nous avons causé la mort des plantes.

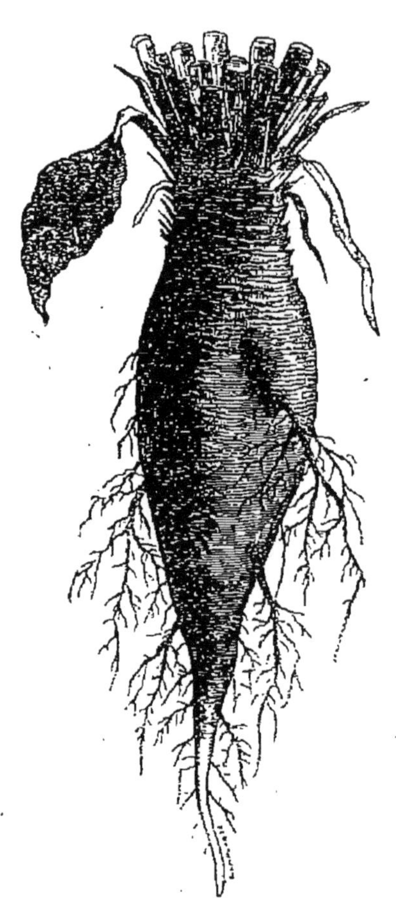

Fig. 14. — Racine charnue de la Betterave.

La partie qui dans la racine sert à puiser les matières nutritives que la terre renferme, est celle qui se trouve au voisinage de l'extrémité et qui est couverte de poils, désignés sous le nom de *poils absorbants*. C'est pourquoi dans une plante, si on coupe les racines un peu au-dessus de la région qui porte les poils absorbants, elle meurt aussi vite que si l'on coupait entièrement les racines.

On sait en outre que les plantes arrachées et replantées aussitôt après meurent souvent ; la mort est due, dans ce cas, à ce qu'en arrachant la plante on a brisé toutes les racines au-dessus de leur région absorbante.

Autres rôles des racines. — Les racines ne servent pas seulement à puiser les matières alimentaires dans le sol, elles ont encore d'autres usages pour la plante.

Ainsi les racines pivotantes de la Betterave (fig. 14), du

Navet, grossissent beaucoup pendant les premiers mois du développement de ces plantes et se gorgent de nourriture; elles servent à emmagasiner les aliments pour l'époque où la plante formera ses fleurs et ses graines. Ces racines sont appelées *racines-tubercules*.

Le Dahlia (fig. 15) offre la même disposition, mais chez

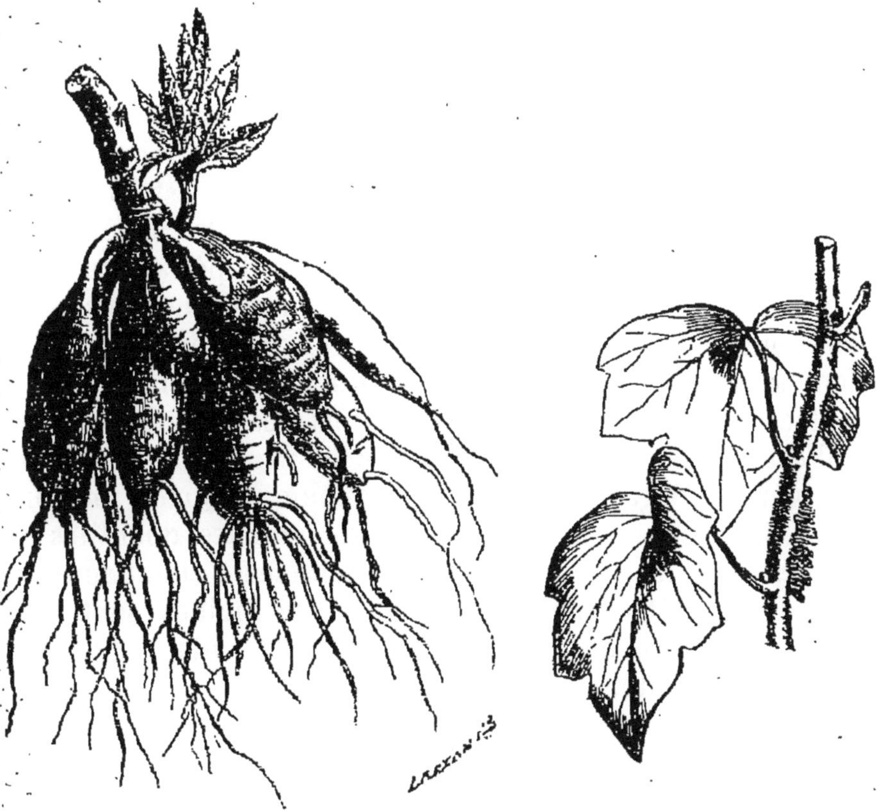

Fig. 15. — Racines charnues du Dahlia développées sur les côtés de la tige.

Fig. 16. — Fragment de Lierre montrant la tige couverte de racines servant à fixer la tige aux arbres ou aux murs.

lui les racines épaisses et charnues sont formées par des racines qui se développent sur les côtés de la tige.

Dans un grand nombre de plantes, les racines servent à soutenir et à fixer le végétal au sol. C'est ce qui arrive pour les racines des arbres.

Le meilleur exemple de plante attachée par ses racines nous est fourni par le Lierre, dont les racines se développent sur les tiges aériennes et servent à fixer celles-ci aux arbres ou aux murs : ce sont des *racines-crampons* (fig. 16).

Les racines ont besoin d'air pour vivre. — Les racines ne peuvent accomplir leurs fonctions que si elles reçoivent de l'air. Elles prennent l'oxygène et rejettent l'acide carbonique ; on dit alors qu'elles *respirent*.

Si l'air leur fait défaut, elles périssent. De nombreuses observations dans la culture ou le jardinage démontrent ce fait. Ainsi, quand le sol renfermant les racines est fortement tassé, ou qu'il devient imperméable, les plantes dépérissent à cause du manque d'air ; on remédie au dépérissement en creusant la terre, pour la rendre plus poreuse. Les sols argileux sont défavorables à la culture des plantes dont les racines s'enfoncent profondément, parce que l'air n'arrive pas au contact des racines, à cause de l'imperméabilité de l'argile.

Il est facile de constater aussi que les racines absorbent de l'oxygène et dégagent de l'acide carbonique. Quand on conserve dans des caves ou des silos de grandes quantités de racines de betteraves, une bougie allumée s'éteint souvent lorsqu'on pénètre dans les caves où ces racines sont conservées, à cause de la grande quantité d'acide carbonique qui s'est produite.

Différentes sortes de racines.

Racine principale et racines secondaires. — Si nous examinons les racines qui se développent à la base d'un jeune Haricot (fig. 12), nous voyons que la radicule de la graine a donné naissance à une première racine, dirigée verticalement : on l'appelle *racine principale*.

Sur celle-ci on voit bientôt pousser d'autres racines, dirigées horizontalement : ce sont les *racines secondaires* ; elles sont rangées régulièrement suivant quatre séries longitudinales. Ces racines développent à leur tour sur les côtés des racines de troisième ordre ou *racines tertiaires*.

Au bout d'un certain temps, l'ensemble des racines de la jeune plante développée par la germination d'un Haricot est constitué par la racine principale et ses ramifications, qu'on désigne souvent par le nom de *radicelles*. Ces dispositions s'observent aussi dans un grand nombre d'autres plantes.

L'aspect général des racines peut être différent suivant la prédominance de tel ou tel groupe de racines. Si la racine principale est plus développée que les ramifications qu'elle porte, on dit que la plante possède une racine *pivotante ;* si les racines secondaires sont aussi développées que la racine principale, ce sont des racines *fasciculées* ou *fibreuses*.

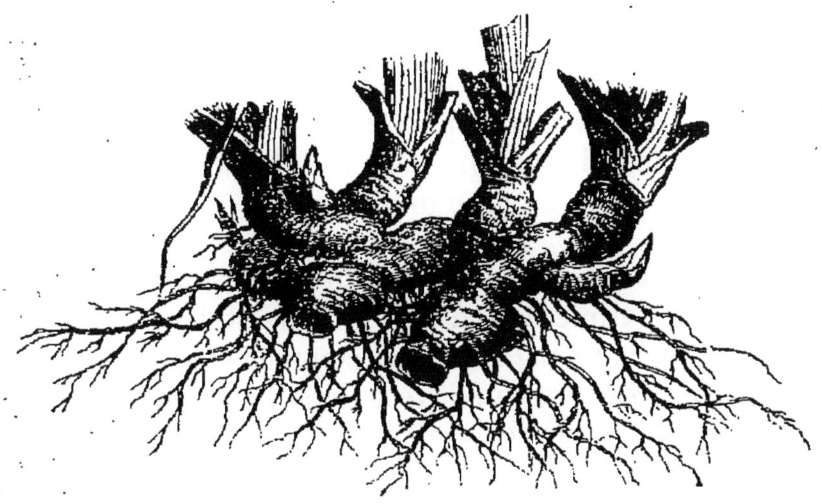

Fig. 17. — Tige souterraine d'Iris montrant les racines adventives.

Racines adventives. — Beaucoup de plantes, telles que le Blé, l'Iris, perdent de très bonne heure leur racine principale, et l'on voit se développer sur la tige, pour remplacer celle-ci, de nouvelles racines, qu'on appelle *racines adventives*. L'Iris a des racines adventives sur toute la surface de sa tige souterraine (fig. 17); le Lierre (fig. 16), le Dahlia (fig. 15) ont aussi des racines adventives.

Certains arbres, tels que le Saule, le Peuplier, certains arbustes, tels que le Laurier-rose, développent facilement sur leurs branches des racines adventives; quand on coupe une branche de Laurier-rose et qu'on plonge son extrémité inférieure dans un vase rempli d'eau, au bout de quelques jours on voit se former des racines adventives à l'extrémité inférieure de la branche.

Applications et usages.

Applications. — Le développement des racines adventives est très employé dans la culture, soit pour reproduire par boutures, comme on le verra plus loin, des plantes qui ne développent pas de fleurs, soit pour obtenir des plantes plus vigoureuses. Ainsi, quand on passe le rouleau sur des champs où le Blé est encore jeune, on couche les plants de blé sur la terre, de sorte que la tige, touchant le sol par plusieurs nœuds à la fois, développe en ces points un grand nombre de racines adventives. Chaque plant de blé, recevant alors plus de matières alimentaires, forme de nombreuses fleurs et donne par suite beaucoup de graines.

Usages des racines.—Un certain nombre de racines sont utilisées dans l'alimentation de l'homme et des animaux. Ce sont surtout les *racines-tubercules*, comme le Navet, la Carotte, le Radis. D'autres sont employées dans l'industrie : la Betterave, si cultivée dans le nord de la France, sert à la fabrication du sucre ; les racines de Guimauve sont employées en médecine.

Résumé.

Les racines sont des organes dirigés de haut en bas dans le sol, généralement incolores. Elles sont terminées à leur extrémité par une *coiffe* qui les protège ; elles développent des poils à peu de distance du sommet.

Elles se ramifient toujours sur les côtés en formant des radicelles.

Les racines servent à absorber les matières alimentaires au moyen des poils placés vers l'extrémité ; elles servent aussi à mettre des aliments en réserve, elles fixent la plante au sol ou aux supports.

CHAPITRE III

TIGE

La tige est la partie de la plante qui se dirige ordinairement de bas en haut et qui porte les feuilles.

Conformation de la tige.

Examinons la tige d'un Haricot ou la tige d'un arbre, tel que l'Aulne (fig. 18). Elle se présente sous l'aspect d'un cordon coloré en vert, portant de distance en distance les feuilles; la région qui porte une feuille s'appelle *nœud*, et la région qui sépare deux feuilles successives porte le nom d'*entre-nœud*.

Vers le sommet elle présente des entre-nœuds de plus en plus courts : ce sont les plus jeunes. Enfin, au sommet même, la tige est recouverte par les feuilles les plus jeunes, qui la protègent. On donne à la partie qui termine la tige le nom de *bourgeon terminal;* cette région permet à la tige de s'allonger sans cesse et de former de nouvelles feuilles.

Outre le bourgeon terminal, on voit presque toujours apparaître sur les côtés de la tige, à l'endroit où les feuilles se détachent de celle-ci, de petits renflements semblables au bourgeon terminal; on les nomme *bourgeons axillaires*, parce qu'ils occupent l'aisselle de la feuille, c'est-à-dire la cavité située à la base du pétiole; ces bourgeons sont destinés à former les branches ou les rameaux de la tige, et on les observe facilement au printemps sur tous les arbres.

Examinons à l'aide d'une loupe une tranche mince d'une coupe en travers de la tige d'un Haricot : nous apercevons, au milieu du tissu qui forme la tige, des tubes dont les parois sont ornées de sculptures diverses. Dans la tige du Haricot, ces tubes sont disposés en groupes plus ou moins nombreux, et forment un cercle situé dans la région moyenne de la tige. La partie extérieure à ce cercle est l'écorce, la partie intérieure est la moelle. Ces deux régions manquent

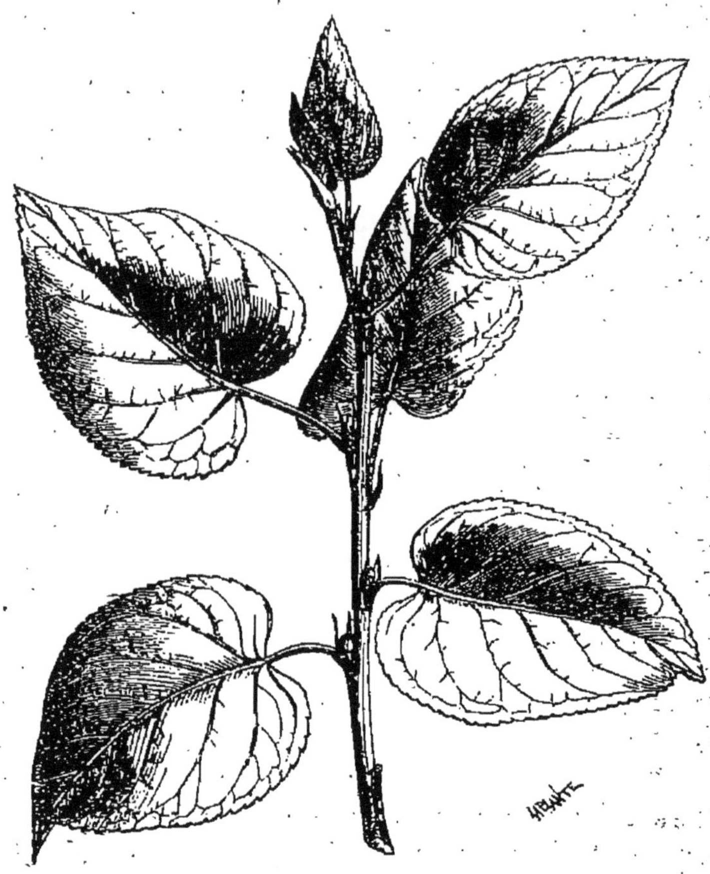

Fig. 18. — Fragment de branche d'Aulne montrant la tige, les feuilles et les bourgeons.

de vaisseaux. On voit encore mieux dans un pédoncule d'Artichaut les vaisseaux que contient la tige (fig. 19). Ils sont très nombreux et forment plusieurs rangées autour de la moelle.

Les différents vaisseaux que contient la tige sont en continuité, d'une part avec ceux de la racine, et d'autre part

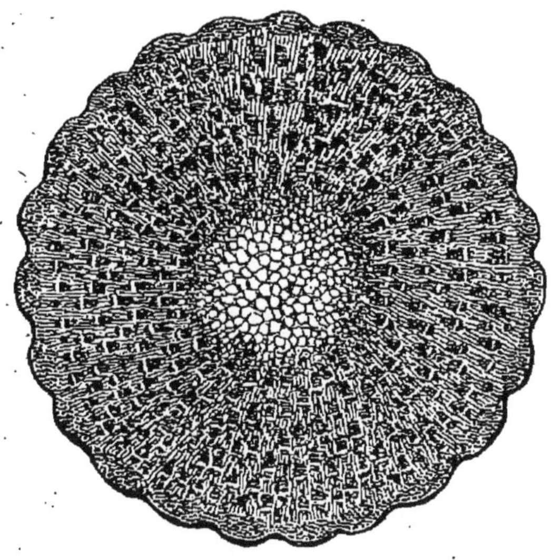

Fig. 19. — Coupe en travers de la queue d'un Artichaut, montrant les vaisseaux. La région centrale ou moelle est dépourvue de vaisseaux.

avec ceux qui forment les nervures des feuilles. Ils éta-

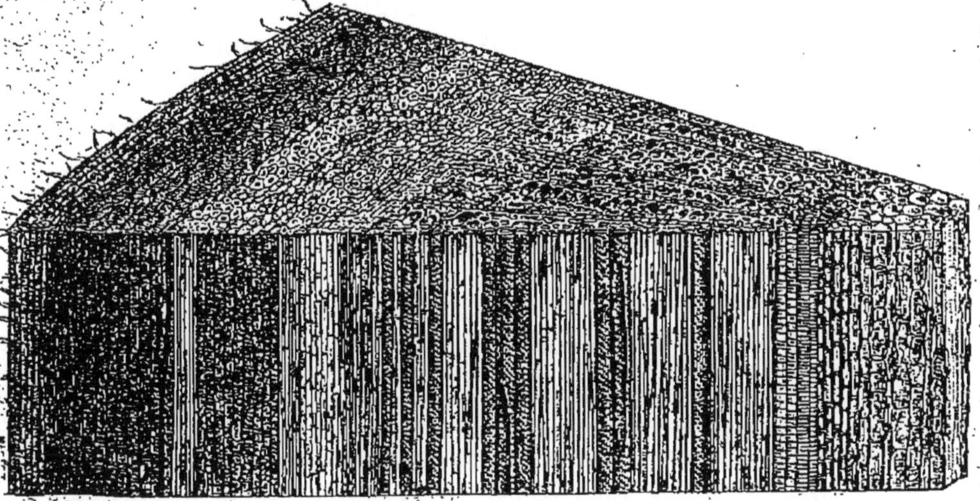

Fig. 20. — Quartier d'Érable très grossi, montrant les vaisseaux du bois.

blissent donc une communication entre les racines et les feuilles.

On les aperçoit très bien dans une vue latérale d'un quartier d'Érable (fig. 20), où les vaisseaux du bois sont très apparents et se reconnaissent aux sculptures de leurs parois.

Rôle de la tige.

La tige sert à supporter les feuilles, mais elle a encore d'autres rôles importants à remplir.

La tige est un organe conducteur. — La tige conduit les matières alimentaires dans la plante. Elle sert surtout à amener dans les feuilles, au moyen des vaisseaux qu'elle contient, les substances alimentaires puisées dans le sol par les racines, et, inversement, elle dissémine dans toute la plante les aliments préparés dans les feuilles.

En effet, coupons à sa base la tige d'une plante en pleine végétation, d'un Haricot ou d'une Pomme de terre, dont les racines sont plongées dans le sol. La surface de la tranche est d'abord sèche, puis au bout de quelques secondes elle se couvre d'un liquide incolore; si l'on enlève ce liquide au moyen de papier buvard, il se renouvelle bientôt, et autant de fois qu'on recommence l'expérience. En examinant avec une loupe la section de la tige au moment où le liquide réapparaît, on s'aperçoit que les gouttelettes s'échappent précisément des vaisseaux que nous avons vus dans la tige.

Il existe donc dans la tige des courants de liquide destinés à disséminer les matières alimentaires; on les appelle courants de *sève*.

La tige est un organe de réserve. — Le rôle d'organe de soutien et celui d'organe conducteur sont les plus importants de la tige, mais elle accomplit encore d'autres fonctions. Dans beaucoup de plantes, elle constitue un organe où la nourriture est mise en réserve à l'époque de la mauvaise saison, pour être utilisée à la reprise de la végétation.

Ainsi c'est dans le tronc des arbres de nos pays que s'accumulent les aliments à l'époque de la chute des feuilles. Certaines parties dans la tige souterraine de la Pomme de terre se renflent, se remplissent de fécule et constituent les tubercules de cette plante (fig. 21). Il en est de même de la tige souterraine du Topinambour, qui se renfle et forme des tubercules renfermant les aliments destinés à nourrir les branches qui se forment chaque année. Enfin c'est dans

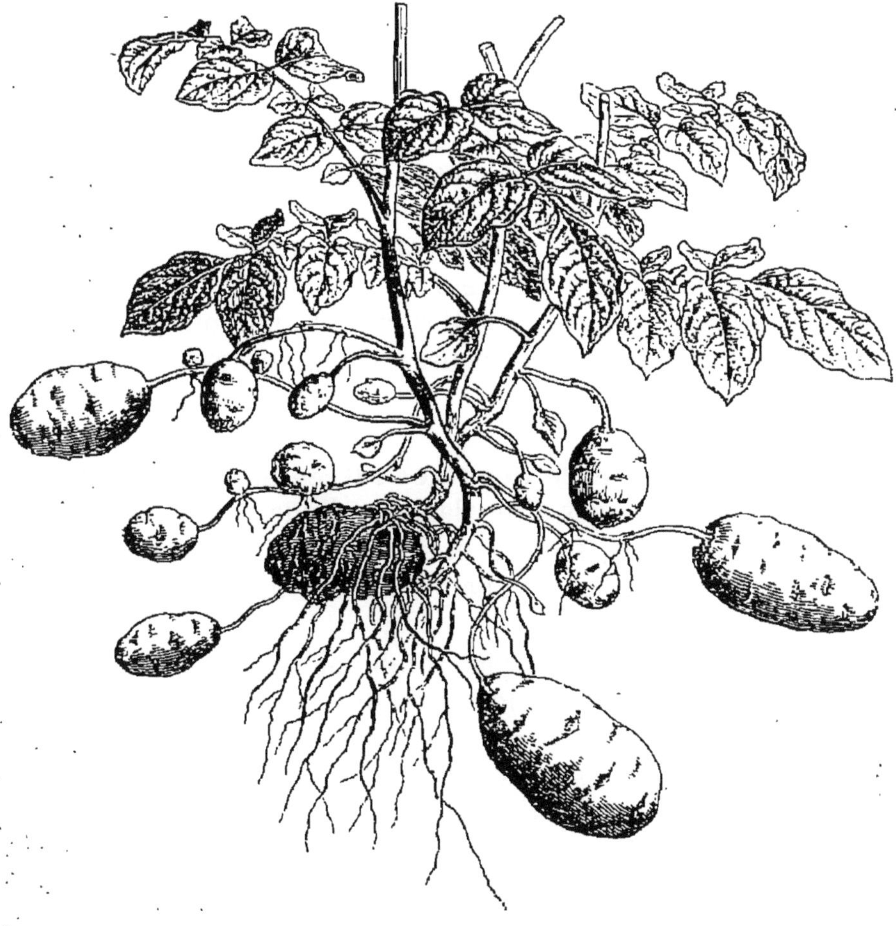

Fig. 21. — Un pied de Pomme de terre montrant que les tiges se renflent en certains points pour former des tubercules, organes de réserve alimentaire.

la tige de la Canne à sucre que le sucre ordinaire vient s'accumuler au moment où la plante va fleurir, pour servir au développement des fleurs et à la formation des graines.

La tige a besoin d'air pour vivre. — Mais les diverses fonctions que la tige doit remplir ne peuvent s'accomplir que si cet organe peut respirer, c'est-à-dire s'il se trouve dans un milieu contenant de l'oxygène, qu'il absorbe en dégageant de l'acide carbonique.

Quand on place des fragments de tige dans une éprouvette contenant de l'air, on s'aperçoit que l'oxygène de l'air disparaît peu à peu et qu'il est remplacé par de l'acide carbonique.

Différentes sortes de tiges.

Les tiges offrent une grande variété, et pour les étudier on peut les examiner à plusieurs points de vue. Elles sont très différentes suivant qu'elles vivent une ou plusieurs années, et suivant qu'elles poussent dans la terre ou dans l'air.

Consistance et durée des tiges : tiges herbacées, tiges ligneuses. — Les tiges d'un Haricot, d'une Pomme de terre sont toujours vertes, molles et se cassent facilement. Elles se dessèchent et périssent chaque année. On les appelle des tiges *herbacées*.

Toutes les tiges ne sont pas semblables à celles du Haricot, et si nous examinons les tiges des arbres, d'un Chêne, d'un Érable par exemple, nous verrons qu'elles sont d'abord vertes et tendres, cassantes comme celles du Haricot et de la Pomme de terre, puis, à la fin de la première et de la deuxième année, elles deviennent brunes et leur consistance augmente beaucoup. Quand on les coupe en travers, on s'aperçoit que la plus grande partie de leur épaisseur est formée par une matière brune, dure, qu'on appelle *bois*. Les tiges ainsi constituées sont nommées tiges *ligneuses*; elles appartiennent toujours à des plantes qui vivent plus d'un an.

Épaississement des tiges ligneuses. — Les tiges herbacées n'augmentent pas beaucoup en épaisseur, car elles ne vivent qu'une année, tandis que les tiges ligneuses peuvent acquérir une épaisseur considérable. Par exemple, la tige d'un Chêne, qui, jeune, avait à peine la grosseur d'un tuyau de plume, peut acquérir, si elle vit un grand nombre d'années, plusieurs décimètres de circonférence.

Une coupe en travers du tronc d'un Érable présente au centre la moelle, qui est enveloppée d'un cercle de bois (fig. 22); celui-ci est recouvert par une couche mince, appelée *écorce*, et à la limite de l'écorce et du bois il existe une région

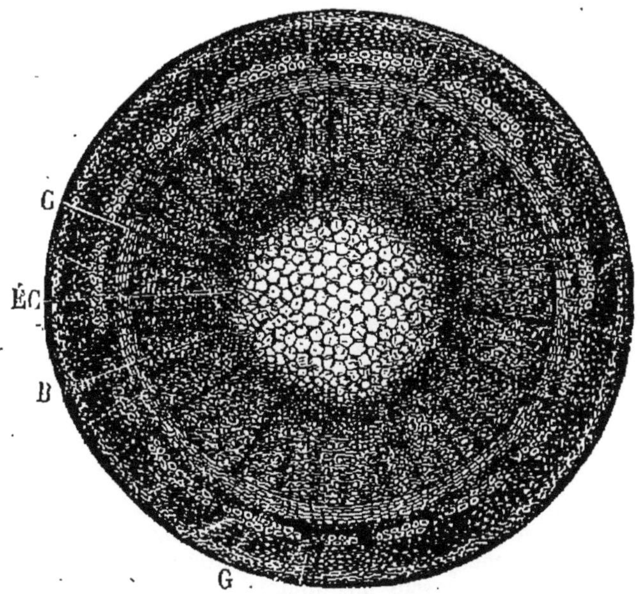

Fig. 22. — Tronc d'Érable montrant la zone génératrice G qui sépare l'écorce du bois.

de tissu sans cesse en voie de formation : c'est la *zone génératrice*, au moyen de laquelle le tronc accroît son épaisseur.

En effet, la zone génératrice reste vivante pendant toute la vie de l'arbre, et elle forme sans cesse de nouvelles couches de bois à sa surface intérieure et de nouvelles couches d'écorce à sa surface extérieure.

Cette région est très développée au printemps, et, comme elle est molle, on peut à ce moment la déchirer facilement et décoller l'écorce du bois; c'est ce que font les enfants quand ils fabriquent des sifflets avec l'écorce des arbres.

Le tronc d'un Chêne assez âgé (fig. 23) est presque entièrement formé par le bois; l'écorce est très mince, et la moelle, qui occupe le centre, est peu développée. Ordinairement le bois qui est au centre du tronc est brun : c'est le *cœur du bois;* celui qui est à l'extérieur, contre l'écorce, est jaune ou blanc : c'est l'*aubier.* Cette dernière partie, qui représente toujours la région la plus jeune du bois, est souvent seule

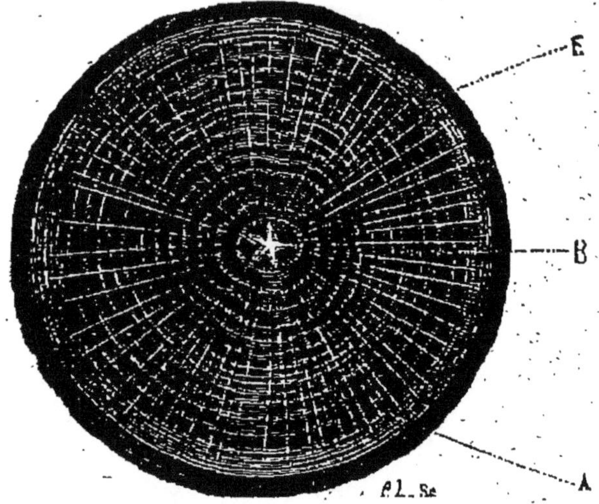

Fig. 23. — Coupe d'un tronc de Chêne de dix-huit ans. E, écorce; A, aubier; B, cœur du bois. Les couches nouvelles, au nombre de dix-huit, sont interrompues çà et là par les rayons médullaires.

vivante, c'est elle qui est traversée par les liquides de la plante; le cœur du bois est formé par des tissus morts qui ont perdu une grande partie de l'eau qu'ils contenaient.

Bois de printemps et bois d'automne. — Dans nos pays, la formation du bois au moyen de la couche génératrice n'a pas lieu régulièrement toute l'année : le bois formé au printemps est plus poreux et contient de plus larges vaisseaux que le bois formé à l'automne; aussi, quand on examine le tronc d'un chêne, voit-on le bois décomposé en un grand nombre de couches concentriques, entourant la moelle. Chaque couche représente le bois formé pendant une année : elle est constituée d'abord de bois poreux ou bois de printemps, puis de bois d'automne qui est compact, de sorte que le nombre de ces couches permet de compter l'âge d'un tronc d'arbre. C'est le mélange du bois de printemps et d'automne qui donne naissance aux veines du bois, si recherchées dans la menuiserie et l'ébénisterie.

Outre les couches que nous venons de signaler, le tronc d'un Chêne est sillonné de raies qui vont du centre à la circonférence; ces régions ne contiennent pas de vaisseaux et sont peu résistantes : on les appelle *rayons médullaires*. C'est suivant les rayons médullaires que le bois se fend facilement.

Genre de vie des tiges. — Les tiges se distinguent entre elles, non seulement par leur durée et leur consistance, mais encore par leur genre de vie.

Il existe des *tiges aériennes* et des *tiges souterraines*.

Tiges aériennes dressées, rampantes, grimpantes. — Les tiges aériennes se présentent sous des aspects différents. Tantôt, et c'est le cas le plus ordinaire, elles sont dressées verticalement; les tiges des arbres, les tiges du Blé, du Maïs, les tiges des Palmiers sont ainsi disposées. Les tiges des arbres tels que le Chêne, le Hêtre, le Sapin (fig. 24) sont plus larges à la base qu'au sommet, elles ont la forme d'un cône; elles se divisent en branches nombreuses, tantôt régulièrement distribuées, comme dans le Sapin; tantôt irrégulières, comme dans le Chêne, le Hêtre; on les appelle *troncs*. La tige dressée du Blé, du Maïs a presque la même épaisseur dans toute son étendue, sauf aux nœuds, où elle est un peu plus épaisse; elle est souvent creuse dans les entre-nœuds et pleine dans les nœuds : on l'appelle *chaume*. Enfin les tiges des Palmiers (fig. 25) sont aussi dressées, elles portent les feuilles à leur sommet et ont la même épaisseur dans toute leur longueur; elles portent très rarement des branches : on les nomme *stipes*.

D'autres fois les tiges sont trop grêles et leur consistance est trop faible pour qu'elles restent verticales : elles se cou-

Fig. 24. — Tige dressée du Sapin ; c'est un tronc.

Fig. 23. — Tige dressée du Dattier; c'est un stipe.

chent sur le sol et sont dites *rampantes;* telles sont

Fig. 26. — Fraisier : exemple de tige rampante.

les tiges du Fraisier (fig. 26), de certaines Renoncules.

Un certain nombre de tiges rampantes peuvent s'élever si elles se trouvent à proximité de points d'appui, arbres, murs, etc. : ce sont alors des tiges *grimpantes.* Les unes grimpent en s'enroulant autour des arbres ou des tuteurs, comme le Liseron des Haies, le Houblon (fig. 27); les autres s'élèvent en s'accrochant aux arbres des haies ou aux murs au moyen de cordons qu'on appelle *vrilles;* ces cordons sont des feuilles ou des branches transformées : ils ont la propriété, lorsqu'ils rencontrent des obstacles, de s'enrouler autour d'eux et de fixer ainsi solidement la plante à son support.

Fig. 27. — Houblon. La tige s'enroule autour des perches qui servent de support à chaque pied.

Les Pois grimpent au moyen de vrilles formées par les parties supérieures des feuilles; il en est de même pour les

Melons (fig. 28), mais dans ces plantes les feuilles entières sont transformées en vrilles.

La Vigne vierge possède aussi des vrilles au moyen desquelles elle peut s'élever; elles sont constituées par les branches transformées, mais ces vrilles s'appliquent sur les murs et y restent adhérentes.

Les tiges peuvent encore grimper de beaucoup d'autres manières; nous avons vu déjà que le Lierre s'élève en se fixant aux murs ou aux arbres au moyen de ses racines

Fig. 28. — Rameau de Melon portant des vrilles qui sont constituées par des feuilles transformées.

adventives. Les Ronces grimpent aux buissons au moyen de leurs crochets ou aiguillons.

Tiges souterraines : rhizomes, bulbes, tubercules. — Les tiges souterraines, complètement enfouies dans le sol, sont souvent confondues avec les racines, et à cause de cette ressemblance elles ont été désignées sous le nom de *rhizomes*. On peut toujours les distinguer des racines, parce qu'elles portent des feuilles et des bourgeons, tandis que les racines ne développent jamais de feuilles et rarement des bourgeons.

Le Carex, l'Iris, le Sceau de Salomon nous présentent des exemples de tiges souterraines ou *rhizomes*.

Certaines tiges souterraines s'allongent beaucoup sous la

terre et poussent à de grandes distances leurs bouquets de

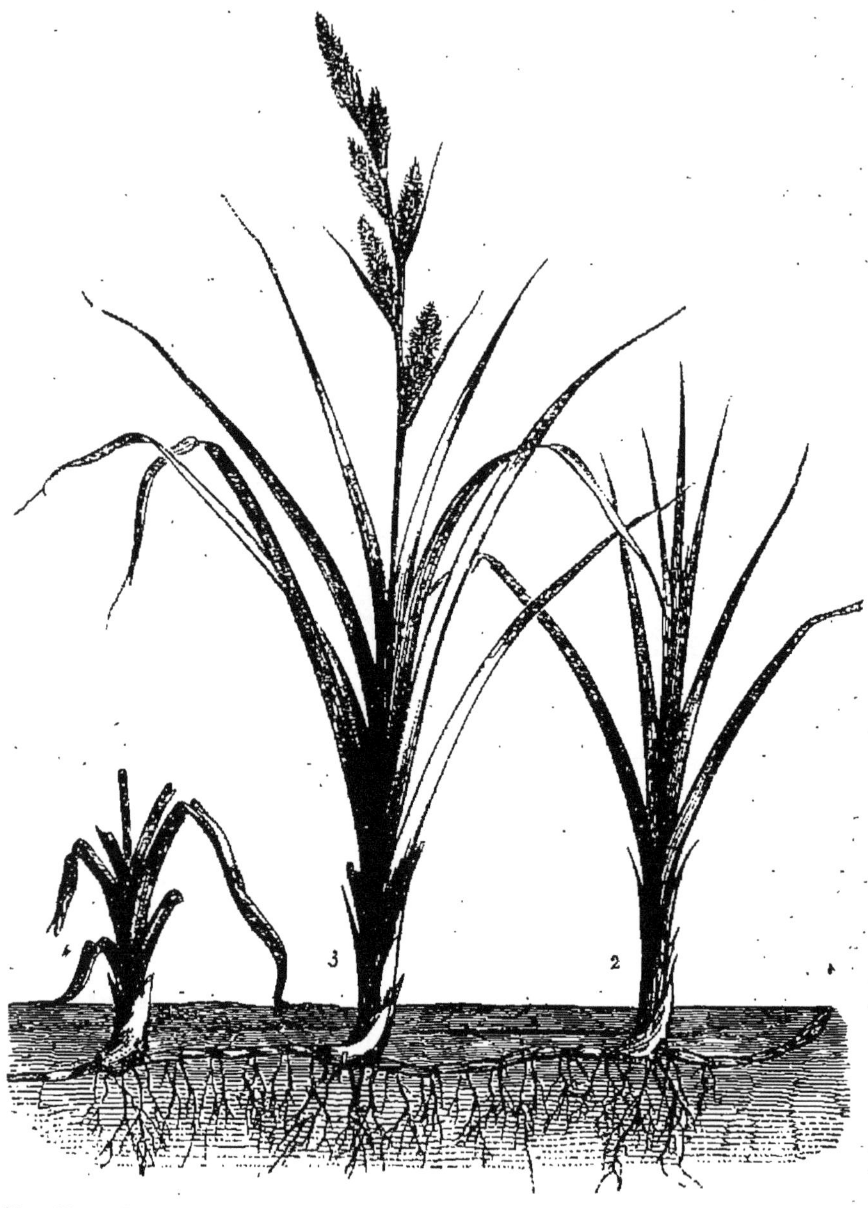

Fig. 29. — Carex ou Laîche des sables. Il présente une tige souterraine couverte d'écailles sur laquelle s'attachent quelques branches aériennes.

feuilles; tels sont les Carex. Le rhizome d'une espèce appelée Laîche des sables (fig. 29) est constitué par un cordon très grêle, couvert d'écailles et de racines adventives, qui s'allonge toujours sous terre sans jamais faire sortir son extrémité. On voit se détacher sur les côtés du rhizome des bourgeons axillaires qui développent chacun une tige aérienne garnie d'un bouquet de feuilles, et simulent autant de pieds distincts ; mais quand on arrache l'un de ces pieds, on entraîne tous les autres avec le rhizome qui les réu-

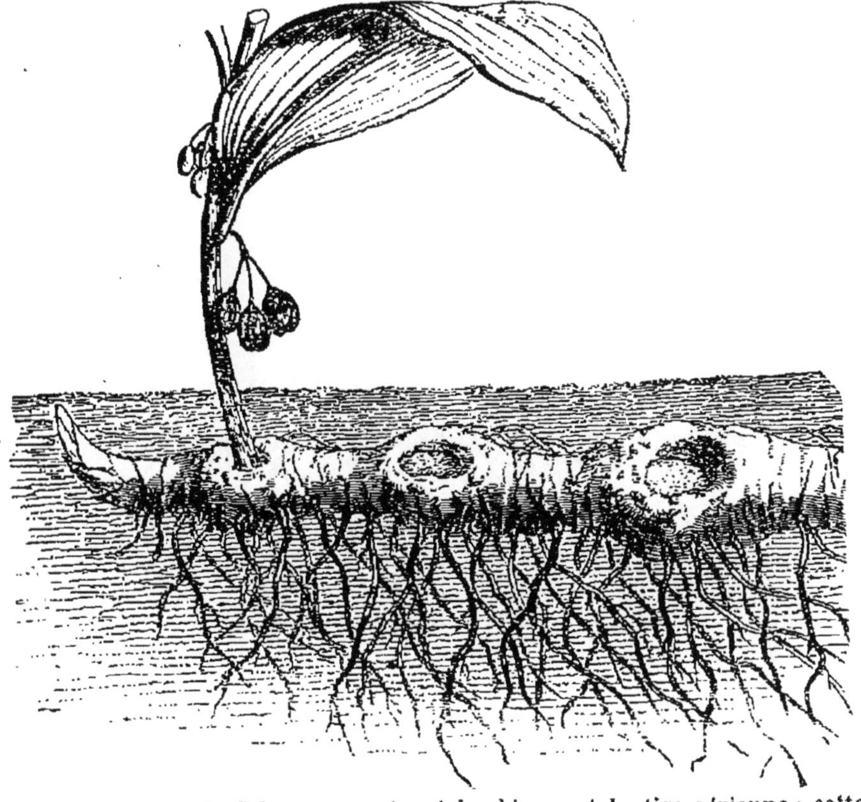

Fig. 30. — Sceau de Salomon montrant le rhizome et la tige aérienne ; cette dernière se détruit chaque année et laisse une cicatrice sur le rhizome.

nissait. Dans les terrains sablonneux arides, on arrache souvent des rhizomes de Carex d'une longueur de plusieurs mètres qui portent 40 à 50 tiges aériennes.

Le rhizome du Sceau de Salomon (fig. 30) est différent. Si l'on arrache un pied de cette plante, on aperçoit un rhizome assez long qui présente, de distance en distance, des renflements, et, au milieu de ceux-ci, de petites empreintes ou *cicatrices* qu'on a comparées aux empreintes d'un cachet sur la cire; ce rhizome est terminé par une tige aérienne portant des feuilles et des fleurs; à la base de la tige aérienne on voit un bourgeon.

Vers la fin de l'été, la tige aérienne se flétrit et sa chute laisse sur le rhizome une nouvelle cicatrice, de sorte que le nombre des cicatrices que l'on trouve indique le nombre d'années du rhizome. Quant au bourgeon qui est à la base

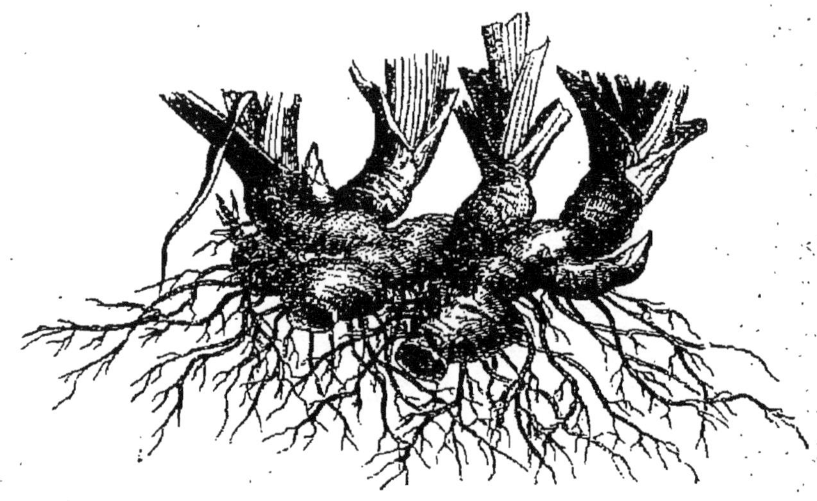

Fig. 31. — Fragment de rhizome d'Iris.

de la tige aérienne, il se développera au printemps suivant en une nouvelle partie aérienne, qui subira le même sort que celle que nous venons d'examiner.

Le rhizome d'Iris (fig. 31), noueux, est couvert des cicatrices laissées par les feuilles; il porte des racines adventives, et les extrémités de la tige ou de ses branches sont toujours terminées par un bouquet de feuilles épanouies dans l'air. Les renflements qu'on observe sur ce rhizome sont les parties formées pendant une année.

D'autres tiges souterraines sont très courtes et acquièrent

une grande épaisseur; elles sont enveloppées par les feuilles desséchées et minces : on les appelle *bulbes solides;* telles sont les tiges de Glaïeul, de Safran (fig. 32). Enfin les tubercules de certaines plantes, notamment les tubercules de la Pomme de terre, sont aussi des fragments de tiges souterraines.

On peut toujours s'assurer que les bulbes et les tubercules sont des tiges, car, en examinant leur surface, on y trouve les restes des anciennes feuilles, sous la forme de cicatrices ou d'écailles, et on aperçoit des bourgeons qui se développent à l'aisselle des feuilles.

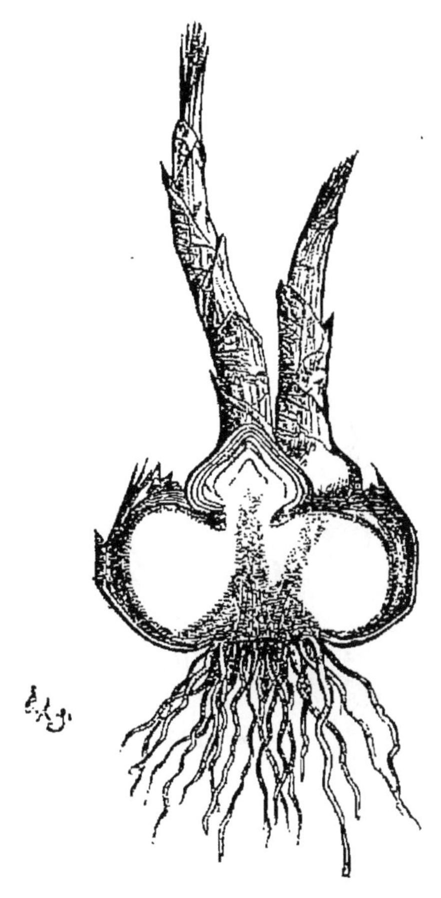

Fig. 32. — Bulbe de Safran coupé. On aperçoit à la base le bulbe formé l'année précédente, et au sommet les jeunes bourgeons qui développeront chacun un nouveau bulbe.

Utilité et emploi des tiges. — Les tiges des plantes ligneuses constituent le bois, dont l'emploi est si général, soit comme matériel de construction, soit comme chauffage.

Les tiges du Chanvre, du Lin servent à la fabrication de la toile.

Au point de vue alimentaire, les tiges sont non moins importantes : c'est de la tige de la Canne à sucre qu'on retire le sucre ordinaire; ce sont les tiges souterraines de la Pomme de terre qui se gorgent de nourriture et constituent, malgré leur récente introduction en France, l'un des aliments maintenant indispensables à l'homme.

Bourgeons.

Nous venons d'étudier la tige et nous avons vu comment cette partie de la plante est conformée quand elle a acquis tout son développement; il nous reste à dire quelques mots

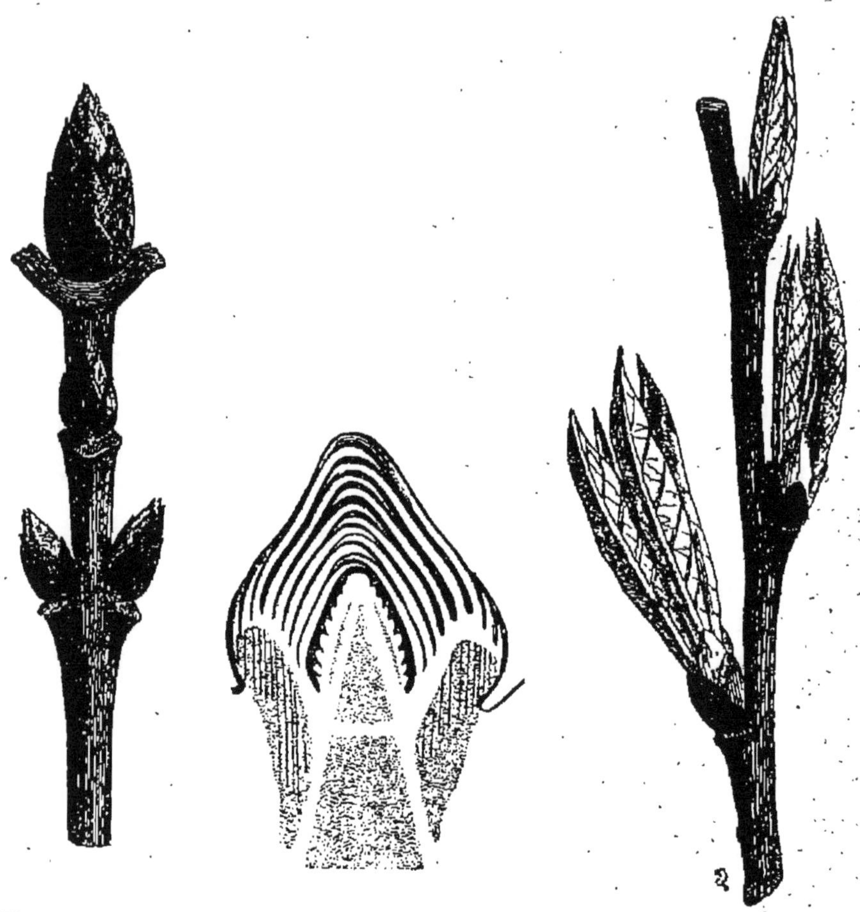

Fig. 33. — Branche portant des bourgeons.

Fig. 34. — Bourgeon coupé en long.

Fig. 35. — Bourgeons de Peuplier représentés au moment où ils s'épanouissent.

sur les parties jeunes de la tige qui contribuent à former les bourgeons occupant le sommet et les côtés de la tige adulte.

La tige et les feuilles, quand elles sont jeunes, forment ces corps ovoïdes, appelés *bourgeons*, qu'on aperçoit au printemps sur les arbres (fig. 33).

Si l'on examine les bourgeons d'un arbre, on voit qu'ils sont constitués par de petites lames brunes ou *écailles* formées par des feuilles modifiées; ces écailles recouvrent les parties jeunes de la tige ainsi que les feuilles qui occupent le centre des bourgeons (fig. 34). Les écailles sont destinées à protéger contre le froid et l'humidité les jeunes branches en voie de formation et, pour mieux remplir ce rôle, elles sont revêtues souvent de matière cireuse, comme dans les bourgeons du Peuplier, du Tilleul, du Pin, ou elles présentent, intercalé entre elles, un duvet très soyeux, comme dans les bourgeons du Saule, du Hêtre; souvent le duvet et la résine existent en même temps, comme on le voit dans les gros bourgeons du Marronnier.

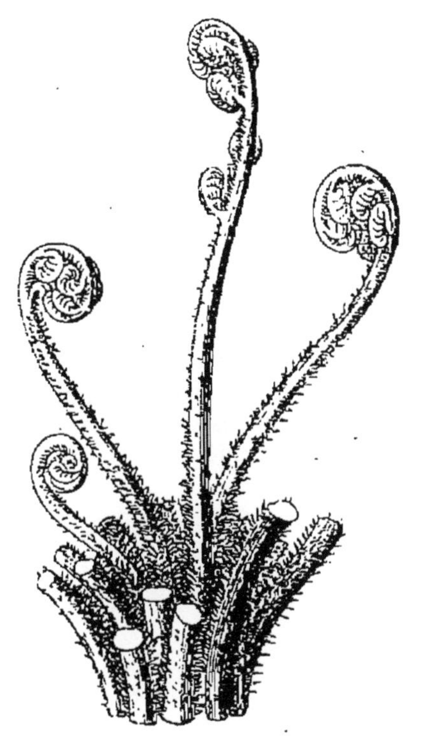

Fig. 36. — Bourgeon de Fougère montrant les jeunes feuilles enroulées en crosse.

Quand la température s'élève, au printemps, la reprise de la végétation a lieu. On voit alors les écailles du bourgeon s'écarter pour laisser passer la jeune branche et les feuilles qui s'épanouissent (fig. 35).

La manière dont se produit l'épanouissement des feuilles est très variable, et suffit parfois pour caractériser tout un groupe de plantes; ainsi, dans les Fougères (fig. 36), les jeunes feuilles sont enroulées en crosse et se déroulent peu à peu de dedans en dehors.

Quand on examine les bourgeons des arbres de nos pays, au printemps, on reconnaît que les feuilles et les branches qui doivent apparaître dans l'été sont entièrement formées à la fin de l'hiver, de sorte qu'elles ne font que s'agrandir après l'épanouissement des bourgeons.

On peut alors reconnaître sur une branche d'arbre, de Chêne ou de Hêtre par exemple, les portions de cette branche qui se sont formées pendant chaque année.

Résumé.

La tige est un organe ordinairement dirigé de bas en haut : on la distingue de la racine parce qu'elle porte des feuilles vertes ou des feuilles incolores, appelées *écailles*, et des bourgeons.

Elle sert à supporter les feuilles et les branches ; elle conduit dans les feuilles l'eau et les matières minérales que les racines prennent à la terre ; elle sert à disséminer dans toute la plante les aliments préparés dans les feuilles.

On distingue différentes sortes de tiges : les tiges herbacées, qui n'augmentent pas en épaisseur, et les tiges ligneuses, qui vivent plusieurs années et s'épaississent beaucoup ; elles sont formées en grande partie par le bois, qui est formé de couches concentriques annuelles permettant de déterminer leur âge.

Le genre de vie permet de distinguer les tiges aériennes, qui peuvent être dressées, rampantes, grimpantes, et les tiges souterraines, rhizomes, tubercules, bulbes solides. Ces dernières tiges se distinguent des racines par la présence de feuilles, tantôt vertes, tantôt incolores.

CHAPITRE IV

FEUILLE

Parties qui composent la feuille.

Les feuilles sont des lames vertes qui apparaissent de distance en distance sur la tige.

Chacune d'elles se compose d'une partie aplatie appelée *limbe*, rattachée à la tige par un prolongement appelé *pétiole*.

La base du pétiole, c'est-à-dire la région qui touche à la tige, est parfois élargie en forme de cornet embrassant la tige : elle reçoit alors le nom de *gaine;* c'est ce qu'on voit dans les feuilles de l'Angélique (fig. 38), du Maïs (fig. 39).

Fig. 37. — Feuille de Rosier montrant à la base du pétiole deux stipules, *st.*

D'autres fois, la base du pétiole, dépourvue de gaine, est accompagnée sur les côtés par deux lames vertes appelées *stipules;* c'est ce qu'on voit dans les feuilles du Houblon, du Rosier (fig. 37).

De ces diverses parties, le *limbe* est la plus importante;

c'est celle qui manque le plus rarement, tandis que les autres

Fig. 38. — Fragment d'une tige d'Angélique montrant la gaine à la base des feuilles.

parties n'existent pas toujours. Ainsi les feuilles du Rosier, de la Violette ont un limbe, un pétiole et des stipules; les feuilles de l'Angélique, de la Carotte ont un limbe, un pétiole et une gaine ; les feuilles du Blé, du Maïs, de l'Iris, dépourvues de pétiole, ont une gaine et un limbe; il existe même des feuilles réduites au limbe et dépourvues de pétiole, de gaine ou de stipules ; on les appelle feuilles *sessiles*. Les feuilles de la Giroflée sont des feuilles sessiles.

Fig. 39. — Fragment de tige de Maïs montrant les feuilles engainantes.

Conformation d'une feuille. — Examinons le limbe

d'une feuille de Tilleul, par exemple. Il se compose (fig. 40) d'un tissu vert au milieu duquel on aperçoit, en regardant la feuille par transparence, un grand nombre de cordons dirigés en divers sens et formant une sorte de réseau analogue à celui d'un filet. Ces cordons partent de l'endroit où le pétiole se continue avec le limbe, et se distribuent dans ce dernier en formant des ramifications de plus en plus

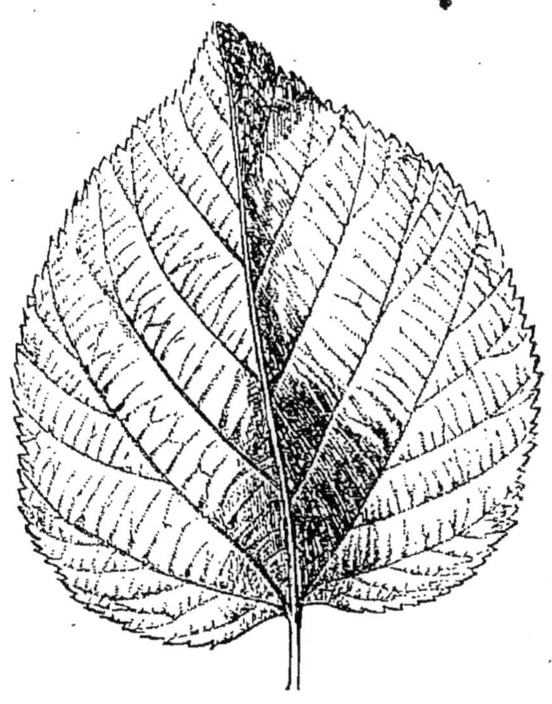

Fig 40. — Limbe d'une feuille de Tilleul montrant les nervures.

grêles, qui viennent se terminer sur les bords. On désigne ces cordons sous le nom de *nervures*.

Quand on les examine à un fort grossissement, on voit qu'elles sont entièrement formées par des tubes ou vaisseaux. Ces vaisseaux pénètrent dans le pétiole, et par son intermédiaire dans la tige; ils servent à conduire dans celle-ci les aliments préparés par les feuilles, ou à recevoir les liquides et les matières minérales que les racines amènent sans cesse dans la plante.

On voit souvent en automne les feuilles mortes des arbres

réduites, par la destruction des parties molles, à leur réseau de nervures constituant une fine dentelle.

Le tissu qui remplit les intervalles laissés entre les nervures doit sa couleur à une matière verte spéciale, appelée *chlorophylle ;* on appelle ce tissu le *parenchyme* de la feuille.

Telle est la conformation générale des feuilles.

Rôle des feuilles.

Les feuilles ont une grande importance dans la plante. Nous allons mettre en évidence leurs rôles principaux.

1° Les feuilles assimilent le carbone. — Les feuilles permettent à la plante de se nourrir du carbone qui est renfermé dans l'air à l'état d'acide carbonique.

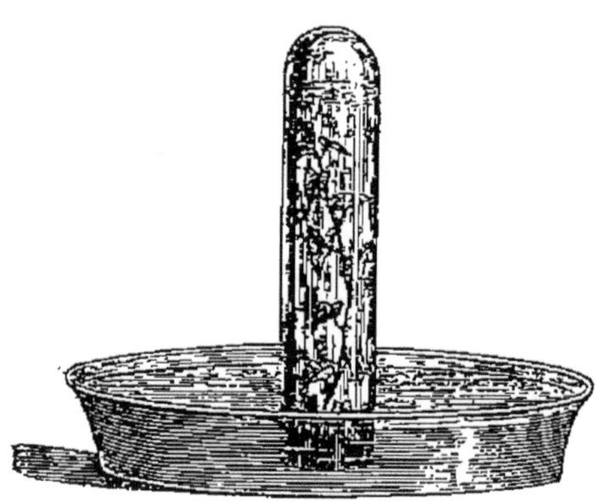

Fig. 41. — Éprouvette renfermant un rameau vert, exposée au soleil, pour montrer que les feuilles dégagent de l'oxygène et absorbent de l'acide carbonique. L'oxygène vient se rassembler à la partie supérieure de l'éprouvette.

Plaçons une tige garnie de feuilles, après les avoir bien mouillées, dans une cloche remplie d'eau ordinaire à laquelle nous avons ajouté une petite quantité d'eau de Seltz, pour lui donner de l'acide carbonique ; puis exposons cette cloche à la lumière (fig. 41). Nous verrons bientôt de petites bulles de gaz se dégager des feuilles et se rassembler à la partie supérieure de la cloche.

Recueillons ce gaz quand sa quantité sera assez considérable : nous verrons qu'il rallume une allumette qui présente encore un point en combustion : c'est de l'oxygène que les feuilles ont dégagé.

En même temps l'acide carbonique renfermé dans l'eau qui baigne les feuilles est consommé par celles-ci, car, si nous attendons quelques heures, nous ne trouverons plus ce gaz dans l'eau.

Les feuilles ont donc la propriété d'absorber l'acide carbonique qui les entoure, et de dégager de l'oxygène.

Cette expérience démontre que les feuilles décomposent l'acide carbonique, conservent le carbone pour s'en nourrir et rejettent l'oxygène dans l'air.

Mais, pour que ce phénomène ait lieu, il faut remplir deux conditions :

1° Les feuilles doivent être vertes, c'est-à-dire contenir la matière colorante que nous avons appelée *chlorophylle*.

En effet, les organes dépourvus de la coloration verte, tels que les racines, si on les place dans de l'eau chargée d'acide carbonique, sont incapables d'absorber ce gaz et de dégager de l'oxygène. De même, des feuilles décolorées, telles que les feuilles qui forment le cœur d'une salade, ou les feuilles de Haricot, de Pomme de Terre qu'on a fait pousser dans l'obscurité, sont incapables de se nourrir de l'acide carbonique de l'air ; c'est parce qu'elles sont privées de *chlorophylle*.

2° Les feuilles doivent être exposées à la lumière.

Si nous placions dans l'obscurité la cloche renfermant les feuilles, nous n'observerions pas, même après une journée, le plus faible dégagement d'oxygène.

L'expérience suivante montre la nécessité de la lumière pour l'absorption de l'acide carbonique. Prenons une plante aquatique (*Potamogeton* ou *Elodea*, plantes très communes dans les rivières et les canaux) et plaçons-la dans de l'eau mélangée d'acide carbonique (fig. 42).

Dès qu'on expose au soleil le vase qui la contient, on voit aussitôt se dégager, par le tronçon de tige, un chapelet de petites bulles gazeuses qui s'échappent à la surface de l'eau : c'est l'oxygène qui se dégage de la plante. Si l'on porte le vase dans l'obscurité, ou si l'on intercepte les rayons du soleil au moyen d'un écran, le dégagement d'oxygène cesse, pour reprendre aussitôt qu'on replace la plante à la lumière.

On voit donc que les feuilles qui ne contiennent pas de matière verte, ou qui sont maintenues dans l'obscurité, ne peuvent pas se nourrir de l'acide carbonique de l'air.

Quand on laisse séjourner longtemps une plante dans

l'obscurité, non seulement elle est incapable d'absorber l'acide carbonique et de fixer dans ses tissus le carbone, mais la matière verte que renfermaient les feuilles se détruit,

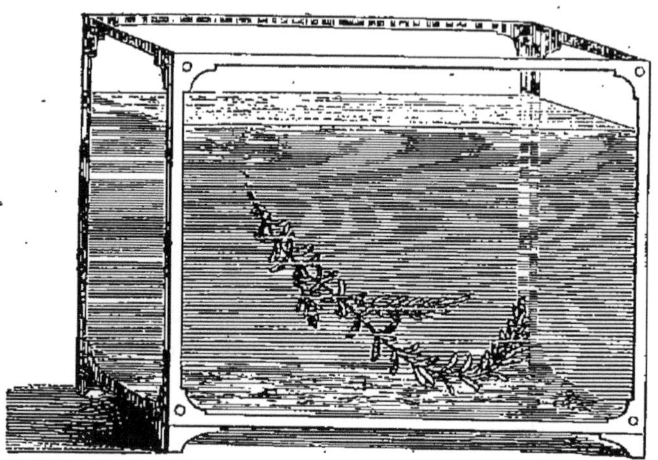

Fig. 42. — Cuve renfermant une branche d'*Elodea Canadensis* flottant dans l'eau chargée d'acide carbonique. Elle dégage des bulles d'oxygène quand on expose la cuve au soleil.

et celles-ci jaunissent ; les plantes décolorées par un long séjour dans l'obscurité sont dites *étiolées*.

Fig. 43. — Balance sur laquelle on a placé un pied de *Begonia*. On s'aperçoit que le plateau sur lequel il se trouve devient plus léger.

Ainsi, quand les feuilles vertes reçoivent la lumière, elles se nourrissent du carbone qui existe dans l'air sous forme d'acide carbonique, et rejettent l'oxygène ; c'est ce phénomène qu'on appelle *assimilation du carbone*.

2° Les feuilles exhalent de la vapeur d'eau. — Les feuilles débarrassent la plante de l'excès d'eau apporté par les racines.

Sur l'un des plateaux d'une balance plaçons une plante garnie de feuilles, puis mettons la balance en équilibre au moyen de poids marqués. Au bout d'une demi-heure (fig. 43), le plateau contenant les poids s'abaisse ; cela tient à ce que les feuilles ont diminué de poids en exhalant sous forme de vapeur une partie de l'eau qu'elles contenaient. En effet, si on recommence l'expérience en couvrant la plante d'une cloche (fig. 44), on voit bientôt les parois de celle-ci se couvrir de gouttelettes d'eau provenant de la vapeur exhalée par les feuilles, et la balance reste en équilibre. Si dans la première expérience on ajoute des poids marqués à côté de la plante pour rétablir l'équilibre, ces poids donnent en grammes a quantité d'eau exhalée par la plante sous forme de vapeur.

Fig. 44. — La même balance, sur laquelle est placé le pied de *Begonia* couvert d'une cloche. La balance reste en équilibre, parce que la vapeur d'eau ne peut s'échapper.

L'eau exhalée par les feuilles est aussitôt remplacée par celle qui vient des racines.

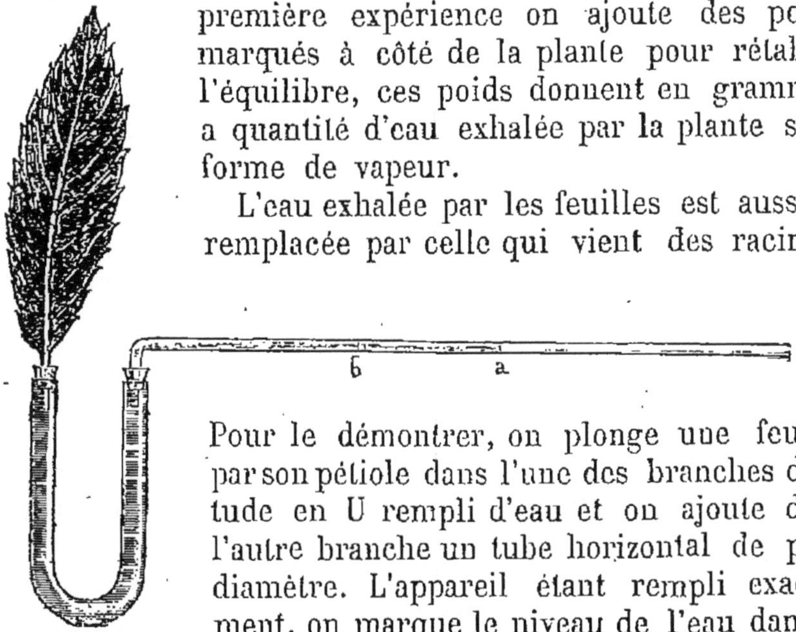

Pour le démontrer, on plonge une feuille par son pétiole dans l'une des branches d'un tude en U rempli d'eau et on ajoute dans l'autre branche un tube horizontal de petit diamètre. L'appareil étant rempli exactement, on marque le niveau de l'eau dans le tube horizontal; soit *a* le niveau. Au bout de quelques instants on voit le niveau se déplacer vers la feuille, arriver en *b* par exemple et indiquer que la feuille absorbe de l'eau. Le déplacement *ab* du niveau dans

Fig. 43 — Appareil montrant que les feuilles absorbent constamment de l'eau pour remplacer celle qu'elles rejettent.

le tube permet de mesurer la quantité d'eau absorbée. La quantité de vapeur d'eau exhalée par les feuilles est variable : elle est plus grande quand l'air est chaud que lorsqu'il est froid, plus grande aussi quand l'air est sec que lorsqu'il est humide.

C'est parce que les feuilles rejettent la vapeur d'eau dans l'air que les bouquets placés dans des vases remplis d'eau consomment si rapidement celle qu'on y verse. C'est à cause de l'exhalation de vapeur d'eau par les feuilles que beaucoup de plantes périssent en été au moment de la sécheresse.

3° Les feuilles respirent. — Les feuilles, ainsi que toutes les parties des plantes que nous avons déjà examinées, res-

Fig. 46. — Le verre placé sous la cloche à côté de la plante contient de l'eau, qui se trouble par suite de la formation de carbonate de baryte ; l'eau du verre placé dans la cloche voisine n'est pas modifiée.

pirent, c'est-à-dire absorbent de l'oxygène et dégagent de l'acide carbonique.

Pour le montrer, plaçons dans l'obscurité ou à l'ombre, sous une cloche, un plant de Haricot, et à côté de lui un vase contenant de l'eau de chaux ou de baryte (fig. 46).

Au bout de peu de temps on constate que l'eau de baryte devient trouble, laiteuse, comme si l'on avait soufflé dans cette eau l'air venant des poumons : les feuilles ont donc dégagé de l'acide carbonique. On peut constater de plus, en analysant l'air de la cloche, qu'il contient moins d'oxygène qu'au début de l'expérience.

Les feuilles respirent donc comme toutes les parties vivantes de la plante. Mais quand elles sont exposées à la lumière, le phénomène de la respiration est masqué, parce que les feuilles consomment à ce moment l'acide carbonique de l'air en rejetant l'oxygène. Aussi, pour pouvoir montrer la respiration des feuilles, avons-nous dû placer ces organes dans l'obscurité ou à l'ombre, afin de supprimer ou de diminuer l'assimilation du carbone.

En résumé, les feuilles sont donc principalement chargées : 1° de nourrir la plante en fixant le carbone qui est contenu dans l'air à l'état d'acide carbonique ; elles ne présentent cette fonction que dans leurs parties vertes et à la lumière ; 2° de rejeter sous forme de vapeur l'excès d'eau contenu dans le corps de la plante et introduit par les racines.

Mais elles n'accomplissent ces fonctions que si elles peuvent respirer, c'est-à-dire si elles se trouvent dans un milieu contenant de l'oxygène, qu'elles absorbent en dégageant de l'acide carbonique.

Différentes sortes de feuilles.

Les feuilles offrent des apparences très variées, dues surtout à la disposition des nervures, à la forme du limbe et à l'arrangement qu'elles offrent sur la tige. Ces variations sont souvent utilisées pour la distinction des différentes sortes de plantes : aussi devons-nous signaler les plus importantes.

Disposition des nervures dans les feuilles. — Dans un certain nombre de plantes, le Pin, le Sapin, les feuilles, très étroites, n'ont qu'une seule nervure qui les parcourt dans toute la longueur. Le plus souvent les feuilles possèdent plusieurs nervures qui peuvent offrir deux dispositions différentes. Les feuilles de l'Iris (fig. 47), de la Tulipe, du Maïs, ont les nervures parallèles entre elles sur toute la longueur. Mais dans le plus grand nombre des plantes les nervures sont réticulées, c'est-à-dire dirigées en tous sens, et forment un réseau compliqué, comme nous l'avons vu pour la feuille du Tilleul.

Les feuilles à nervures réticulées peuvent présenter une

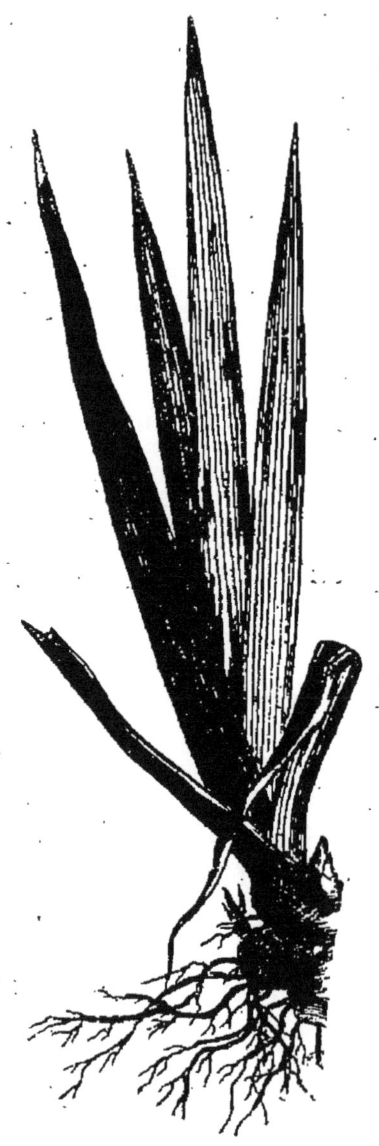

Fig. 47. — Feuilles d'Iris montrant les nervures parallèles.

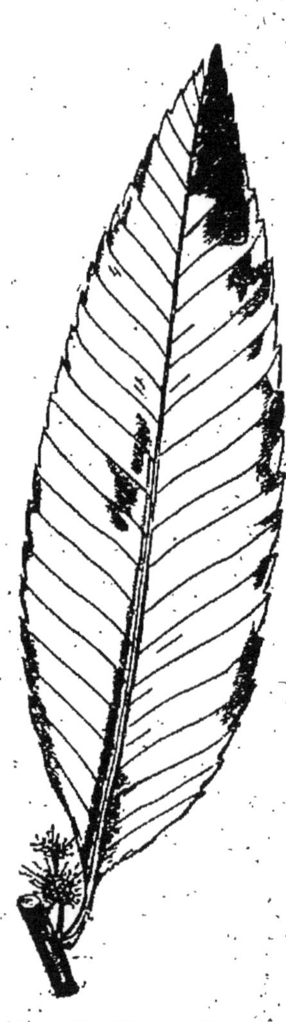

Fig. 48. — Feuille de Châtaignier à nervure pennée.

nervure principale continuant le pétiole et occupant le milieu du limbe : cette nervure forme ce qu'on appelle la *côte* de la feuille; des nervures plus petites se détachent régulièrement de chaque côté de la nervure principale et offrent la même disposition que les barbes d'une plume. Les feuilles qui présentent cette disposition sont appelées *penninerves*. Le Tilleul, le Châtaignier (fig. 48) nous en offrent des exemples.

Dans d'autres plantes, les feuilles à nervures réticulées n'offrent pas de nervure médiane, mais elles présentent, à l'endroit où le pétiole se rattache au limbe, plusieurs nervures de même importance qui se dirigent dans le

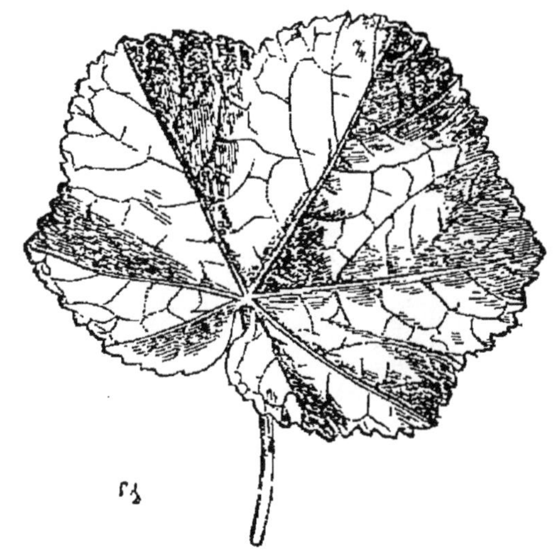

Fig. 49. — Feuille de Mauve à nervures palmées.

limbe en divergeant comme les doigts de la main; de semblables feuilles sont appelées *palminerves*. Les feuilles du Lierre, de la Mauve (fig. 49) sont palminerves.

Formes et découpures du limbe des feuilles. — Feuilles simples, feuilles composées. — Les feuilles diffèrent entre elles, non seulement par la disposition des nervures, mais aussi par la forme et par les découpures du limbe.

Quand le contour du limbe est dépourvu de découpures, la feuille est *entière*, comme on le voit dans une feuille de Lilas. Mais le plus souvent les bords de la feuille sont découpés plus ou moins profondément; ainsi la feuille du Tilleul est *dentée*, c'est-à-dire pourvue de découpures très petites en forme de dents de scie (fig. 40); la feuille du Lierre est *lobée*, c'est-à-dire munie de découpures assez profondes et peu nombreuses; celle du Chanvre (fig. 50) est profondément découpée.

Il y a même des feuilles si profondément découpées, que le limbe est réduit à de fines lanières qui accompagnent les

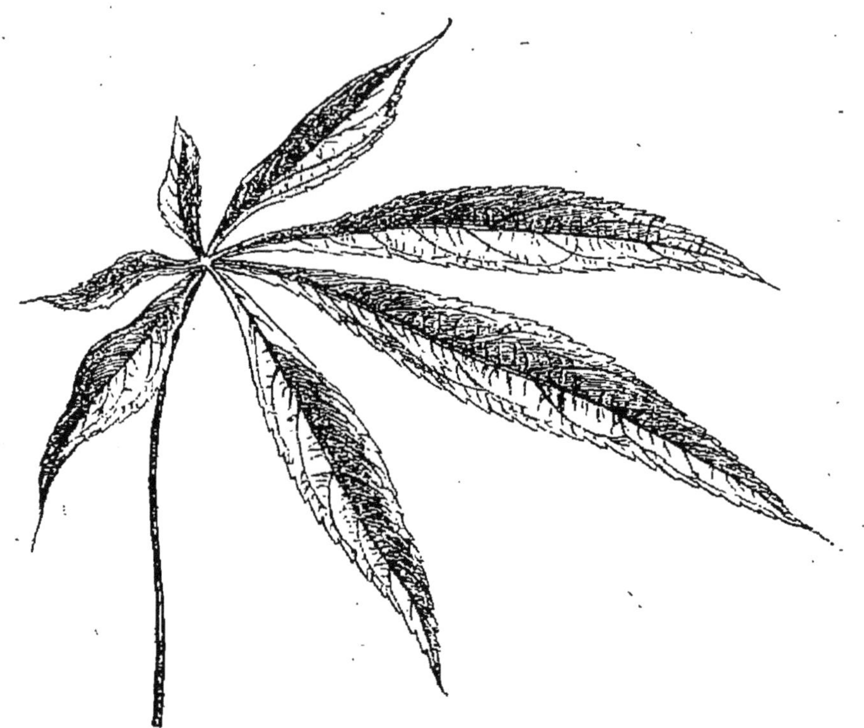

Fig. 50. — Feuille à limbe découpé du Chanvre.

nervures; c'est ce qu'on observe dans la Carotte, l'Angélique.

On peut rapprocher des feuilles à limbe découpé les feuilles dites *composées*, comme celles que présentent l'Acacia et le Marronnier d'Inde. Dans ces feuilles, le limbe manque autour de la nervure principale, et il est réduit à de petites lames entourant les nervures secondaires; ces lames, appelées *folioles*, simulent autant de petites feuilles ayant un support commun.

Tantôt les folioles sont disposées à droite et à gauche des

Fig. 51. — Feuille composée-pennée de Sensitive

nervures principales, comme dans l'Acacia, la Sensitive

Fig. 52. — Feuille composée-palmée d'Oxalis.

(fig. 51). On appelle ces feuilles *composées-pennées*. Tantôt les folioles sont groupées autour de l'extrémité du pétiole, comme dans le Marronnier, les Oxalis (fig. 52); elles forment des feuilles *composées palmées*.

Arrangement des feuilles sur la tige. — La manière

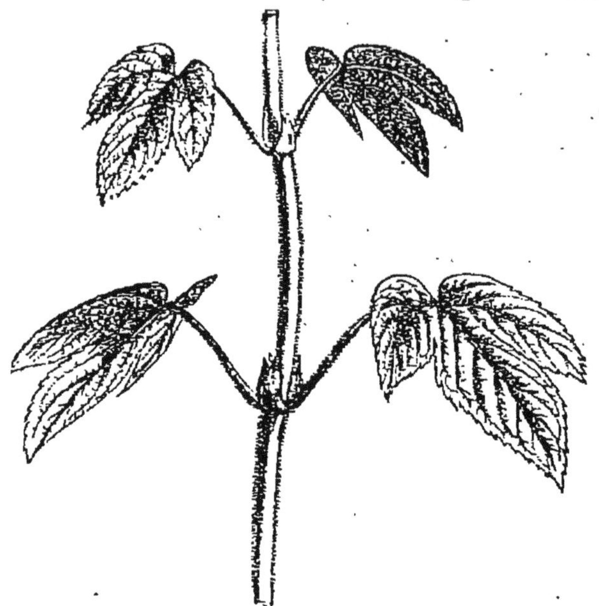

Fig. 53. — Branche de Houblon montrant les feuilles opposées et les stipules.

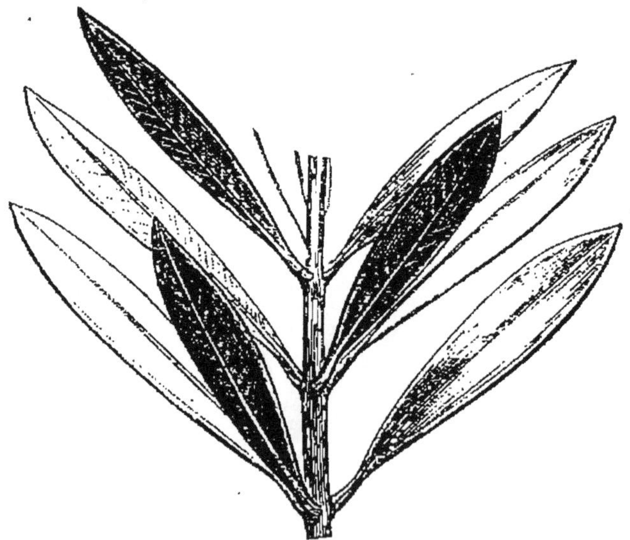

Fig. 54. — Branche de Laurier-rose.

ont les feuilles sont attachées sur la tige n'étant pas toujours la même, nous devons signaler les principales modifications. En général il n'existe qu'une feuille pour une tranche déterminée de la tige : chaque nœud ne comprend

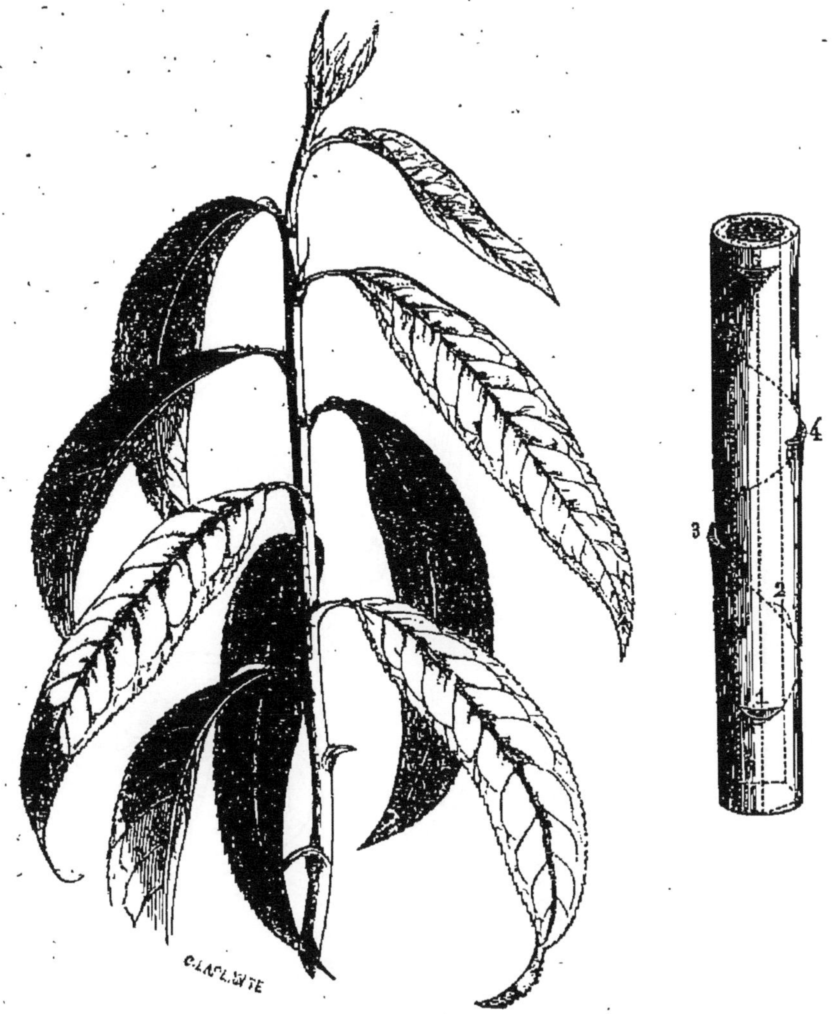

Fig. 55. — Branche de Pêcher montrant l'arrangement des feuilles sur la tige. Elles sont disposées suivant cinq rangées longitudinales.

qu'une feuille, comme dans le Blé, le Pêcher, le Haricot; les feuilles sont dites *éparses*.

D'autres fois les plantes présentent plusieurs feuilles attachées au même nœud de la tige; elles forment alors généralement une couronne, dont le centre est occupé par la tige :

ces feuilles constituent ce que l'on appelle un *verticille*. Le Laurier-rose, la Garance, le Caille-lait ont des feuilles verticillées.

Le nombre des feuilles du verticille est variable : quand il y en a deux, les feuilles sont *opposées*, tels sont le Lamier et le Houblon (fig. 53); s'il y en a trois, comme dans le Laurier-rose, elles sont *ternées* (fig. 54).

Les plantes à feuilles éparses sont plus nombreuses, et si

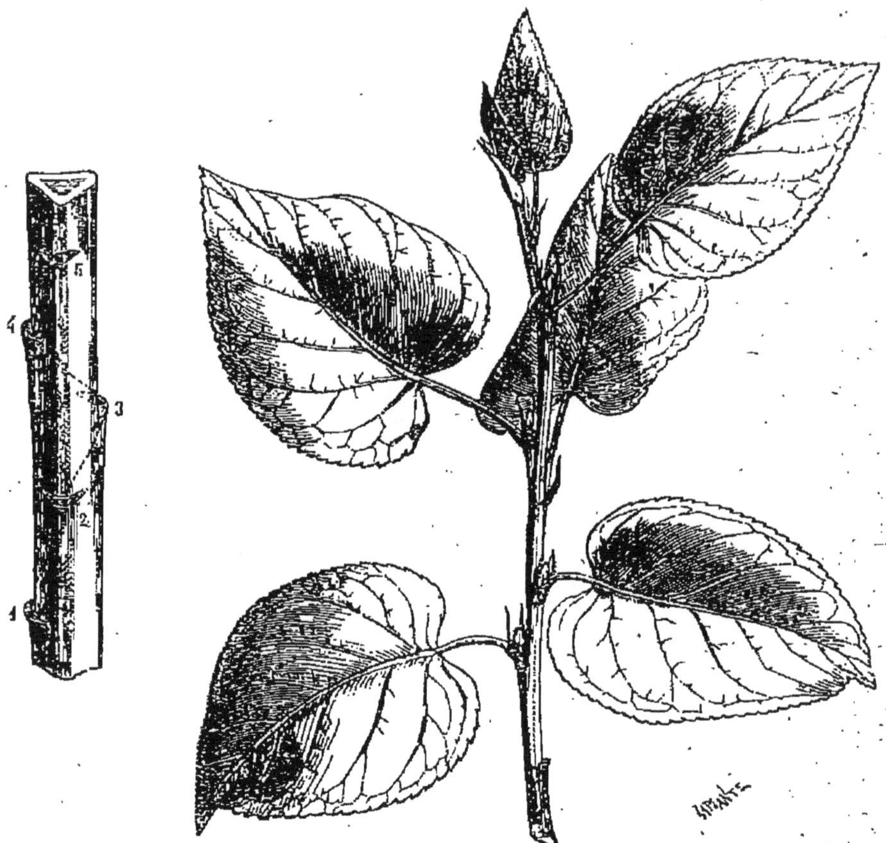

Fig. 56. — Branche d'Aune montrant que les feuilles sont disposées suivant trois rangées.

on les examine avec attention, on s'aperçoit que les feuilles sont insérées avec une grande régularité.

Prenons comme exemple le Pêcher. Si nous traçons une ligne continue le long de la tige en joignant les points d'insertion des feuilles successives, nous décrivons une spirale régulière qui contient toujours exactement cinq feuilles pour deux tours complets de la spirale (fig. 55). On s'aperçoit alors que les feuilles sont disposées le long de la tige suivant cinq rangées longitudinales. La 6e est superposée à la 1re, la 7e à la 2e, etc.

En examinant une branche d'Aune, on trouve que la spi-

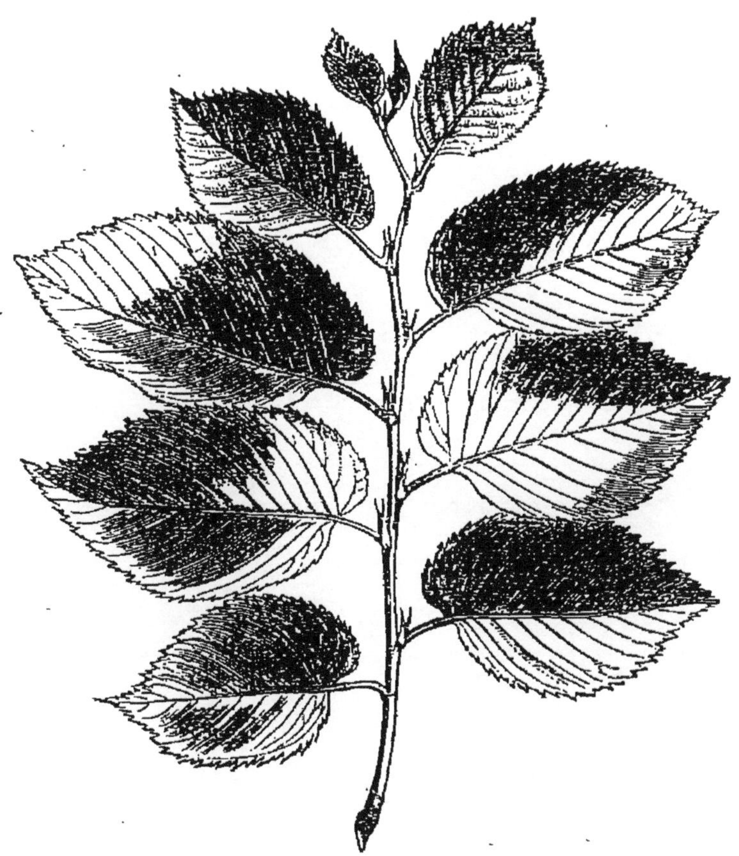

Fig. 57. — Branche d'Orme montrant les feuilles distiques.

rale tracée de la même façon contient trois feuilles pour chaque tour complet (fig. 56), de sorte que les feuilles de cet arbre sont disposées suivant trois rangées le long de la tige, la 4e étant placée au-dessus de la 1re, la 5e au-dessus de la 2e, etc.

Enfin on voit sur une branche d'Orme (fig. 57) que les feuilles sont alternativement placées à droite et à gauche de la tige et dans un même plan. On les appelle feuilles *distiques*. L'Iris, le Glaïeul ont aussi des feuilles distiques.

Ces divers exemples montrent que les feuilles éparses sont disposées ordinairement en spirales régulières le long de la tige.

Modifications des feuilles. — La forme des feuilles est extrêmement variable et l'on a donné des noms particuliers

Fig. 58. — Renoncule d'eau. Les feuilles nageantes ont un limbe, les feuilles submergées sont réduites aux nervures.

aux formes les plus communes. Cette forme est en général la même dans toute l'étendue d'une plante, de sorte qu'on peut reconnaître une espèce à l'inspection d'une de ses feuilles. On reconnaît par exemple dans les bois, par la forme des feuilles mortes qui jonchent le sol, la nature des arbres qui constituent le couvert : Hêtre, Chêne, Châtaignier, etc.

Mais il existe des cas où les feuilles se transforment sur la même plante; c'est ainsi que les feuilles qui se trouvent au niveau du sol sont souvent différentes de celles que portent les rameaux. Les modifications les plus importantes s'observent dans les plantes aquatiques : la Renoncule d'eau (Grenouillette) a deux sortes de feuilles : les unes, nageantes, sont à limbe arrondi, palmé, tandis que les feuilles submergées sont dépourvues de limbe et réduites aux nervures (fig. 58). Signalons aussi la transformation des feuilles que portent les tiges souterraines, en lames incolores appelées *écailles*, tantôt minces comme dans les rhizomes, tantôt épaisses et gorgées de nourriture comme dans l'oignon.

Résumé.

Les feuilles sont essentiellement formées par une lame appelée *limbe*, accompagnée de parties accessoires, *pétiole*, *gaine* ou *stipules*. Le limbe est formé par un grand nombre de tubes distribués en tous sens, les *nervures*, réunies par un tissu mou coloré en vert, le *parenchyme*.

Elles servent principalement, grâce à la matière colorante verte qu'elles contiennent, à décomposer l'acide carbonique de l'air pour fixer le carbone dans la plante. Elles rejettent aussi dans l'air, à l'état de vapeur, l'eau contenue en excès dans la plante.

On distingue les *feuilles simples* à limbe formé d'une seule pièce et les *feuilles composées* à limbe formé d'un certain nombre de lames distinctes ou *folioles*.

Les feuilles simples peuvent avoir des nervures parallèles, pennées ou palmées; leur limbe est souvent découpé et forme les feuilles pennatilobées ou palmatilobées. Les feuilles composées se divisent en feuilles *composées pennées* et feuilles *composées palmées*.

CHAPITRE V

MULTIPLICATION DES PLANTES

Nous venons de décrire les différents organes qui servent à nourrir les végétaux. Ordinairement ces organes ne peuvent être coupés et séparés les uns des autres sans que chacun d'eux périsse; la plante elle-même meurt toujours quand on lui a fait subir un trop grand nombre de mutilations. Quand on coupe les racines, les tiges ou les feuilles d'un pied de Haricot par exemple, chacun des tronçons ainsi séparés se flétrit et se fane au bout de quelques heures.

Bouturage.

Bouturage artificiel. — Il existe cependant beaucoup de végétaux qui ne meurent pas lorsqu'on les brise en plusieurs morceaux. Par exemple, quand on coupe une branche de Géranium ou de Laurier-rose, et qu'on plonge son extrémité dans la terre ou le sable humide, quelquefois même dans l'eau pure, cette branche continue à vivre pendant quelques jours en consommant la nourriture qu'elle contenait. Pendant ce temps on voit se développer, à la partie inférieure de la branche, des racines adventives qui bientôt deviennent assez nombreuses et assez fortes pour nourrir la branche qui les a formées, de sorte qu'on a un nouveau pied de Géranium ou de Laurier. On appelle *bouture* une branche qui donne naissance, lorsqu'on la plante en terre, à un nouveau pied, et l'opération qu'on réalise ainsi s'appelle le *bouturage*.

Cette opération est fréquemment employée par les jardiniers pour multiplier les plantes ornementales ou les arbres fruitiers; c'est de cette manière qu'on reproduit la Vigne, les Rosiers, les Géraniums. On emploie aussi le bouturage pour reproduire les Saules, soit dans les oseraies, soit dans les plantations destinées à maintenir les terres au bord des cours d'eau.

Pour faire une bouture, on prend généralement des bran-

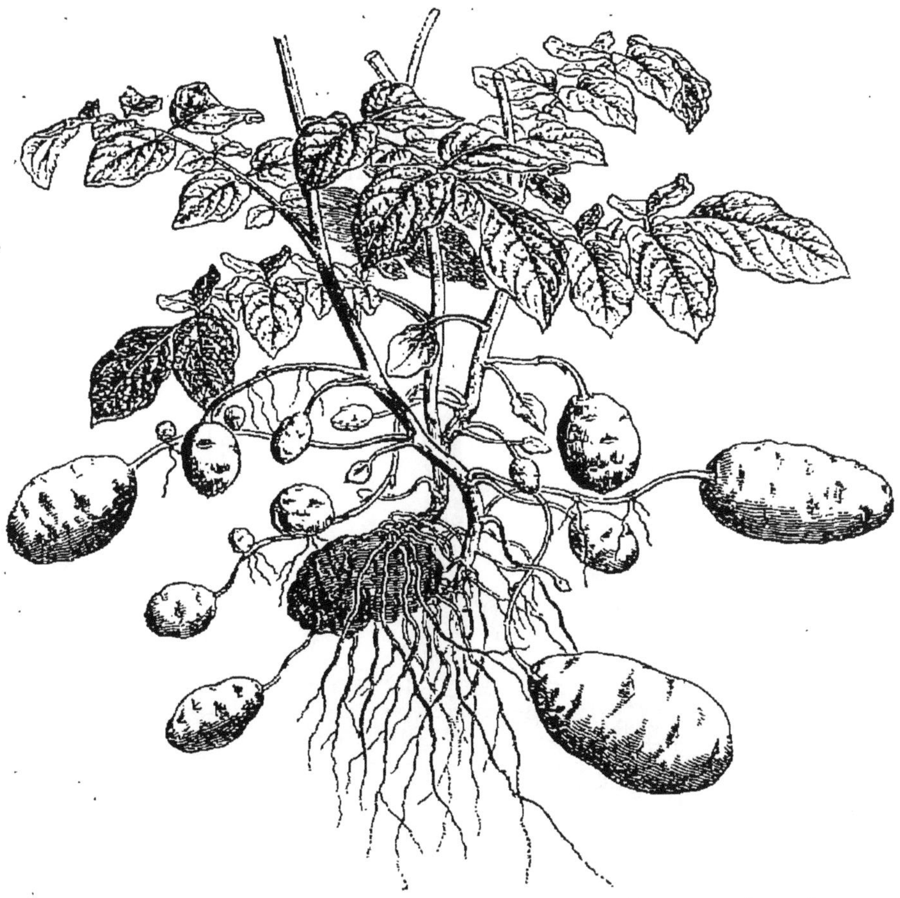

Fig. 59. — Un pied de Pomme de terre montrant les différents tubercules qui sont destinés à se séparer et doivent reproduire chacun par bouturage une nouvelle plante.

ches, mais on peut prendre aussi des feuilles, car les feuilles de Bégonia placées sur du sable humide développent bientôt des racines et forment un nouveau pied.

Bouturage naturel. — On trouve dans la nature de nombreux exemples de bouturage naturel. Les Pommes de terre, les Topinambours se multiplient de cette manière.

En effet, les tiges souterraines que développe chaque pied de Pomme de terre, se renflent en certains points, leur tissu se gorge d'amidon, et elles forment ainsi les tubercules qu'on arrache au mois de septembre (fig. 59). Chaque pied peut former un grand nombre de tubercules, qui se séparent par la destruction des tiges qui les reliaient entre eux.

Si on plante ces tubercules au printemps, on obtient, comme nous l'avons vu plus haut (page 16), autant de plantes nouvelles. On peut même, en découpant chaque

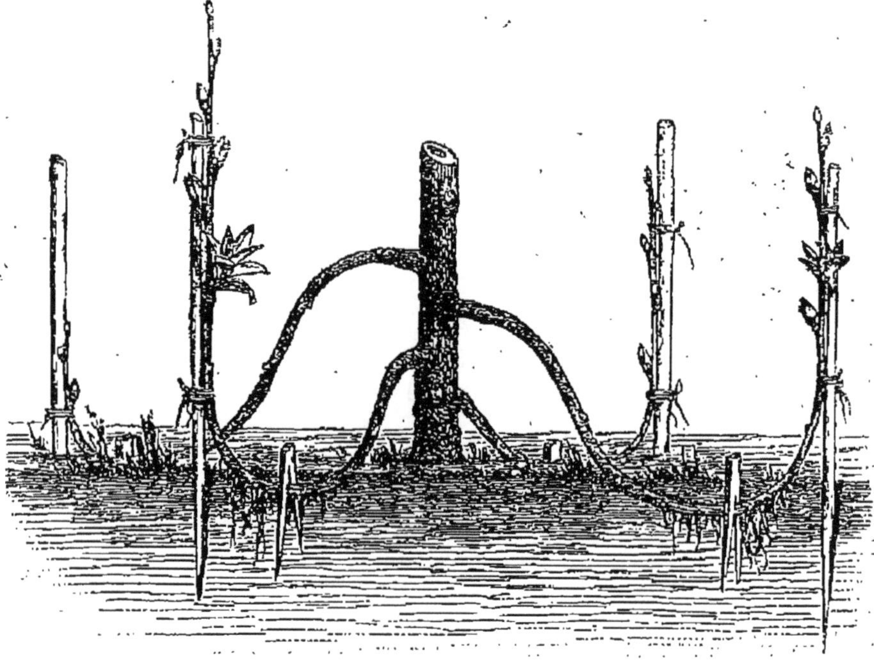

Fig. 60. — Exemple de marcottage artificiel. Quatre branches ont été enterrées et développent des racines adventives. En les séparant de la plante mère on aura quatre plantes nouvelles.

tubercule en autant de morceaux qu'il y a d'yeux, obtenir une plante pour chaque œil: c'est ce que font les cultivateurs quand ils plantent un champ de Pommes de terre.

Marcottage.

Marcottage artificiel. — Il existe des plantes qu'on ne peut pas reproduire par le bouturage, parce que les fragments que l'on sépare de la plante mère périssent avant d'avoir formé les racines adventives destinées à les nourrir. On peut cependant obtenir plusieurs plantes semblables avec un seul pied en employant l'opération appelée *marcottage*.

Le marcottage consiste à enterrer les branches qui doivent donner de nouvelles plantes, sans les séparer de la plante mère. Ces branches développent des racines adventives dans la partie enterrée ; quand ces racines sont assez développées, on coupe les rameaux et l'on obtient autant de pieds distincts qu'on avait de rameaux enterrés (fig. 60). Le marcottage est souvent employé dans les vignobles.

Marcottage naturel. — Il existe de nombreux exemples de marcottage naturel. Ainsi dans les bois et les jardins, les

Fig. 61. — Marcottage naturel du Fraisier.

Fraisiers se multiplient par des marcottes. On voit partir du pied de chaque Fraisier des tiges très étroites, qui rampent sur la terre ; de distance en distance, ces tiges grêles touchent le sol et développent, à l'endroit où se trouvent les nœuds, un certain nombre de racines adventives ; puis des feuilles apparaissent et un nouveau pied se constitue à côté de l'ancien (fig. 61). Cette multiplication se produit sans cesse : elle explique pourquoi les bordures de Fraisiers ne tardent pas à envahir les plates-bandes sur une grande étendue, si l'on ne prend pas soin de couper les tiges grêles que chaque pied envoie en tous sens. Certaines Renoncules, les Ronces se multiplient aussi par marcottes naturelles.

Le bouturage et le marcottage ont une grande importance dans la culture fruitière et l'horticulture, car ils permettent avec un seul pied d'obtenir un certain nombre de plantes qui ressemblent complètement à la plante mère qui a servi à les produire.

Greffe.

Une autre opération importante pour la multiplication des plantes d'ornement ou des plantes utiles est la *greffe*, qu'on emploie seulement avec des arbres ou des arbustes; elle consiste en ce que, après avoir détaché une branche ou même un bourgeon, on les plante sur la tige d'un autre arbre, au lieu de les placer dans la terre humide.

Nous avons vu (page 33) que les tiges ligneuses s'accroissent en épaisseur au moyen d'une couche de tissu placée entre le bois et l'écorce et qu'on appelle *zone génératrice*. Cette couche se déchire facilement, surtout au printemps; mais quand on a détaché un lambeau d'écorce et qu'on le replace à sa situation première en le maintenant appliqué exactement sur la tige, il se soude de nouveau. Or l'expérience a montré qu'on peut souder non seulement les différentes parties de la tige d'une même plante, mais aussi l'écorce et le bois appartenant à deux plantes différentes; cette opération a reçu le nom de *greffe*. On l'emploie beaucoup dans la culture des arbres fruitiers ou la culture des plantes d'ornement telles que les Rosiers, etc.; elle est avantageuse, parce qu'elle permet d'obtenir rapidement des plantes vigoureuses donnant beaucoup de fruits ou de fleurs.

Voici comment on procède. On coupe un rameau ou un fragment de rameau de Poirier cultivé, par exemple, portant un bourgeon, et l'on fixe ce fragment dans une entaille pratiquée sur la tige d'un jeune Poirier sauvage, à la région séparant l'écorce du bois et occupée, comme on sait, par la zone génératrice. Au bout d'un certain temps, les deux tiges se soudent et les bourgeons du rameau qu'on a greffé se développent comme s'ils étaient restés sur l'arbre primitif et donnent rapidement des fruits.

La greffe ne peut pas se produire indifféremment d'un arbre à un autre; cette opération ne réussit jamais entre un Poirier et un Pommier, tandis que le Poirier se greffe bien sur le Cognassier, l'Aubépine, le Cormier. La greffe la plus employée, ou *greffe en écusson*, consiste à enlever un fragment portant un bourgeon et à le placer entre l'écorce et le bois, préalablement séparés du rameau sur lequel la greffe doit prendre, puis on fait une ligature qui maintient les surfaces en contact (fig. 62).

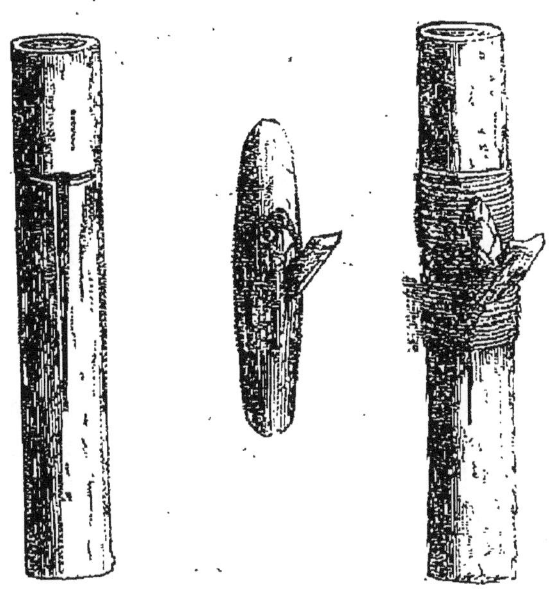

Fig. 62. — Greffe en écusson. On aperçoit à gauche la tige sur laquelle on réalise la greffe; au milieu se trouve le bourgeon que l'on veut greffer; à droite la greffe est réalisée.

Résumé.

On multiplie les plantes utiles ou les plantes d'ornement par le bouturage et le marcottage.

Le bouturage consiste à planter des fragments de végétaux, branches ou feuilles, dans la terre, de manière qu'il se développe des racines adventives.

Le marcottage consiste à enterrer des branches tenant encore à l'arbre; on les sépare de celui-ci lorsqu'elles ont pris racine.

La greffe consiste à planter une branche ou un bourgeon sur la tige d'un autre arbre, de façon que le bois et l'écorce soient en contact.

CHAPITRE VI

MANIÈRE DONT LA PLANTE SE REPRODUIT. FLEUR, FRUIT, GRAINE.

Quand une plante est placée dans les conditions les plus convenables pour vivre, son corps grandit par la formation de nouveaux organes : tiges, feuilles et racines ; puis on voit souvent apparaître, en certains points, des appareils particuliers, colorés, qu'on appelle *fleurs* et qui sont destinés à reproduire la plante.

Étudions ces organes. Comme le Haricot ou la Pomme de terre ne donnent leurs fleurs que dans l'été, prenons pour exemple des plantes qui fleurissent de bonne heure, telles que la Giroflée et la Jacinthe; on trouve ces plantes en hiver sur les marchés et on les obtient en fleur facilement.

Parties dont se compose une fleur.

Giroflée. — Arrachons une fleur de Giroflée (fig. 65);

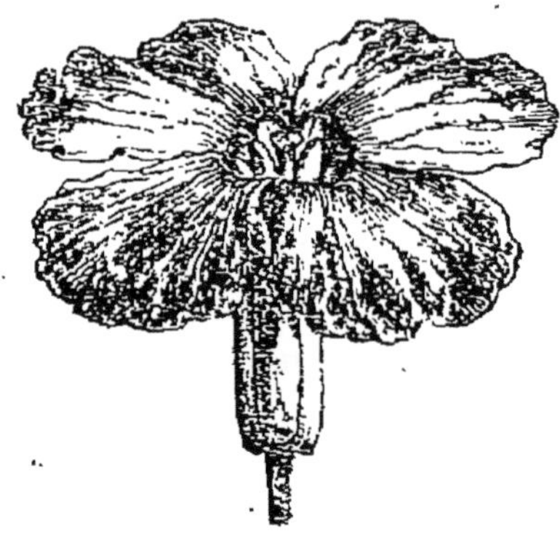

Fig. 63. — Fleur de Giroflée. On aperçoit les enveloppes de la fleur formant le calice et la corolle. Les pétales sont disposés en croix.

elle est attachée à la plante par un filet assez grêle, qu'on appelle *pédoncule*. La partie du pédoncule qui occupe la base de la fleur et qui est élargie pour porter les diverses parties de la fleur s'appelle *réceptacle*.

A la base de la fleur nous apercevons d'abord quatre lames vertes semblables aux feuilles, mais plus petites. La réunion de ces lames forme le *calice*, et chacune d'elles a reçu le nom de *sépale*. Enlevons les sépales, nous voyons qu'ils entourent quatre lames bien plus grandes, disposées en croix, colorées en brun et très odorantes : ce sont les *pétales*, et leur réunion a reçu le nom de *corolle* (fig. 64). Enlevons encore la corolle : dans le tube qu'elle formait il reste un

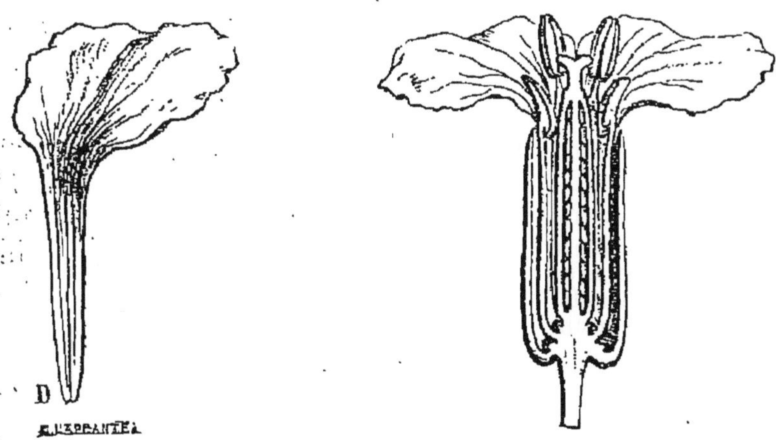

Fig. 64. — Fleur de Giroflée coupée en long et pétale isolé.

certain nombre de filaments grêles portant à leur sommet un renflement ; on désigne ces filaments sous le nom d'*étamines*. Enfin, au centre même de la fleur, et continuant le pédoncule, se trouve une sorte de massue : le *pistil*.

Étamines. — Les étamines de la Giroflée sont toujours au nombre de six, de taille inégale : quatre sont grandes, deux plus petites (fig. 65).

Chaque étamine se compose d'un filament blanc assez long, le *filet* ; le filet porte à son extrémité un petit corps ovoïde, coloré en brun et appelé *anthère*. L'anthère est une sorte de massue divisée ordinairement, par un profond sillon vertical, en deux moitiés, ce qui lui donne l'apparence d'un pain fendu. Chaque moitié est divisée en deux sacs occupant toute la longueur de l'anthère. Ces sacs sont d'abord distincts, puis ils se confondent plus tard en une seule cavité ou *loge* de l'anthère. Chaque anthère de Giroflée présente donc deux loges; ces loges contiennent, lorsque la fleur est complètement épanouie, une poussière extrêmement fine, jaune ou brune : c'est le *pollen*.

Fig. 65. — Fleur de Giroflée dont on a enlevé les pétales et les sépales; on aperçoit les étamines autour du pistil.

Les anthères sont fermées jusqu'au moment où la fleur s'ouvre, mais bientôt elles se déchirent suivant une ou deux fentes longitudinales et laissent échapper le pollen. En examinant à la loupe les étamines d'une fleur de Giroflée au moment où elle s'ouvre, on voit les anthères se fendre en long, et la fente laisse échapper le pollen. La manière dont le pollen est mis en liberté n'est pas toujours la même; dans la fleur de Pomme de terre, qu'on peut étudier en été, les anthères se percent d'un petit trou à leur sommet (fig. 66).

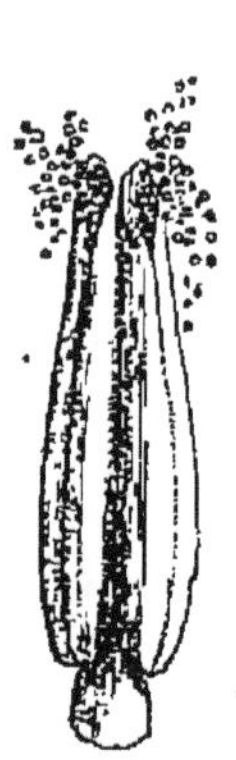

Fig. 66. — Étamine d'une fleur de Pomme de terre laissant échapper le pollen.

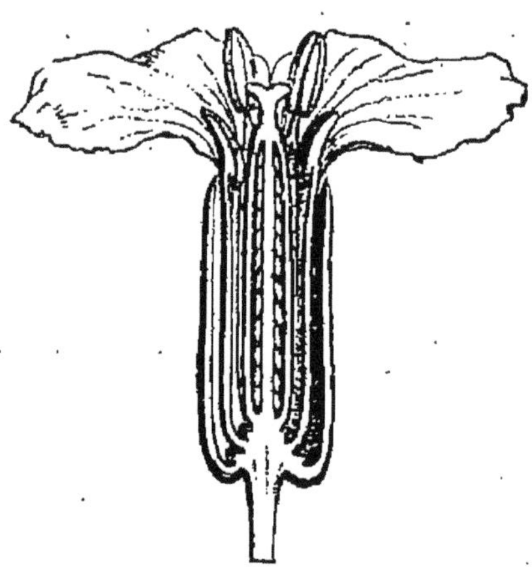

Fig. 67. — Fleur de Giroflée coupée en long. On aperçoit le pistil formé par l'ovaire, le style et le stigmate.

Certaines plantes laissent échapper une si grande quantité

de pollen, qu'il se forme un nuage de poussière jaune quand on secoue les fleurs. C'est ce qui arrive au printemps pour les Noisetiers et les Pins.

Pistil. — Le pistil, qui occupe le centre de la fleur, se compose d'un sac allongé formant à lui seul presque tout l'organe (fig. 67); au sommet, ce sac se continue par un petit étranglement, et celui-ci est surmonté d'une partie renflée. Le sac est appelé *ovaire*, le renflement terminal est le *stigmate*, et l'étranglement qui sépare le stigmate de l'ovaire est le *style;* dans la Giroflée, ce dernier est extrêmement court.

Coupons le pistil en travers, nous verrons que l'ovaire forme une cavité à l'intérieur de laquelle se trouvent un grand nombre de petits grains blancs, arrondis, appelés *ovules*. Les ovules sont attachés aux parois de l'ovaire, le long de deux bandes opposées (fig. 68).

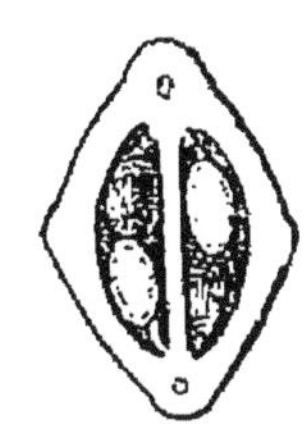

Fig. 68. — Ovaire de Giroflée coupé en travers et contenant les ovules.

Le stigmate est toujours imprégné d'une substance visqueuse. On peut s'en assurer en le touchant avec les doigts : on sent une certaine adhérence ; ou bien encore on dépose sur le stigmate de petits fragments de papier, qui restent collés.

Ainsi la fleur de Giroflée se compose de quatre parties : le *calice* et la *corolle*, constitués par des lames vertes ou colorées, affectant la forme d'un tube; puis les *étamines* et le *pistil*, contenus dans le tube formé par le calice et la corolle.

Les *étamines* portent les *anthères*, qui doivent s'ouvrir pour laisser échapper le *pollen;* le *pistil* est surtout formé par un sac, l'*ovaire*, qui contient un grand nombre de grains, les *ovules*.

Jacinthe. — La fleur de Jacinthe est assez semblable à celle de la Giroflée : elle n'en diffère que par les enveloppes, où le calice et la corolle ne sont pas très distincts. L'enveloppe de la fleur est aussi constituée par un tube, qui s'évase à la partie supérieure en forme d'entonnoir ; les bords du tube sont découpés en six parties, appelées *dents* (fig. 69).

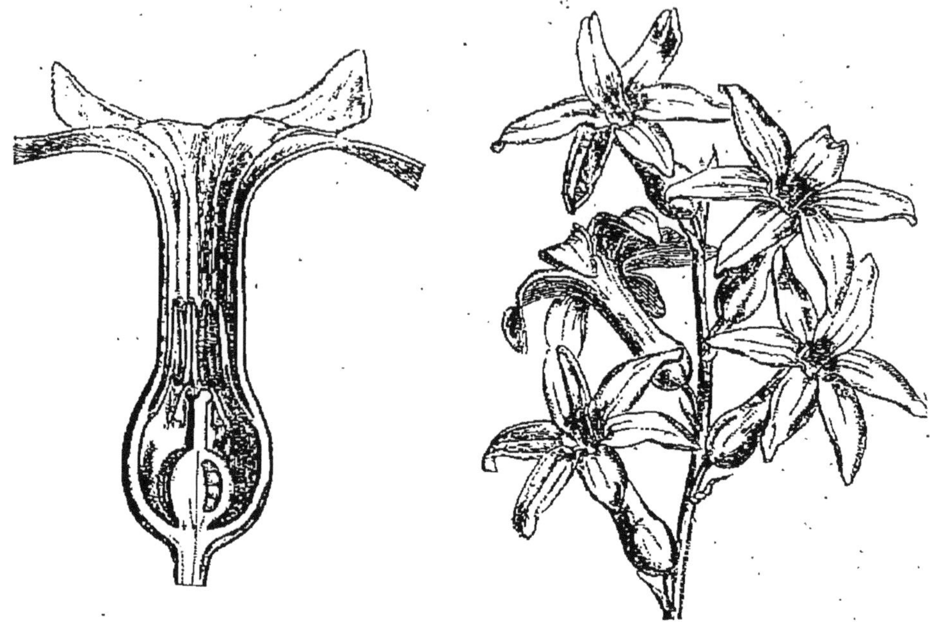

Fig. 69. — Grappe de fleurs de Jacinthe et fleur coupée en long.

En coupant une des fleurs en long, nous trouvons six étamines à filets très courts fixées sur les parois du tube, de sorte qu'en détachant l'enveloppe on enlève en même temps les étamines (fig. 69). Le centre de la fleur est occupé par le pistil en forme de bouteille ; la partie renflée à la base représente l'ovaire; le col, assez allongé, forme le style : il est terminé par le stigmate renflé et divisé en trois parties. Une coupe en travers, pratiquée au milieu de l'ovaire (fig. 70), montre qu'il est divisé en trois cavités ou loges, contenant les ovules.

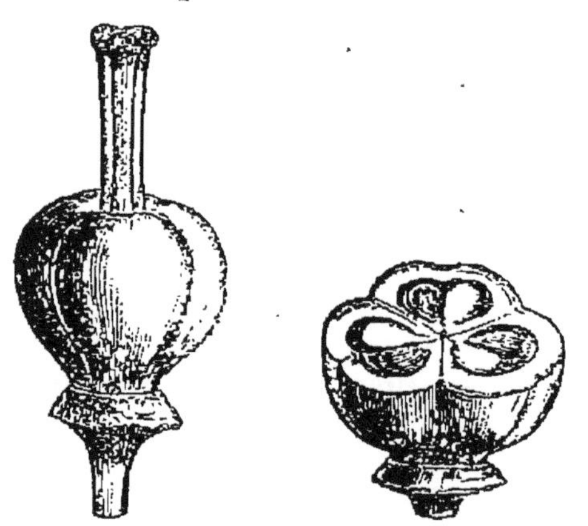

Fig. 70. — Pistil et ovaire coupé en travers.

Rôle de la fleur.

Prenons un pied de Giroflée ou de Colza (fig. 71) qui va fleurir, observons-le de jour en jour. Nous verrons s'écarter, dans les fleurs qui étaient en boutons, les pièces du calice

Fig. 71. — Grappe de fleurs du Colza. On aperçoit des fleurs en boutons au sommet, des fleurs épanouies au milieu, puis des fleurs flétries, et enfin, tout à fait à la base, des fruits.

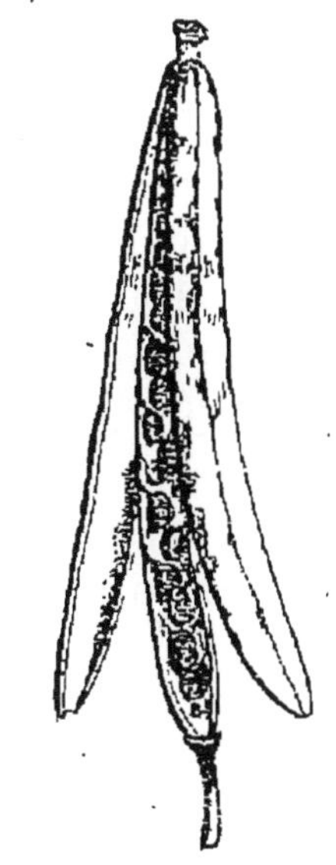

Fig. 72. — Fruit du Colza s'ouvrant pour laisser échapper les graines.

et de la corolle, puis les étamines et le pistil apparaître; on dit alors que les fleurs sont épanouies.

Les fleurs restent épanouies pendant quelques jours, puis la corolle, le calice ainsi que les étamines se dessèchent et tombent bientôt ; le pistil seul persiste.

Mais il ne conserve pas longtemps l'aspect qu'il avait dans la fleur : il grossit, s'allonge beaucoup, et prend alors le nom de *fruit* (fig. 72). Quand il a achevé de grossir, il jaunit à son tour, se dessèche, puis se fend suivant sa longueur pour laisser échapper les *graines*, formées par les ovules.

Lorsqu'un pied de Giroflée est fleuri depuis longtemps, on trouve sur la même branche des fleurs à différents états. Au sommet les fleurs sont encore en boutons, plus bas elles sont entièrement épanouies, et enfin tout à fait à la base elles sont flétries et l'on aperçoit des fruits à différents états de formation (fig. 71).

Ainsi la fleur de Giroflée a pour but de former le fruit qui contient les graines; c'est l'*ovaire* seul qui forme le *fruit*, tandis que les *ovules* se transforment en *graines*.

Rôle des parties de la fleur dans la formation du fruit. — Nous voyons déjà que le pistil est indispensable à la formation du fruit. Mais suffit-il seul pour le former?

Prenons des fleurs de Giroflée au moment où elles vont s'ouvrir, et coupons avec des ciseaux fins le calice chez les unes, le calice et la corolle chez les autres.

Au bout de quelques jours, en regardant le pied de Giroflée, nous verrons que le fruit se forme aussi bien dans les fleurs mutilées que dans les fleurs normales : le calice et la corolle ne sont donc pas indispensables à la formation du fruit.

Prenons maintenant d'autres fleurs de Giroflée encore en boutons, et coupons non seulement le calice et la corolle, mais encore toutes les étamines; nous aurons soin d'envelopper le bouquet des fleurs ainsi mutilées d'un cornet de papier ou d'une feuille de gélatine, pour empêcher le pollen des autres fleurs de tomber sur le stigmate.

Nous savons déjà, par l'expérience précédente, que la suppression du calice et de la corolle est sans influence sur la formation du fruit.

Au bout de quelques jours, nous n'apercevons aucun changement dans le pistil des fleurs mutilées, et si nous attendons assez longtemps, cet organe se desséchera sans que le fruit se soit formé; pendant ce temps les boutons des fleurs non mutilées ont développé leur fruit.

Les étamines sont donc indispensables à la formation du fruit. Elles servent à produire le pollen, qui doit être transporté sur le stigmate et retenu par cet organe pour que le fruit se constitue; en effet, si, après avoir coupé les étamines, nous déposons sur le stigmate des fleurs mutilées, à l'aide d'un pinceau, le pollen des étamines d'autres fleurs, le fruit se forme toujours.

Le stigmate a pour but de retenir le pollen au moyen de la matière visqueuse dont il est couvert, car si on le vernit ou si on le coupe, on empêche le fruit de se former.

Les parties essentielles de la fleur sont donc constituées par les étamines et le pistil. La transformation du pistil en fruit ne peut avoir lieu que lorsque le pollen des étamines a été déposé sur le stigmate du pistil.

Différentes sortes de fleurs.

Les fleurs des diverses plantes ne ressemblent pas toutes à la fleur d'une Giroflée, et nous allons examiner maintenant les différences qui existent entre elles.

Fleurs incomplètes : plantes monoïques et dioïques. — Les fleurs qui présentent, comme la Giroflée, le pistil et les étamines réunis dans le même organe sont des fleurs complètes : c'est le plus grand nombre.

Si nous examinons les fleurs du Saule (fig. 73-74) ou du Bouleau (fig. 75-77), nous verrons que certaines fleurs ne contiennent que les étamines et d'autres le pistil. Ces fleurs, incomplètes, sont de deux sortes : les fleurs à étamines et les fleurs à pistil. Ce que nous avons dit du rôle de la fleur montre que les plantes à fleurs incomplètes ne peuvent produire de graines que si elles offrent à la fois les fleurs à étamines et les fleurs à pistil; mais ce sont ces dernières seules qui forment un fruit, les fleurs à étamines se flétrissent et disparaissent sans laisser de traces.

Le Chêne, le Pin, le Noisetier, le Bouleau (fig. 75) ont les deux sortes de fleurs sur le même pied; on les appelle des plantes *monoïques*.

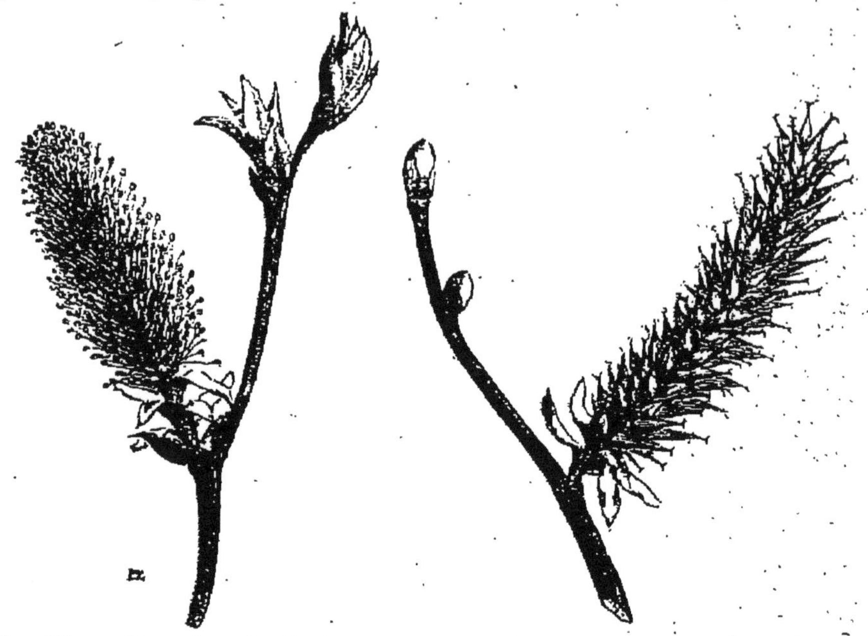

Fig. 73. — Branches de Saule appartenant à des pieds différents : l'une, à gauche, renferme des fleurs à étamines; l'autre, à droite, contient les fleurs à pistil. Le Saule est une plante dioïque.

Le Saule (fig. 73-74), le Chanvre, n'ont qu'une sorte de

Fig. 74. — Fleurs isolées du Saule. Elles sont formées par une écaille portant à droite les étamines, à gauche le pistil.

fleur sur le même pied ; il existe alors des pieds à fleurs renfermant des étamines et des pieds portant seulement des fleurs à pistil ; la réunion de ces deux sortes de pieds est néces-

Fig. 75. — Branche fleurie de Bouleau. On voit, à l'extrémité, deux épis de fleurs à étamines, et, le long de la branche, des épis formés de fleurs à pistil. Le Bouleau est une plante monoïque.

Fig. 76. — Fleurs à pistil du Bouleau. Elles sont groupées par trois à la base des écailles du cône.

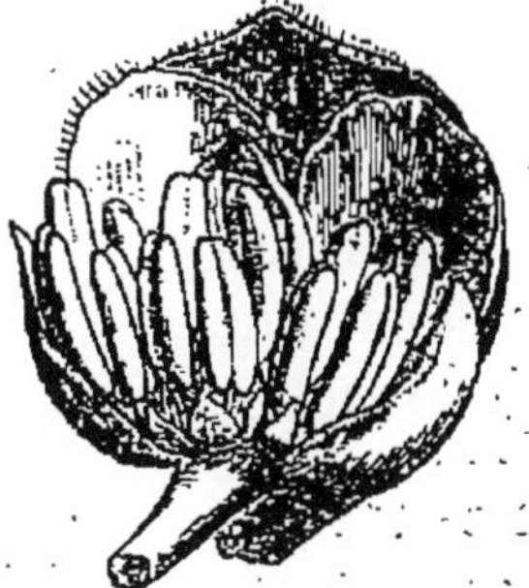

Fig. 77. — Fleurs du Bouleau. Un groupe de fleurs à étamines et une fleur isolée.

saire à la formation des graines. Ces plantes sont appelées plantes *dioïques*.

Fleurs complètes. Plantes apétales, gamopétales et dialypétales — Les fleurs à étamines et à pistil réunis sont ordinairement pourvues de deux sortes d'enveloppes, le *calice* et la *corolle*. Nous trouvons ces organes dans la fleur de Giroflée, de Primevère (fig. 78).

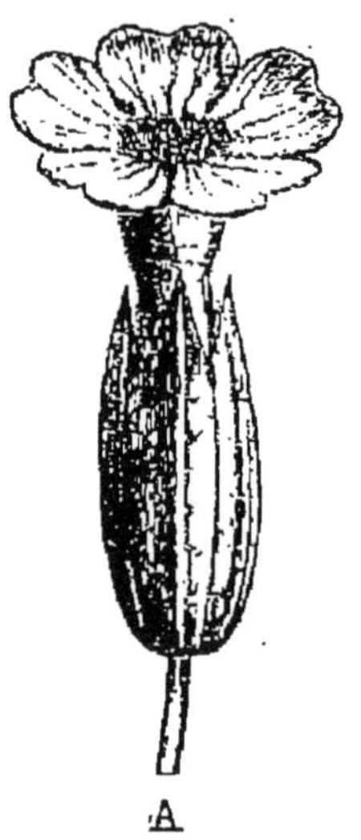

Fig. 78. — Fleur de Primevère présentant un calice et une corolle à sépales et à pétales soudés.

La fleur de Jacinthe est différente (fig. 69). Si nous la coupons en long, nous ne trouvons qu'une seule enveloppe, colorée, qui forme un tube évasé, et dont les bords sont découpés en six dents. Cette enveloppe représente le calice et la corolle réunis; on la désigne sous le nom de *périanthe*. Le Lis, l'Iris sont aussi des fleurs à périanthe.

Les fleurs de Saule (fig. 74), de Peuplier, n'ont pas d'enveloppes autour des étamines ou du pistil. On désigne ces fleurs réduites à une ou quelques écailles placées à la base des étamines et du pistil sous le nom de fleurs *apétales*.

Quand les fleurs sont pourvues d'enveloppes, les pièces qui les composent peuvent être séparées les unes des autres; on peut, dans une fleur de Giroflée, arracher successivement tous les pétales : on dit dans ce cas que les fleurs sont *dialypétales*.

Fig. 79. — Fleur de Pomme de terre à corolle gamopétale.

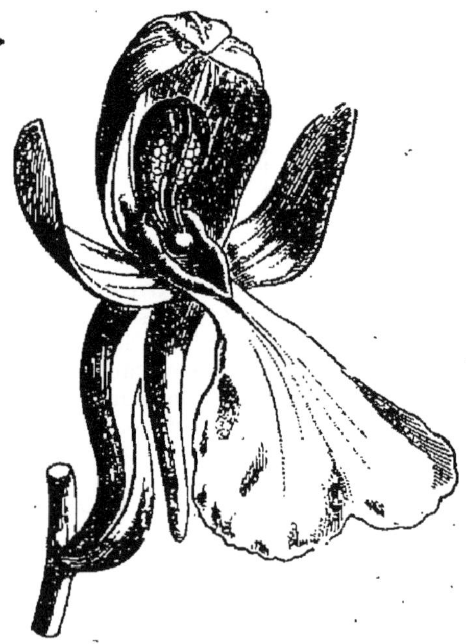

Fig. 80. — Fleur d'Orchis à corolle irrégulière ayant une droite et une gauche.

La Violette, le Haricot ont des fleurs dialypétales.

Mais si nous essayons d'arracher un pétale de la corolle dans une fleur de Primevère (fig. 78) ou de Pomme de terre (fig. 79), la corolle s'enlève tout entière, parce que les pétale sont soudés entre eux. On dit alors que les fleurs de Primevère et de Pomme de terre sont *gamopétales*.

Les enveloppes qui composent la fleur peuvent avoir leurs différentes pièces de même grandeur et de même forme : la fleur est alors régulière, comme dans la Giroflée, le Fraisier, la Pomme de terre. Souvent les sépales ou les pétales sont inégaux, et la fleur est irrégulière : le Pois, le Lamier, l'Orchis (fig. 80) ont des fleurs à corolle irrégulière. Généralement, les fleurs irrégulières ont une droite et une gauche, comme on peut le voir dans la fleur d'Orchis. On a distingué diverses sortes de corolles régulières et irrégulières : nous les étudierons mieux en parlant des familles.

Disposition relative des diverses parties de la fleur. — Les fleurs à pistil et étamines réunis peuvent encore différer par la situation relative des organes qui les composent. L'examen que nous avons fait de la fleur de Giroflée montre

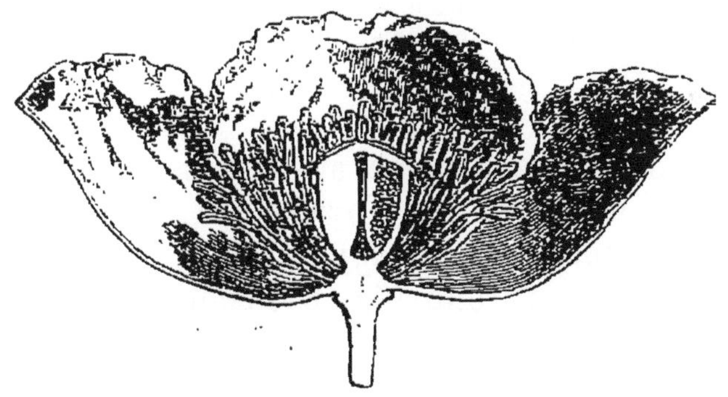

Fig. 81. — Fleur de Coquelicot coupée en long. Elle montre que les étamines sont attachées au-dessous du pistil : les étamines sont hypogynes et l'ovaire est supère ou libre.

que les pièces du calice et de la corolle, les étamines et le pistil sont disposés en verticilles successifs superposés les uns sur les autres.

Le pistil étant placé au-dessus de l'insertion des étamines, ces dernières sont attachées au-dessus de la corolle, etc. Mais il n'en est pas toujours ainsi, et le pistil peut être placé en partie au-dessous des régions extérieures de la fleur.

Dans la fleur de Giroflée, les étamines sont attachées au-dessous de la base de l'ovaire ; on dit alors que l'ovaire est *supère* ou *libre*, et les étamines sont appelées *hypogynes ;* la Giroflée, le Coquelicot (fig. 81), le Lis ont l'ovaire supère. D'autres plantes ont l'ovaire situé au-dessous de l'insertion

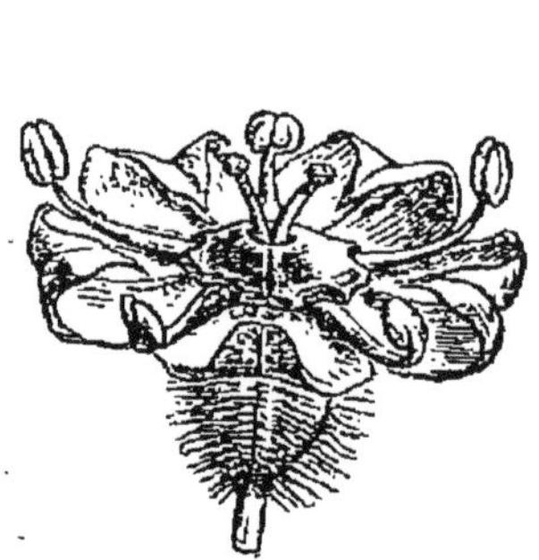

Fig. 82. — Fleur de Carotte montrant l'ovaire infère ou adhérent placé au-dessous des étamines ; les étamines sont épigynes.

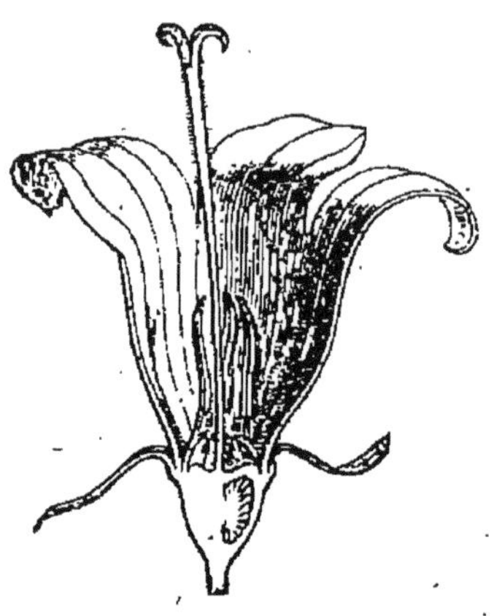

Fig. 83. — Fleur de Campanule coupée en long montrant l'ovaire infère ou adhérent.

des étamines, souvent même au-dessous du calice et de la corolle ; on dit alors que l'ovaire est *infère* ou *adhérent* et que les étamines sont *épigynes* ou *périgynes*. La Campanule (fig. 83), la Carotte (fig. 82) sont des fleurs à ovaire infère.

Conformation des étamines. — Les étamines offrent de grandes variations dans leur arrangement et leur nombre. Elles sont ordinairement pourvues des parties que nous avons distinguées dans la fleur de Giroflée. Chaque anthère est généralement composée de deux loges quand elle est ouverte, chacune des loges étant formée par la réunion de deux sacs d'abord indépendants. Dans certaines plantes il n'y a qu'une seule loge à chaque anthère; les étamines de la Mauve, du Pin n'ont qu'une loge avec deux sacs.

Les anthères s'ouvrent de manières différentes pour laisser échapper le pollen.

Dans la Giroflée, les anthères se fendent suivant la longueur; dans la Pomme de terre, elles s'ouvrent par un petit trou placé au sommet des loges; dans l'Épine-vinette, elles s'ouvrent au moyen d'orifices fermés par de petites soupapes. Lorsqu'elles s'ouvrent, les anthères sont souvent tournées du

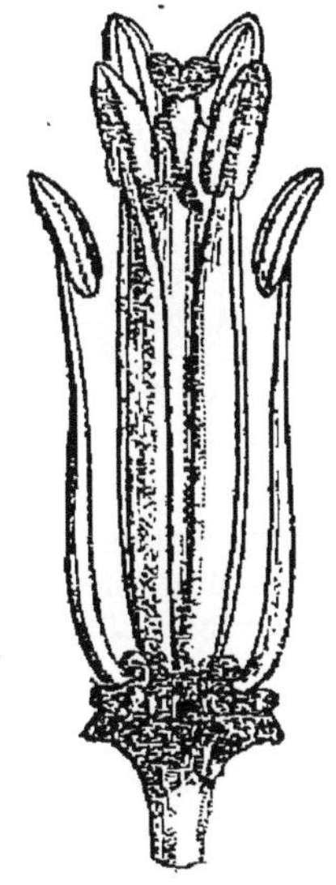

Fig. 84. — Étamines de Giroflée. Il y en a six : quatre grandes et deux petites; on les nomme étamines tétradynames.

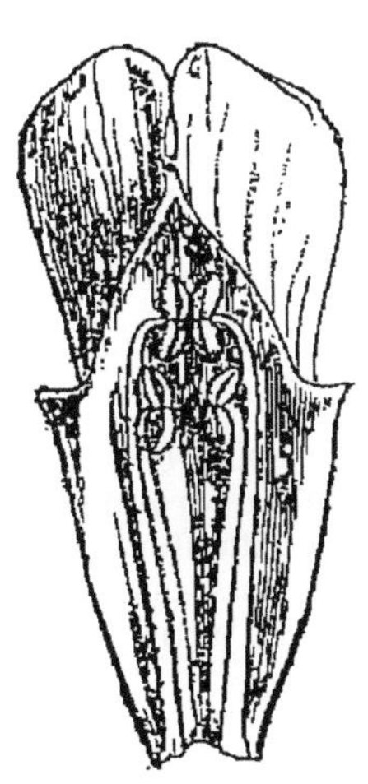

Fig. 85. — Muflier. Corolle ouverte pour montrer les quatre étamines didynames.

côté du pistil comme dans la Giroflée, le Pois, mais quelquefois elles sont tournées en dehors comme dans le Bouton d'or.

Les modifications dues à l'arrangement des étamines entre elles sont les plus importantes; signalons-en quelques-unes.

Nous avons trouvé dans la Giroflée six étamines, dont quatre grandes et deux petites. Ces étamines, appelées *tétradynames*, caractérisent toute la famille à laquelle appartiennent les Giroflées (fig. 84).

Dans une fleur de Lamier blanc, il y a toujours quatre étamines, deux grandes et deux petites ; ces étamines sont appelées *didynames ;* elles caractérisent le groupe auquel appartient le Lamier; il en est de même dans la fleur du Muflier (fig. 85).

Dans une fleur de Pois (fig. 86), il y a dix étamines; neuf de ces étamines sont soudées entre elles par leurs

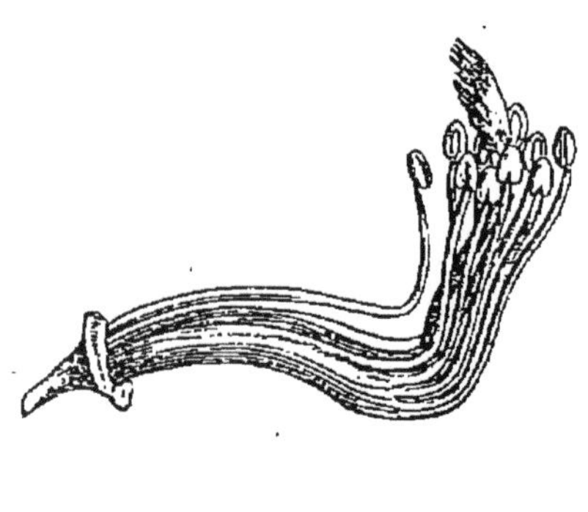

Fig. 86. — Fleur du Pois dont on a enlevé le calice et la corolle pour montrer que les étamines sont groupées en deux faisceaux, l'un de neuf étamines, l'autre d'une seule.

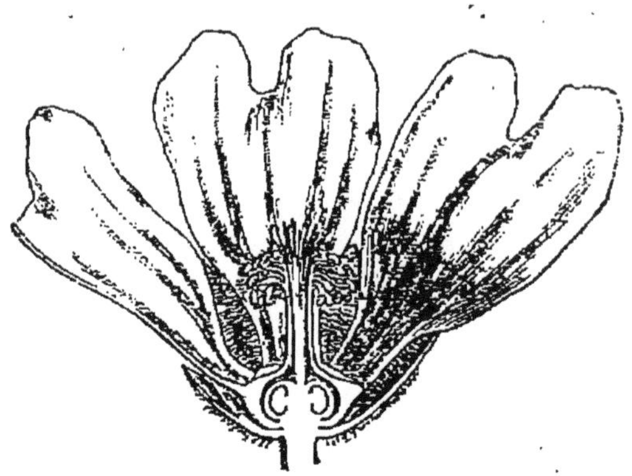

Fig. 87. — Fleur de Mauve coupée en long, montrant que les étamines sont soudées en un seul tube par leurs filets; ces étamines sont monadelphes.

filets, la dixième est libre. Quand les étamines sont ainsi groupées en deux faisceaux par leurs filets, on les appelle *diadelphes.*

Dans une fleur de Mauve (fig. 87), les filets des étamines sont tous soudés et forment un tube qui entoure le pistil; ces étamines sont dites *monadelphes,* elles caractérisent le groupe des Mauves.

Conformation du pistil. — Le pistil est formé par un certain nombre de pièces qu'on désigne sous le nom de *carpelles.* Dans le Pois (fig. 88), il n'y a qu'un seul carpelle qui forme tout le pistil; mais dans le Fraisier, la Renoncule, il existe un grand nombre de carpelles fixés sur le réceptacle (fig. 89). Ces carpelles sont indépendants les uns des autres; chacun d'eux se compose d'un ovaire, d'un style et d'un stigmate.

Dans le pistil du Géranium il y a cinq carpelles, mais ces carpelles sont soudés entre eux, et on les reconnaît seulement aux cinq stigmates qui terminent le style.

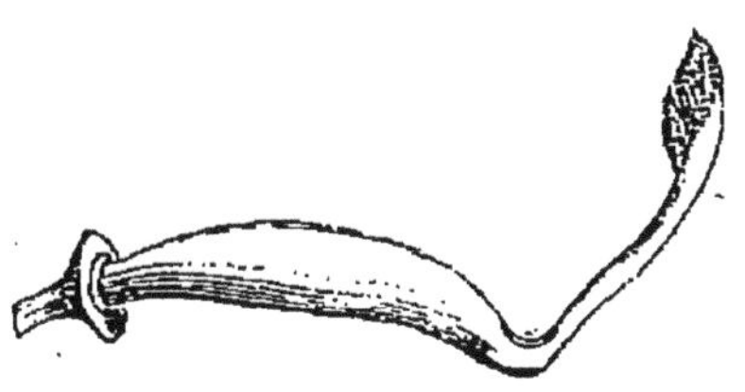
Fig. 88. — Pistil isolé d'une fleur de Pois; il est formé par un carpelle.

Dans la Giroflée il y a deux carpelles également soudés, et le pistil de Jacinthe en contient trois (fig. 90). Quand le pistil est formé de carpelles soudés, on peut ordinairement retrouver le nombre des carpelles en comptant les styles, les stigmates ou le nombre des loges.

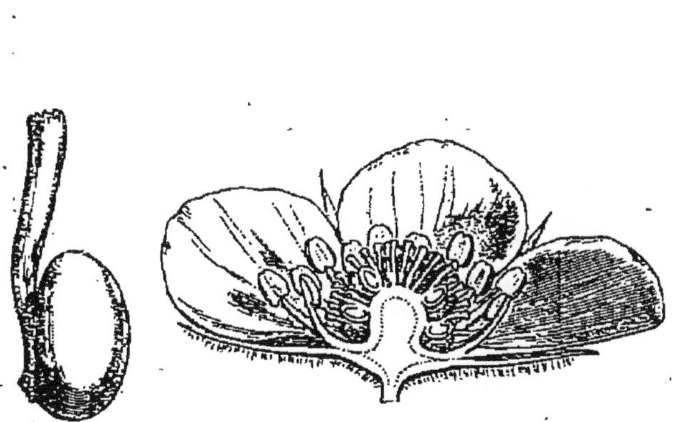
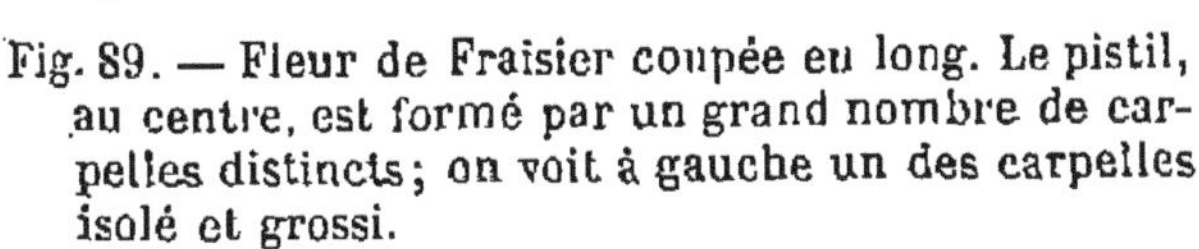
Fig. 89. — Fleur de Fraisier coupée en long. Le pistil, au centre, est formé par un grand nombre de carpelles distincts; on voit à gauche un des carpelles isolé et grossi.

Fig. 90. — Pistil de la Jacinthe formé par trois carpelles soudés.

Cependant quelquefois la soudure des carpelles devient si complète, qu'il n'est plus possible de les compter.

Le pistil des fleurs peut donc varier beaucoup : celui du Pois est à un seul carpelle; ceux du Géranium, du Fraisier, contiennent plusieurs carpelles, mais ces carpelles sont libres dans le Fraisier et soudés dans le Géranium.

Manière dont les fleurs sont disposées sur la plante. Inflorescences.

On donne le nom d'*inflorescence* à la manière dont les fleurs sont disposées sur une plante.

Les fleurs qu'une plante développe peuvent être portées sur de longs pédoncules indépendants les uns des autres :

Fig. 91. — Pied de Violette montrant les fleurs solitaires.

ce sont des fleurs *solitaires;* ainsi on peut arracher une à une les fleurs de Violette (fig. 91).

Mais le plus souvent les fleurs sont groupées en nombre plus ou moins considérable sur une partie de la tige.

Prenons comme exemple une branche fleurie de Lis (fig. 92); nous trouvons que dans cette inflorescence les fleurs sont disposées tout le long de la tige.

Les pédoncules qui portent les fleurs sont placés à l'aisselle de feuilles très petites, différentes des feuilles normales; on appelle *bractées* ces feuilles modifiées qui accompagnent les fleurs. La forme, les dimensions et la couleur des brac-

Fig. 92. — Inflorescence du Lis montrant les fleurs disposées en grappes et les bractées qui les accompagnent.

tées sont parfois très différentes de celles des feuilles ordinaires. Trois parties sont donc à distinguer dans une inflorescence : les *fleurs*, les *pédoncules*, les *bractées*.

Les inflorescences sont très variées, mais quelques-unes d'entre elles sont assez constantes pour servir à caractériser des familles de plantes; c'est pourquoi nous devons insister sur les formes les plus remarquables.

Cyme et ses modifications. — La première forme est appelée *cyme*. Elle est caractérisée par ce que les fleurs sont d'abord placées au sommet de la tige, qui cesse de s'accroître; puis elles occupent successivement le sommet des branches de 1er, de 2e, de 3e ordre, etc., qui cessent de s'allonger.

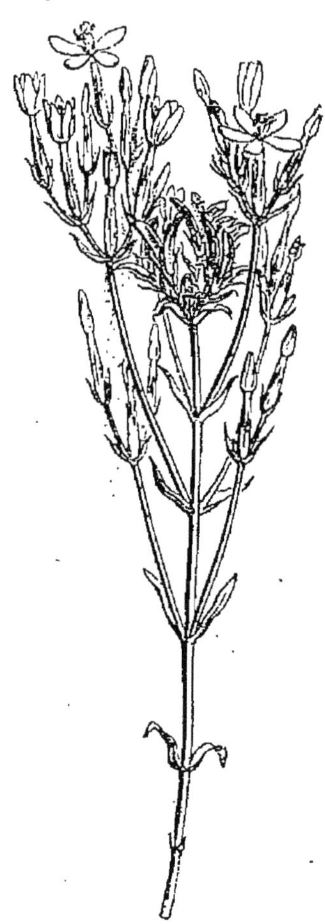

Fig. 93. — Inflorescence en cyme de la Petite Centaurée. La tige principale est terminée par des fruits et les fleurs apparaissent sur les branches latérales.

Les inflorescences de la Bourrache, du Myosotis, de la Petite Centaurée (fig. 93), de la Saponaire sont des cymes. Dans la Saponaire (fig. 94), la tige principale (1) se termine par une fleur; elle cesse alors de s'accroître et développe deux rameaux (2), qui se terminent bientôt à leur tour chacun par une fleur; ils sont remplacés par des branches (3), qui fleurissent à leur tour, et ainsi de suite. On a alors une *cyme dichotome*.

Dans le Myosotis et la Bourrache (fig. 95), la tige principale (1) ayant fleuri est remplacée par une branche (2); celle-ci fleurit à son tour et est remplacée par la branche (3), et ainsi de suite. Comme les diverses branches qui se développent sous les fleurs sont placées du même côté, les fleurs sont portées par un support enroulé en crosse. On donne à cette inflorescence le nom de *cyme scorpioïde*.

Grappe et ses modifications. — On distingue ensuite

une deuxième forme d'inflorescence, la *grappe* (fig. 96-97). Dans cette inflorescence les fleurs sont fixées sur les côtés d'un axe commun, la tige ou ses ramifications, qui en général

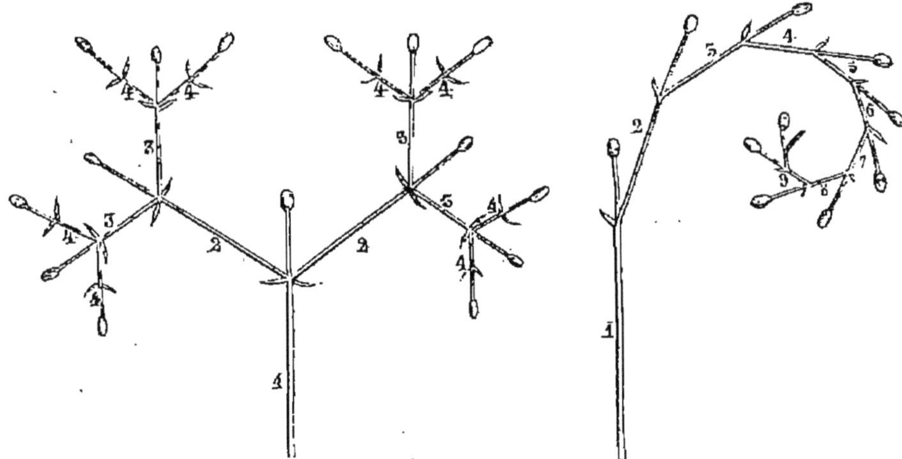

Fig. 94. — Figure théorique montrant la disposition des fleurs dans la cyme dichotome.

Fig. 95. — Figure théorique montrant la disposition des fleur dans la cyme scorpioïde.

continuent à s'allonger pendant l'épanouissement des fleurs et la formation des fruits.

La Giroflée, la Jacinthe ont une inflorescence en grappe.

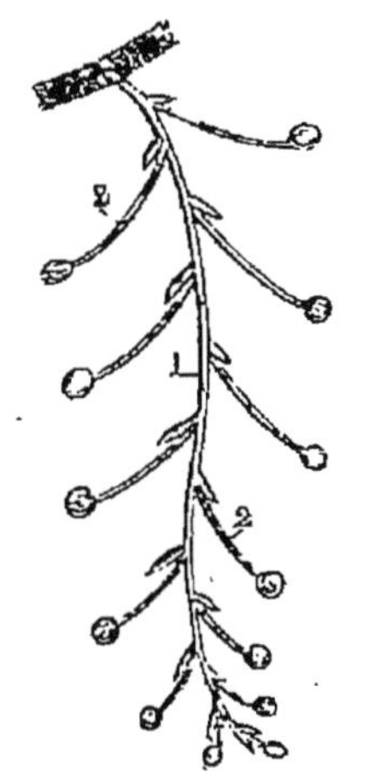

Fig. 96. — Grappe simple.

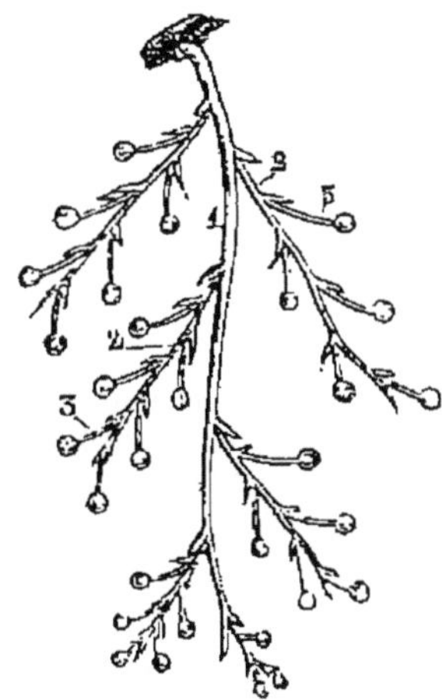

Fig. 97. — Grappe composée.

Ce mode d'inflorescence présente quelques modifications importantes.

Dans la *grappe simple* (fig. 96), les fleurs terminent les branches (²) portées par l'axe principal (¹) ; ex. : Giroflée, Colza (fig. 98). Dans la *grappe composée*, les fleurs sont

Fig. 98. — Grappe de fleurs du Colza. On aperçoit les fleurs en boutons au sommet, les fleurs épanouies en dessous et les fruits à la base.

Fig. 99. — Figure théorique de l'épi.

Fig 100. — Inflorescence en épi simple de la Verveine officinale.

portées par des branches de deuxième ordre (³) (fig. 97) ; ex. : Avoine (fig. 101).

On donne le nom d'*épi* (fig. 99) à une grappe dont les pédoncules sont très petits ou nuls, de sorte que les fleurs paraissent collées sur l'axe principal. Ex. : Verveine, Blé. L'épi est *simple* dans la Verveine (fig. 100), parce que les fleurs sont attachées une à une le long de l'axe d'inflorescence. Il est *composé* dans le Blé (fig. 102), parce que les fleurs

Fig. 101. — Pied d'Avoine montrant l'inflorescence en grappe composée d'épis.

Fig. 102. — Épi composé du Blé.

sont disposées par groupes ou *épillets* de trois ou quatre fleurs.

On distingue plusieurs sortes d'épis. Les épis proprement

dits contiennent des fleurs à étamines et à pistil. S'ils ne renferment que des fleurs à étamines ou des fleurs à pistil, on les appelle *chatons*; ex. : Noisetier (fig. 103). Les inflorescences des fleurs

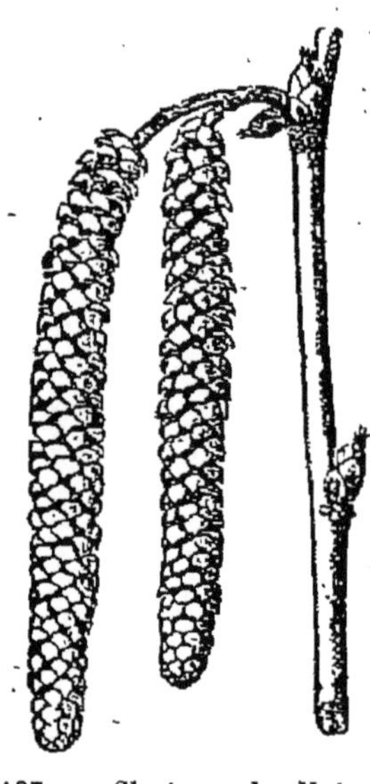

Fig. 103. — Chatons du Noisetier, ou épis ne contenant que des fleurs à étamines.

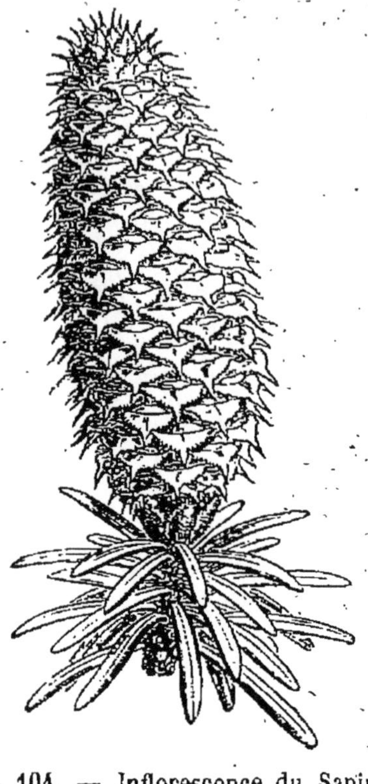

Fig. 104. — Inflorescence du Sapin ne contenant que des fleurs à pistil; c'est un cône.

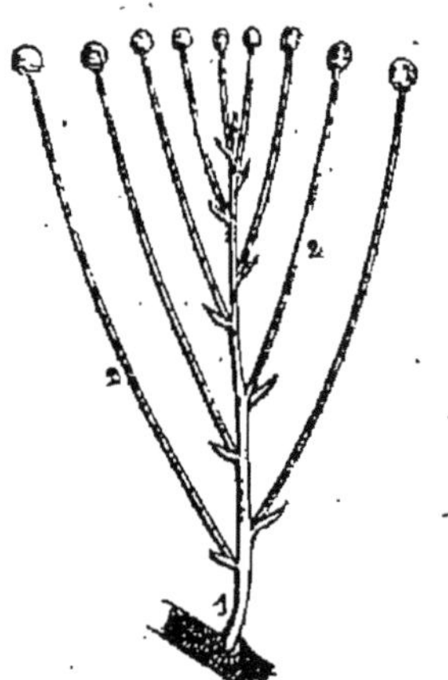

Fig. 105. — Figure théorique d'une inflorescence en corymbe.

à étamines ou à pistil du Pin, du Sapin, sont aussi des épis; on les désigne parfois sous le nom de *cônes* (fig. 104).

Si, dans une grappe, les pédoncules des fleurs inférieures s'allongent beaucoup, tandis que ceux des fleurs supérieures restent courts, celles-ci viennent se placer toutes au même niveau : on a alors un *corymbe* (fig. 105); ex. : Poirier, Alisier (fig. 106). Le corymbe est *simple* quand chaque pédoncule (2) attaché à l'axe (1) de la grappe se termine par une fleur. Il est *composé* lorsque chaque pédoncule porte plusieurs fleurs disposées en corymbes plus petits.

Fig. 106. — Inflorescence en corymbe composé de l'Alisier.

Si les pédoncules des fleurs se rattachent en un même

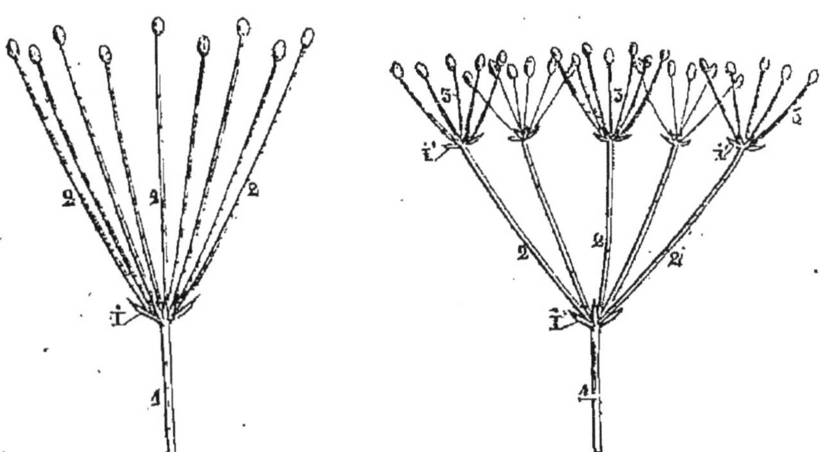

Fig. 107. — Figure théorique de l'ombelle simple.

Fig. 108. — Figure théorique de l'ombelle composée.

point de l'axe commun et forment des rayons égaux terminés par une fleur, qui divergent comme les branches d'un parapluie, on a une *ombelle* (fig. 107-108); ex.: Ail, Carotte. L'ombelle est *simple* dans l'Ail, le Lierre (fig. 107), où chaque rayon (²) se termine par une fleur; elle est *composée* dans la Carotte, parce que chaque rayon de l'ombelle (²) porte à son extrémité une ombelle plus petite ou *ombellule* (³). Ce sont les rayons de l'ombellule qui portent les fleurs (fig. 108-109).

Fig. 109. — Inflorescence de la Carotte sauvage formant une ombelle composée. Elle est enveloppée par des bractées découpées formant l'involucre.

Il peut arriver enfin que le support commun des fleurs soit élargi et porte directement les fleurs qui se trouvent fixées sur toute sa surface : l'inflorescence forme alors un *capitule*. La grande Marguerite (fig. 110) offre un exemple de capitule.

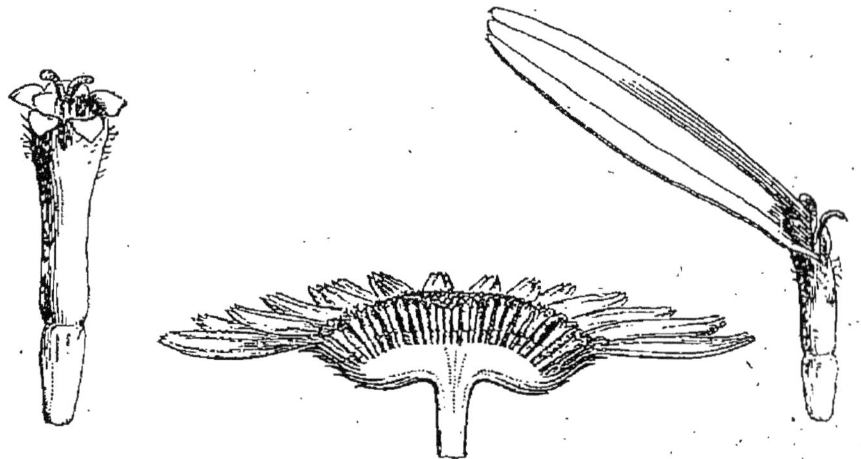

Fig. 110. — Inflorescence en capitule de la grande Marguerite. A droite, une fleur isolée de la circonférence du capitule; à gauche, une fleur du centre.

Dans ce capitule, il existe deux sortes de fleurs: les fleurs qui occupent le centre, jaunes, forment le cœur, elles sont tubuleuses; celles qui occupent les bords du capitule sont blanches, et la corolle de chacune d'elles est ouverte en cornet. Par suite les lames blanches qu'on arrache sont autant de fleurs; elles ne représentent pas ce qu'on nomme vulgairement des pétales. Dans un capitule, les bractées qui accompagnent les fleurs sont très nombreuses : elles forment ce qu'on appelle un *involucre*, et la surface élargie de l'axe sur laquelle se trouvent les fleurs a reçu le nom de *réceptacle*.

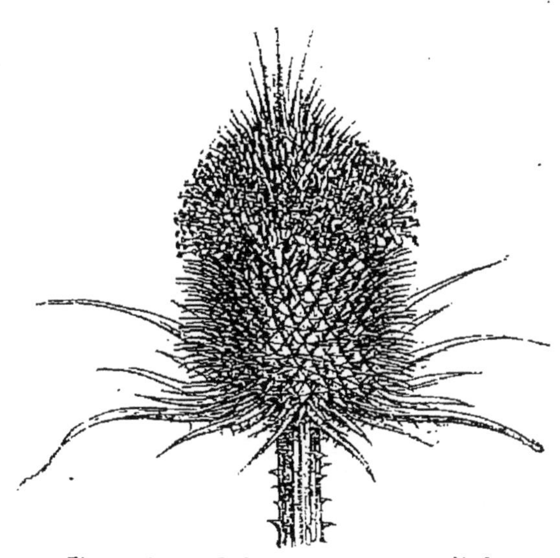

Fig. 111. — Inflorescence en capitule de la Cardère sauvage.

Les Cardères (fig. 111) ont aussi les fleurs disposées en capitules.

PARTIES QUI SUCCÈDENT A LA FLEUR : FRUIT, GRAINE.

Nous savons que le rôle de la fleur est de servir à la formation du *fruit*, qui contient les *graines*.

Le fruit et les graines ne commencent à se former qu'au moment où le pollen produit par les étamines est déposé sur le stigmate du pistil, soit par le vent, soit par les insectes ou par d'autres moyens. A partir de ce moment, les enveloppes de la fleur ainsi que les étamines se flétrissent et se dessèchent, le stigmate et le style se flétrissent souvent aussi; l'ovaire seul persiste : c'est lui qui en grossissant donne le *fruit*, tandis que les ovules deviennent les *graines*.

Fruit.

Le fruit est donc formé par l'ovaire, dont les parois grossissent. On appelle *péricarpe* les parois de l'ovaire quand cet organe est transformé en fruit.

Pendant la maturation des fruits le péricarpe subit des modifications différentes : tantôt, pendant la transformation de l'ovaire en fruit, les parois de celui-ci grandissent sans s'épaissir, et à la maturité ces parois se dessèchent : on a alors un fruit *sec*. La Giroflée, le Haricot, la Jacinthe ont des fruits secs.

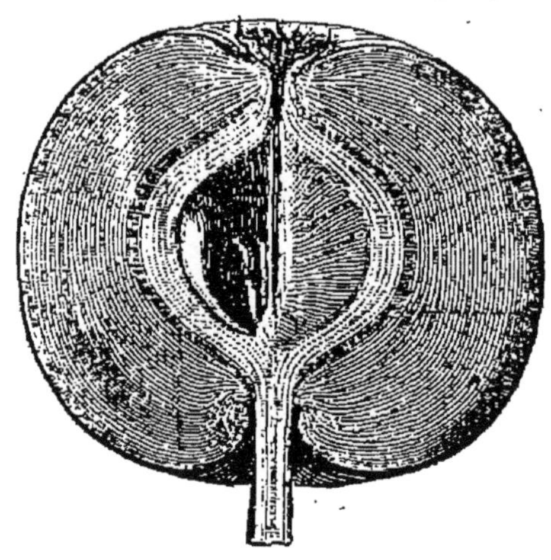

Fig. 112. — Pomme coupée en long.

Dans d'autres plantes, pendant la transformation de l'ovaire en fruit, les parois de l'ovaire s'accroissent beaucoup en épaisseur et deviennent charnues : ce sont alors des fruits *charnus*. La Cerise, le Raisin, la Noix, la Pomme (fig. 112) sont des fruits charnus.

Fruits charnus. — En général, la partie la plus extérieure de l'ovaire devient molle, pulpeuse, tandis que celle qui avoi-

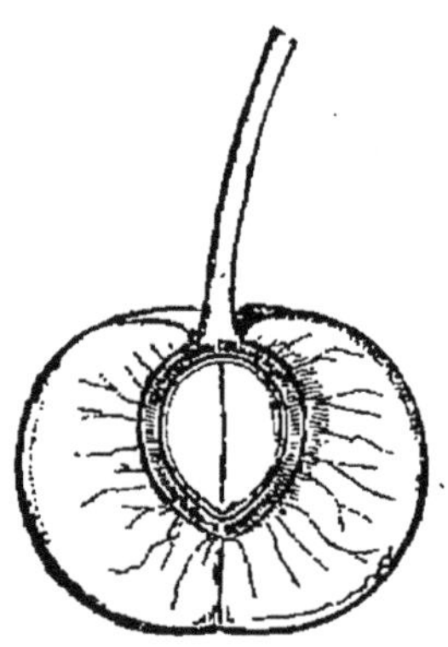

Fig. 113. — Cerise coupée en long : exemple de drupe.

Fig. 114. — Grain de Groseille exemple de baie.

sine la graine acquiert une grande dureté et prend la consistance du bois ; c'est ce qu'on voit dans la Cerise (fig. 113). On mange la partie extérieure du péricarpe, devenue pulpeuse, tandis que la partie interne, dure, emprisonne la graine et forme le noyau. Les fruits semblables à la Cerise sont appelés *drupes*.

Dans le Raisin, la Groseille (fig. 114), le péricarpe se transforme en une matière pulpeuse dans laquelle nagent les graines ou pépins : ces fruits sont des *baies*.

Les fruits charnus contiennent en général peu de graines; ils ne s'ouvrent presque jamais pour les mettre en liberté : leur masse se décompose, et c'est par la décomposition des fruits que les graines sont isolées.

Fruits secs. — Les fruits secs, au contraire, s'ouvrent

Fig. 115. — Capsule de Pavot s'ouvrant par des trous situés au sommet.

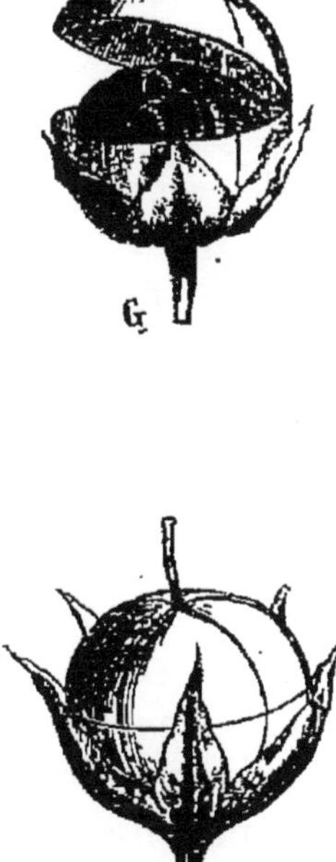

Fig. 116. — Fruit du Mouron, fermé et ouvert

ordinairement à la maturité, et les graines nombreuses qu'ils contiennent sont alors mises en liberté.

La plupart des fruits secs qui s'ouvrent à la maturité s'appellent *capsules* et contiennent plusieurs graines.

Les capsules s'ouvrent par des procédés très différents : celles du Pavot (fig. 115) s'ouvrent par des trous situés au sommet; celles du Mouron (fig. 116) se séparent en deux parties comme une boite munie de son couvercle. Mais en général les capsules s'ouvrent par une ou plusieurs fentes en long, et se partagent alors en plusieurs fragments ou *valves*. Le nombre des fragments que donne le fruit en s'ouvrant est souvent égal au nombre des carpelles qui se sont soudés pour former l'ovaire : ainsi la capsule de la

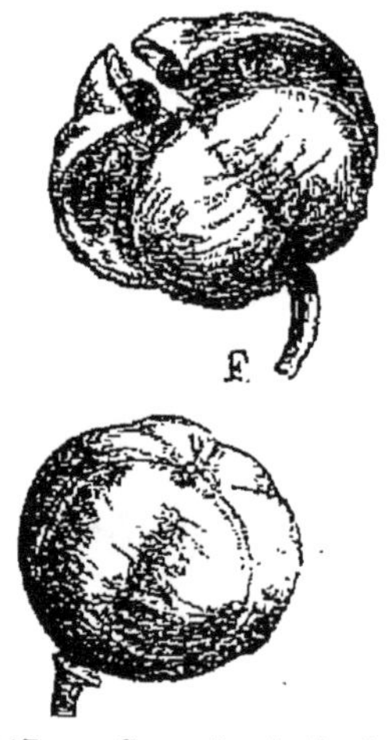

Fig. 117. — Capsule de Jacinthe ouverte en trois valves.

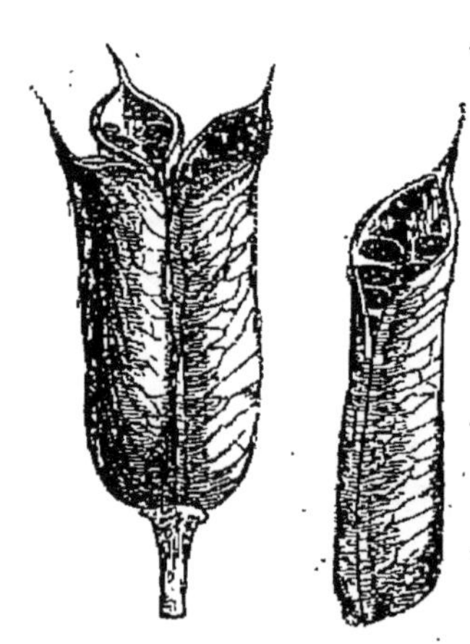

Fig. 118. — Fruit d'Aconit formé par trois carpelles. Chacun d'eux est un follicule.

Jacinthe, formée par trois carpelles, s'ouvre en trois valves (fig. 117).

Quelques capsules ont reçu, à cause de leur forme et de la manière dont elles s'ouvrent, des noms particuliers : le fruit de l'Aconit (fig. 118) est formé par trois carpelles, dont chacun s'ouvre en cornet par une seule fente, située du côté central du fruit; ces fruits s'appellent *follicules*. Le fruit du Haricot ou du Pois (fig. 119), appelé *gousse*, s'ouvre par deux fentes longitudinales en deux valves. Le fruit de la Giroflée (fig. 120), appelé *silique*, s'ouvre par quatre fentes opposées deux à deux, de sorte que les deux moitiés du fruit se soulevent en laissant un cadre où sont attachées les graines.

Il existe cependant des fruits secs qui ne s'ouvrent pas à

la maturité; ils ne contiennent ordinairement qu'une graine et sont souvent petits; on les nomme *akènes*. Les fruits de la Carotte, du grand Soleil, du Sarrasin, des Renoncules (fig. 121) sont des akènes.

Les grains de Blé sont aussi des akènes, mais ils dif-

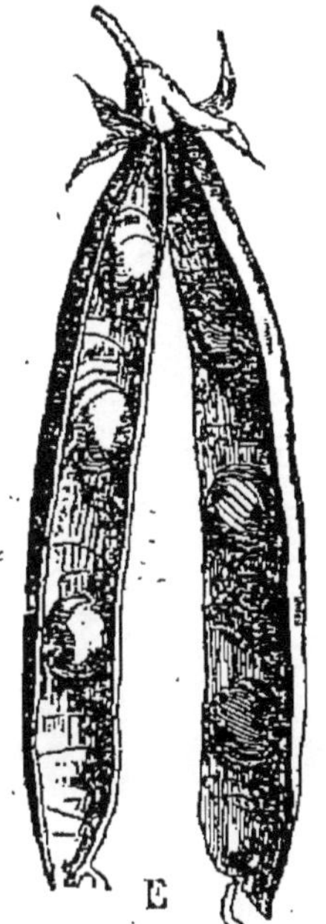

Fig. 119. — Fruit du Pois ouvert : c'est une gousse.

Fig. 120. — Fruit de la Giroflée s'ouvrant en deux valves : c'est une silique.

Fig. 121. — Fruit de la Renoncule formé par un grand nombre d'akènes.

fèrent des autres akènes parce que les parois du fruit sont adhérentes aux parois de la graine; on donne souvent à ces akènes le nom de *caryopse*. Quand on moud le blé pour le transformer en farine, les parois du fruit se brisent et constituent les pellicules jaunes désignées sous le nom de *son*.

Dissémination des fruits. — Lorsque les fruits et les graines sont mûrs, ils tombent et peuvent être transportés à des distances considérables. Ainsi beaucoup de fruits charnus, les baies, les cerises, les sorbes, sont dispersés par les oiseaux. Parmi les fruits secs, les capsules en s'ouvrant laissent peu à peu échapper les graines, et celles-ci, souvent emportées par le vent, sont transportées à de grandes distances, à cause de leur légèreté ; mais les akènes, ne pouvant s'ouvrir pour mettre les graines en liberté, sont transportés par le vent.

Leur dissémination est souvent favorisée par des lames membraneuses ou des poils qui les recouvrent, de façon que le vent peut les transporter à de grandes distances. Ainsi les fruits de l'Érable (fig. 122), de l'Orme (fig. 123), sont

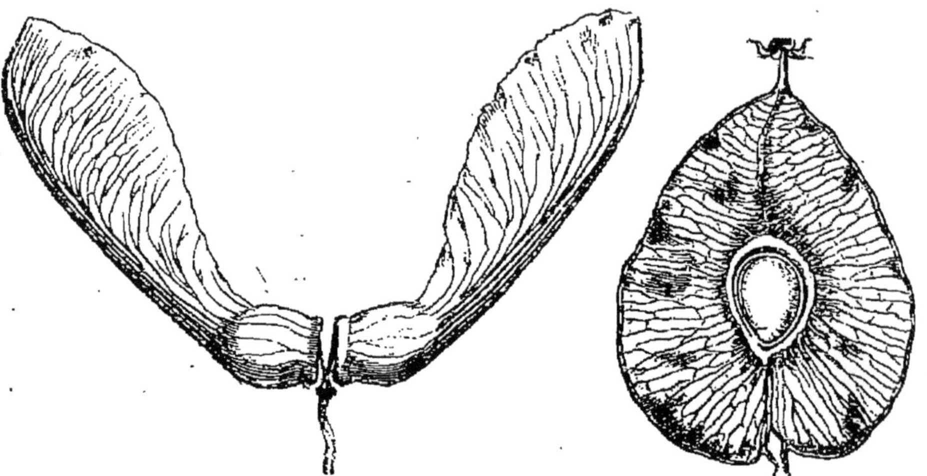

Fig. 122. — Fruit sec de l'Érable; il est ailé.

Fig. 123. — Fruit ailé de l'Orme.

ailés; ceux des Chardons, des Laitues (fig. 124, 125) sont garnis de collerettes de poils formant une aigrette.

Ce sont les fruits à aigrettes du Pissenlit qui forment ces têtes arrondies que les enfants s'amusent à souffler.

D'autres fruits, tels que les akènes des Graterons ou ceux de la Bardane, s'accrochent aux objets environnants, notamment à la toison des moutons, des chèvres, et sont ainsi dispersés par ces animaux.

Utilité des fruits. — Beaucoup de fruits, et principalement les fruits charnus, sont employés dans l'alimentation.

C'est généralement le péricarpe que l'on mange, parce que la maturation développe dans son épaisseur une grande quantité de matière sucrée : il en est ainsi dans la Cerise, la Pomme, la Groseille.

Les fruits servent aussi à la fabrication des boissons fermentées; la Vigne, les Pommiers, les Poiriers sont cultivés

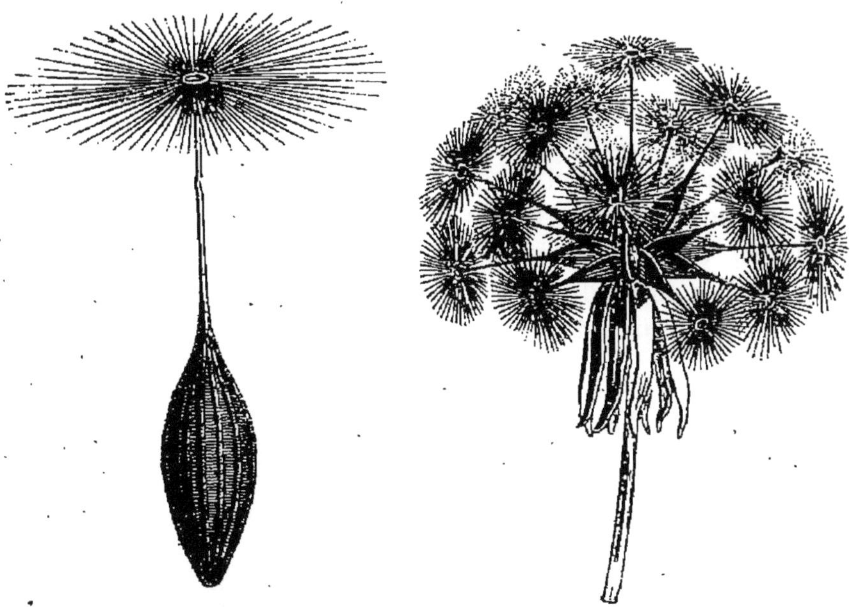

Fig. 124. — Fruit isolé de la Laitue; il est terminé par une couronne de poils.

Fig. 125. — Groupe de fruits de la Laitue.

parce que leurs fruits sont employés à fabriquer le vin, le cidre et le poiré.

Graine.

Les graines sont formées par les ovules accrus et mûris. Nous savons déjà, d'après la description qui a été faite de la graine de Haricot (p. 8), de Pois ou de Blé, qu'une graine se compose d'enveloppes entourant une partie centrale appelée *amande*. Cette amande contient toujours un petit corps appelé *embryon*, représentant une plante en miniature. Nous avons distingué dans l'embryon les organes qui doivent constituer la plante adulte, c'est-à-dire une *radicule*, une *tigelle*, une ou deux feuilles nourricières appelées *cotylédons*, et enfin, à l'extrémité de la tigelle, un bourgeon appelé *gemmule*, qui contient à l'état jeune les premières feuilles.

Les graines renferment aussi, à la maturité, une réserve de matières alimentaires destinée à nourrir l'embryon pendant qu'il constituera ses organes de nutrition ; dans certaines plantes, le Haricot, les graines de Pommier (fig. 127), la réserve de nourriture est entièrement renfermée dans les deux cotylédons, et l'embryon occupe toute la graine ; dans d'autres plantes, le Blé, le Maïs (fig. 128), par exemple, l'embryon reste petit, et la réserve alimentaire, placée à côté de lui, achève de remplir la graine. On appelle *albumen* cette réserve placée à côté de l'embryon dans la graine. Les cotylédons de l'embryon servent alors de suçoirs, c'est-à-dire puisent les aliments dans l'albumen, après les

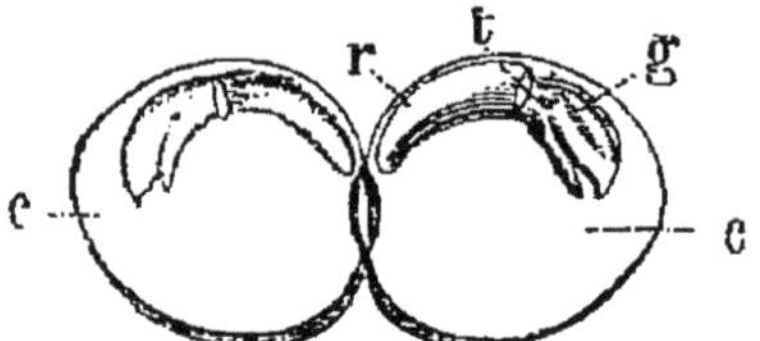

Fig. 126. — Graine de Pois coupée en deux : *r*, radicule ; *t*, tigelle ; *g*, gemmule ; *c*, cotylédons.

Fig. 127. — Pépins ou graines du Pommier. L'embryon remplit toute la graine.

Fig. 128. — Grain de Maïs montrant que l'embryon n'occupe qu'une partie de la graine.

avoir digérés, pour les disséminer dans l'embryon quand celui-ci se développe.

La nature de la réserve alimentaire contenue dans les graines n'est pas toujours la même. Tantôt c'est de l'amidon mélangé à des matières azotées, comme dans les graines des céréales : Blé, Maïs, Orge, etc. ; tantôt elle est constituée par des matières grasses mélangées à des matières azotées, comme dans les graines oléagineuses : Noix, Pavot, Colza ; enfin cette réserve peut être formée par une matière de même nature que le papier, qui acquiert une grande dureté, comme dans la graine du Dattier.

Dissémination des graines. — Les graines mises en liberté, soit par la destruction de la substance charnue du fruit, soit par la rupture de ses parois, sont souvent munies d'appendices qui les rendent plus légères ou qui offrent plus de prise au vent, ce qui facilite leur dissémination. Ainsi les graines du Pin, du Sapin (fig. 129) sont ailées; les graines du Saule, du Peuplier sont couvertes de poils soyeux;

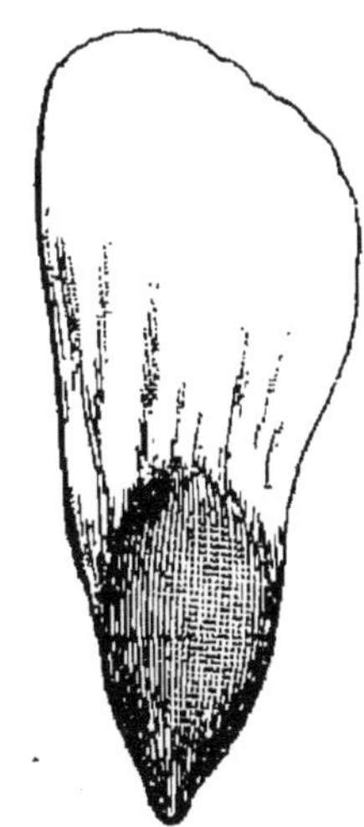

Fig. 129. — Fruit ailé du Sapin.

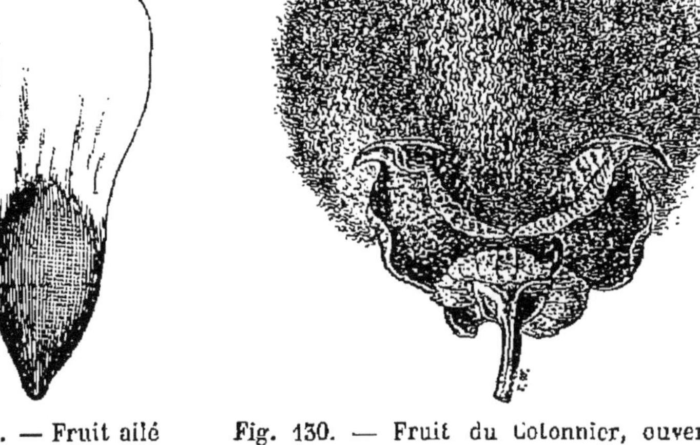

Fig. 130. — Fruit du Cotonnier, ouvert pour montrer le duvet ou *coton* qui couvre les graines.

les graines du Cotonnier sont enveloppées d'un duvet qui forme le coton (fig. 130).

Utilité des graines. — Les graines sont employées en grand nombre dans l'alimentation.

Les graines des céréales, Blé, Maïs, Seigle, Riz, forment la base de l'alimentation de l'homme; réduites en poudre, elles constituent la farine et servent à la fabrication du pain et des pâtes alimentaires.

Les graines des plantes Légumineuses, telles que le Haricot, le Pois, la Lentille, sont aussi fort employées et forment des aliments de première nécessité.

Les graines oléagineuses fournissent la plupart des huiles employées dans l'alimentation ou l'industrie; les graines de Colza, de Noyer, de Hêtre fournissent des huiles alimentaires; les graines du Lin, du Chènevis fournissent des huiles employées pour l'éclairage ou dans la peinture.

Enfin, certaines graines, celles de l'Orge par exemple, servent à la fabrication d'une boisson fermentée, la bière.

Résumé.

La fleur est composée de trois parties : 1° les enveloppes ; 2° les étamines ; 3° le pistil ; elle sert à former le fruit, qui contient les graines.

Les fleurs sont très variées : elles manquent d'enveloppes ou n'ont que l'enveloppe extérieure : ce sont les *apétales ;* elles ont une corolle à pétales libres : ce sont les *dialypétales ;* ou à pétales soudés : ce sont les *gamopétales*.

Les étamines forment une ou deux rangées autour du pistil ; chacune d'elles se compose de l'anthère et du filet ; c'est dans l'anthère que se trouve renfermé le pollen.

Le pistil est formé d'un certain nombre de pièces appelées *carpelles ;* chaque carpelle présente un ovaire, un style et un stigmate. Tantôt les carpelles sont libres (Fraisier), tantôt ils se soudent pour former un seul ovaire (Jacinthe).

Les fleurs ont tantôt l'ovaire *supère* ou *libre* à l'intérieur des enveloppes, tantôt l'ovaire est *infère* ou *adhérent* au calice.

Le fruit est constitué par l'ovaire du pistil, les graines proviennent des ovules ; mais le fruit ne peut se former que si le pollen des étamines tombe sur le pistil.

On distingue les *fruits charnus*, à parois épaisses, molles, pulpeuses (drupe, baie, etc.), et les *fruits secs*, à parois minces et sèches. Les fruits secs peuvent s'ouvrir à la maturité pour laisser échapper les graines : ce sont les *capsules ;* parfois ils ne s'ouvrent pas : ce sont les *akènes*.

La graine est formée par une amande entourée d'enveloppes ; elle renferme toujours une plante en miniature appelée *embryon*, qui se compose d'une *radicule*, d'une *tigelle* portant un ou deux *cotylédons* et se terminant par la *gemmule*. Les aliments nécessaires au développement de cette petite plante sont tantôt renfermés dans des cotylédons charnus, ou placés à côté de l'embryon dans l'amande ; ils forment alors l'*albumen*.

CHAPITRE VII

NUTRITION ET DÉVELOPPEMENT DE LA PLANTE

Nutrition de la plante.

Nous avons vu que, pour qu'une jeune plante se développe aux dépens d'une graine, d'un tubercule ou d'un oignon, il suffit de placer ces organes dans un milieu humide, aéré et chaud; cette jeune plante n'emprunte rien à l'extérieur, car elle se nourrit des aliments mis en réserve par la plante mère.

Nous devons maintenant étudier comment la plante se nourrit quand elle a développé ses différents organes : tige, feuilles et racines.

Les racines absorbent dans la terre, par la région couverte de poils absorbants, une grande quantité d'eau renfermant des substances minérales en dissolution. L'eau et ces matières minérales circulent dans la plante au moyen des tubes ou vaisseaux et sont conduites jusque dans les feuilles.

Les feuilles ou les tiges, grâce à la matière verte qu'elles renferment, fabriquent, avec les substances amenées par les racines et l'acide carbonique de l'air, les aliments nécessaires au développement du végétal : amidon, sucre, matières azotées, etc. Ces aliments sont disséminés ensuite dans toute la plante, soit pour être utilisés immédiatement, soit pour s'emmagasiner dans certains organes et former des réservoirs de nourriture (pomme de terre, oignon, graine), dont la plante se servira plus tard.

Les substances que doit consommer la plante pour se nourrir sont en général des matières minérales renfermées dans l'air et dans le sol.

Aliments des végétaux. — Les substances contenues

dans l'air sont les corps gazeux, tels que l'*oxygène* et l'*acide carbonique*.

Celles que contient le sol, beaucoup plus nombreuses, sont constituées par des sels en dissolution dans l'eau qui le maintient humide; ce sont des *azotates* et des *sels ammoniacaux*, fournissant l'azote nécessaire à la plante, des *phosphates*, des *carbonates*, des *sulfates*, et enfin des sels de *potasse*, de *chaux*, de *fer*.

La nature et la proportion des aliments renfermés dans l'air ne changent pas, et ces substances existent toujours en quantité suffisante pour nourrir les plantes; dans la culture, on n'a donc point à se préoccuper de ces aliments.

Mais il n'en est plus de même pour les aliments contenus dans le sol : ils disparaissent peu à peu par des cultures successives, et la terre s'appauvrit; aussi l'homme doit-il intervenir pour la modifier, quand il veut obtenir des récoltes suffisantes.

Qualités d'un sol fertile. — Amendements. — Les différentes matières minérales utiles à la plante se forment sans cesse à la surface du sol, et l'eau des pluies tend à les entraîner dans les parties profondes; mais, malgré l'action des pluies, la terre végétale en retient toujours une certaine quantité.

Les différents sols varient beaucoup à ce point de vue, et les plus fertiles sont ceux qui retiennent le mieux les matières minérales que la plante doit absorber.

On a reconnu depuis longtemps qu'un sol, pour être fertile, doit être formé par un mélange de calcaire, de sable, d'argile et de matières organiques ; au point de vue physique, il doit contenir un mélange de gravier et de sable, afin d'être perméable à l'air et à l'eau. L'observation vient le démontrer : les sols exclusivement calcaires, argileux ou sablonneux sont en effet stériles. Rappelons, à ce propos, la stérilité de la Champagne dans la région où le sol de cette province est constitué par la craie ; rappelons aussi que les sols formés de sables siliceux, où croissent en abondance les Bruyères et les Fougères, sont aussi stériles.

Pour donner à un sol calcaire ou siliceux une composition convenable, on y ajoute les matériaux qui lui manquent; ainsi on ajoute du calcaire aux sols argileux ou siliceux, et de l'argile aux sols calcaires. Cette opération s'appelle *amender les terres* et les substances qu'on ajoute ont reçu le nom d'*amendements*.

Assolements, engrais. — Les sols fertiles ou les sols amendés s'épuisent aussi par la culture, et, comme les substances minérales qu'ils contiennent ne se reforment que lentement, les récoltes s'appauvrissent; on remédie à cet inconvénient au moyen des *assolements* ou des *engrais*.

1° Assolements. — Nous avons vu que les racines des plantes peuvent être pivotantes ou fibreuses. Les premières s'enfoncent profondément dans le sol et lui enlèvent les aliments, surtout en profondeur, peu en surface; la Betterave est un exemple de ces plantes. Les racines fibreuses au contraire, peu profondes, comme celles du Blé, de l'Avoine, s'étalent à la surface du sol et l'appauvrissent seulement dans cette région; les Graminées (Blé, Avoine, Orge) nous offrent donc un exemple de plantes qui épuisent le sol en surface, tandis que les Betteraves l'épuisent en profondeur. En se fondant sur cette remarque, on alterne la culture des plantes à racines profondes avec celle des plantes dont les racines sont superficielles. Ces alternances de cultures sont appelées *assolements*.

On peut citer comme exemple de ces alternances de cultures l'assolement suivant :

1re année : Avoine.
2e — Betterave.
3e — Orge.

2° Engrais. — Les assolements, même bien établis, ne suffisent pas pour obtenir toujours de bonnes récoltes : le sol s'appauvrit sans cesse, parce qu'on ne lui laisse pas les débris des plantes qui s'y sont développées.

On a recours alors aux *engrais*, qui restituent au sol les-

matières minérales qu'il a perdues. On a employé longtemps comme engrais des matières organiques, notamment le *fumier*, formé par les débris de paille mélangés aux matières ammoniacales provenant de la décomposition de l'urine des animaux de ferme, le *guano* du Pérou, formé par les déjections d'oiseaux. On emploie maintenant en outre, avec avantage, des engrais formés par des matières minérales.

Plantes parasites. — Nous avons supposé que les plantes

Fig. 131. — Pied de Gui poussant sur un Pommier; c'est une plante parasite.

étudiées jusqu'ici étaient capables de se nourrir elles-mêmes des substances minérales renfermées dans le sol et dans l'air. Il existe des végétaux qui sont dépourvus de matière verte ou en contiennent peu, qui manquent parfois de racines et ne peuvent vivre quand on les plante dans le sol. Ils se développent sur le corps d'autres plantes, s'enfoncent même plus ou moins profondément dans la tige ou les feuilles et se nourrissent aux dépens de ces organes.

On appelle *plantes parasites* toutes celles qui ne peuvent vivre que sur un autre végétal, qu'elles appauvrissent en lui dérobant une grande partie des aliments qu'il contient. La Cuscute qui vit sur la Luzerne, le Gui qui vit sur les arbres (fig. 131), sont des plantes parasites. Elles causent de grands dommages dans les récoltes, et l'on doit chercher à en débarrasser les champs ou les vergers.

Influence de la chaleur et de l'humidité sur la végétation. — Vie ralentie, vie active. — Lorsqu'on examine une plante pendant longtemps, on s'aperçoit que son développement n'est pas le même aux différentes époques de l'année. Tandis qu'au printemps et pendant l'été cette plante s'accroît et forme sans cesse de nouveaux organes, tiges, feuilles, racines, etc., en hiver, au contraire, elle ne présente pas d'accroissement, et, soit qu'elle conserve tous ses organes, soit qu'elle perde ses feuilles et ses tiges aériennes, elle ressemble pendant toute la mauvaise saison à un corps inerte, privé de vie.

Ainsi les tubercules de Pomme de terre, les bulbes, les graines ne présentent en hiver aucune apparence de vie; mais, au printemps, dans un milieu suffisamment chaud et humide, nous avons vu que ces parties de plantes se développent rapidement.

Les végétaux peuvent donc se présenter dans le courant d'une année sous deux états : à l'état de *vie active*, lorsque leur aspect change sans cesse par la formation de nouveaux organes, et à l'état de *vie ralentie*, quand ils ressemblent à des corps inertes. Sous ce dernier état, les végétaux ou les organes des végétaux peuvent supporter sans périr des variations atmosphériques qui les tueraient à l'état de vie active; ils résistent sans dommages à un froid excessif, à une température élevée ou à une sécheresse prolongée.

Le temps pendant lequel les végétaux ne peuvent rester vivants qu'à la condition d'être en état de vie ralentie constitue le *repos de la végétation*.

Dans notre pays, le repos de la végétation a lieu pendant l'hiver, la température étant, à cette saison, trop basse pour permettre le développement et l'accroissement des plantes : celles-ci meurent ou passent à l'état de vie ralentie. Dans le nord de la France, les arbres perdent leurs feuilles à la fin d'octobre et restent privés de ces organes jusqu'en avril.

Dans les pays chauds, la température n'est jamais assez basse pour arrêter ou ralentir la végétation : c'est alors la sécheresse qui fait passer les plantes à l'état de vie ralentie; déjà dans le midi de la France, en Provence, l'absence des pluies pendant l'été détermine en cette saison le repos de la végétation : c'est en hiver et au printemps que les plantes se développent.

Développement complet d'une plante.

Nous pouvons maintenant, au moyen de quelques exemples, suivre le développement des plantes.

Plantes annuelles : Haricot, Blé. — Nous avons vu que la graine de Haricot, placée dans un milieu aéré, humide et chaud, germe en développant une plante qui d'abord tire sa nourriture de la provision d'aliments placée dans les cotylédons, et bientôt, quand elle a formé ses différents organes de nutrition, elle se nourrit des aliments renfermés dans le sol et dans l'air.

Pendant les premiers mois de son développement, le Haricot croît et consomme toute la nourriture qu'il emprunte au sol. Mais, avant que sa croissance soit terminée, on voit apparaître le long de la tige les fleurs destinées à former les graines; celles-ci serviront chacune à reproduire une nouvelle plante.

A ce moment une grande partie de la nourriture va s'accumuler dans la graine sous forme de réserve, et quand cette graine est mûre, c'est-à-dire quand elle a acquis tout son développement, la plante entière avec ses feuilles, sa tige et ses racines se flétrit souvent, ne laissant d'autre vestige de son existence que quelques graines. Ces graines passeront la mauvaise saison en état de vie ralentie, et germeront au printemps suivant, en reproduisant les phénomènes que nous venons de décrire.

Le développement d'un grain de Blé est analogue à ce que nous venons de voir pour le Haricot. Ces plantes périssent à chaque saison et leurs graines seules persistent. On désigne ces plantes sous le nom de *plantes annuelles.*

Plantes bisannuelles : Betterave, Carotte. — Le développement de la Betterave est différent.

La graine germe, comme nous le savons, dans les mêmes conditions que celle du Haricot ; elle développe bientôt des feuilles, une tige et des racines ; les feuilles qui se développent forment un bouquet porté par une tige très courte.

Les aliments absorbés par la plante ne sont pas tous consommés : une partie de ces aliments est aussitôt mise en réserve, à l'état de sucre ordinaire, dans la racine principale ; cette racine, d'abord très grêle, grossit peu à peu à mesure qu'augmente la provision de sucre qui s'y amasse ; pendant toute l'année, la plante ne développe pas d'autres organes que des feuilles, une tige et des racines, et la formation de la réserve de nourriture dure pendant tout l'été jusqu'à l'automne. A ce moment, la tige, les feuilles et les racines périssent et se dessèchent, il ne reste de la plante que sa racine principale, devenue charnue.

On conserve cette racine tout l'hiver, en état de vie ralentie, dans les caves ou dans la terre. Au printemps suivant, lorsqu'on plante les Betteraves ou qu'on les laisse séjourner dans un milieu humide, on voit apparaître, au milieu des débris des feuilles de l'année précédente, une tige qui grandit beaucoup et se ramifie en développant les fleurs. A ce moment la Betterave tire seulement sa nourriture de la racine, elle consomme le sucre qui s'y est amassé l'année précédente ; ce sucre, mis en provision, est utilisé pour la formation des tiges et des fleurs, et une partie de cet aliment sert à former de nouvelles réserves dans les graines qui succèdent à la fleur. Puis toute la plante périt, ne laissant que ses graines.

Le développement d'une Betterave s'accomplit donc en deux ans; la Carotte présente un développement semblable à celui de la Betterave. Les plantes qui offrent ce mode de végétation sont appelées plantes *bisannuelles*.

Les plantes annuelles ainsi que les plantes bisannuelles ne fleurissent qu'une fois et, par suite, ne produisent de graines qu'une seule fois ; ces plantes sont toutes des *herbes*, leur tige n'est jamais ligneuse.

Plantes vivaces : Pomme de terre, Jacinthe. — La Pomme de terre présente un développement différent de ce que nous offrent le Haricot ou la Betterave.

La graine de Pomme de terre placée en terre, au printemps, germe en donnant une plante complète, qui bientôt, après avoir consommé la provision de nourriture renfermée dans la graine, se nourrit elle-même des aliments contenus dans le sol ou dans l'air. Mais, au lieu d'utiliser tous les aliments qu'elle absorbe, elle en amasse des provisions sous forme d'amidon dans les parties renflées de la tige souterraine; ces parties renflées constituent les tubercules de Pomme de terre. A la fin de l'été, la plante fleurit et développe des graines, à l'intérieur desquelles on trouve aussi des provisions de nourriture destinées à l'embryon.

Bientôt la plante se flétrit et laisse les graines mûres. Mais on trouve en outre, au milieu des débris de la tige souterraine et des racines, les tubercules qui représentent une partie de la plante, et qui restent vivants.

Chaque tubercule, après avoir passé l'hiver à l'état de vie ralentie, se réveille au printemps et pousse à chacun de ses yeux des tiges aériennes ou souterraines.

Les plantes qui, comme la Pomme de terre, survivent à la mauvaise saison, sont dites *vivaces*.

On peut les multiplier non seulement par des graines, mais par les parties qui restent vivantes à la fin de chaque saison. Ainsi on ne sème jamais les graines de Pomme de terre, on plante les tubercules ou les fragments de tubercules.

La Jacinthe offre un développement analogue. Une graine de Jacinthe donne en germant une petite plante qui n'offre encore aucun vestige de l'oignon dont nous nous sommes servis. Cette plante développe quelques feuilles et des racines, la tige restant très courte; elle consomme alors une petite quantité d'aliments, et l'excédent vient s'emmagasiner à la base des feuilles, qui se renflent peu à peu et constituent un bulbe de petite taille. Ce bulbe grossit jusqu'à la fin de la saison, au moment où les feuilles se flétrissent quand la végétation cesse, et le bulbe seul survit. Au printemps suivant, de nouvelles feuilles se développent et contribuent à augmenter encore la provision de nourriture renfermée dans les écailles. C'est seulement au bout de quelques années que la Jacinthe fleurit; elle consomme alors, pour former sa tige florale, ses fleurs et ses graines, une grande partie de la provision qui était amassée dans les écailles du bulbe. Mais la plante ne meurt pas, car de nouvelles feuilles se développent et contribuent à reformer un nouveau bulbe au-dessus de l'ancien.

Les arbres (Chêne), les plantes à rhizome (Iris, Muguet) sont aussi des plantes vivaces : c'est dans la tige des arbres, ou dans le rhizome, que les matières alimentaires s'accumulent pour servir au développement de la plante, à l'époque où la végétation recommence.

Différentes sortes de plantes vivaces. — Les plantes vivaces, caractérisées parce qu'elles fleurissent plusieurs fois pendant leur vie, peuvent différer les unes des autres suivant que tout ou partie de leur corps seulement reste vivace.

Quelques-unes ont tout le corps vivace, même le feuillage, comme le Lierre, le Chêne-liège, le Chêne-yeuse, l'If, dont les feuilles persistent plusieurs années. D'autres perdent leurs feuilles chaque année, la tige et les racines seules sont persistantes; ce sont les arbres à feuilles caduques, tels que le Chêne commun, le Hêtre, etc. Ces deux sortes de plantes appartiennent à la catégorie des *arbres*, *arbustes* ou *arbrisseaux;* leur tige est en grande partie ligneuse.

Dans d'autres cas une partie de la tige seulement est vivace : c'est la partie souterraine, rhizome ou bulbe ; la partie aérienne meurt chaque année; le Sceau de Salomon, l'Asperge, le Glaïeul, la Primevère sont dans ce cas. Enfin la Pomme de terre nous offre un exemple de plante dont une partie de la tige souterraine, le tubercule, reste vivace.

Les plantes dont la tige souterraine seule est entièrement ou partiellement vivace appartiennent à la catégorie des *herbes vivaces;* leur tige aérienne n'est jamais ligneuse.

Résumé.

Les végétaux se nourrissent des matières minérales renfermées dans l'air et dans le sol.

Les matières minérales renfermées dans le sol s'épuisent par les cultures, et la terre devient stérile. On ralentit l'appauvrissement du sol par les alternances de culture ou *assolements;* on rend à la terre sa fertilité en lui restituant, sous le nom d'*engrais*, les aliments absorbés par les plantes.

La végétation n'a pas toujours la même activité : en hiver dans nos pays, pendant la sécheresse dans les pays chauds, la température est trop basse, l'humidité est en trop faible quantité pour que les plantes continuent à s'accroître. Elles passent à l'*état de vie ralentie*, c'est-à-dire cessent de pousser et restent en apparence privées de vie pendant plusieurs mois.

On distingue : les plantes annuelles, qui ne vivent qu'une saison, les plantes bisannuelles, qui vivent durant deux saisons, et les plantes vivaces, qui vivent plusieurs années.

Les plantes annuelles et bisannuelles ne fleurissent et ne donnent des graines qu'une seule fois; les plantes vivaces fleurissent plusieurs fois.

DEUXIÈME PARTIE

ÉTUDE DES DIFFÉRENTS GROUPES DE PLANTES

CHAPITRE I

DIFFÉRENTES SORTES DE PLANTES

Les plantes qui composent le règne végétal ne présentent pas toutes le degré de complication que nous ont offert le Haricot ou la Giroflée.

Nous allons maintenant indiquer les différences qui existent entre elles et qui ont permis de les classer en plusieurs groupes.

A la Giroflée comparons d'abord des Fougères, le Polystic ou l'Asplénie, que l'on trouve communément dans les bois humides.

Ces Fougères présentent un bouquet de feuilles découpées, sortant de terre. En arrachant un pied de ces plantes, on voit que les feuilles sont attachées à l'extrémité d'une tige entièrement souterraine. La tige est couverte par les débris des feuilles anciennes, réduites à la base de leur pétiole; elle porte de nombreuses racines adventives, très grêles, offrant l'apparence de filaments noirs (fig. 132). Nous retrouvons donc chez les Fougères les trois sortes d'organes nécessaires à la plante pour vivre, et jusqu'ici cette plante ne diffère pas, quant à sa conformation et à sa manière de vivre, d'une Giroflée ou d'un Haricot.

Le mode de reproduction de ces plantes est différent.

Tandis que la Giroflée développe des fleurs destinées à former les graines, la Fougère ne développe jamais de fleurs, à quelque moment de l'année qu'on l'observe; elle ne forme donc pas de graines. A la fin de l'été, quand on

Fig. 132. — Fougère.

examine la face inférieure des feuilles, on aperçoit sur les ramifications du limbe de petites taches brunes, disposées en séries régulières, et affectant, quand on les examine à la loupe, la forme d'un Haricot (fig. 133). Ces taches sont des amas de petits sacs renfermant une poussière brune très fine.

Les grains de cette poussière sont les *spores*, et chaque spore peut reproduire la Fougère. Les sacs dans lesquels ces spores sont renfermées s'appellent des *sporanges* (fig. 134), et ce sont les amas formés par un grand nombre de sporanges qui forment les taches brunes que l'on aperçoit à la face inférieure de la feuille.

Ainsi la Fougère, plante pourvue de tige, de feuilles et de

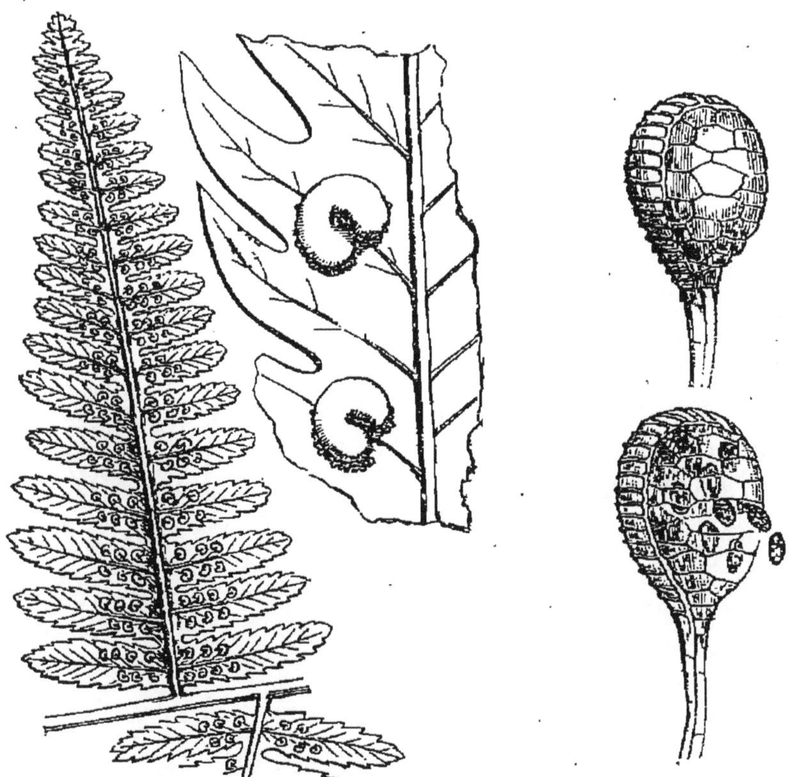

Fig. 133. — Fragment de feuille de Fougère, pour montrer les organes renfermant les spores. Ils sont fixés à la face inférieure et forment des groupes de sporanges.

Fig. 134. — Deux sporanges de Fougère; l'un d'eux s'ouvre pour laisser échapper les spores.

racines, ne porte ni fleurs ni graines et se reproduit par des *spores;* les Prêles (fig. 135), les Mousses (fig. 136) sont aussi des plantes sans fleurs, qui se reproduisent par des spores.

Toutes les plantes sans fleurs s'appellent *Cryptogames*, tandis que les plantes à fleurs et par suite pourvues de graines s'appellent des *Phanérogames*.

La Prêle, la Fougère, la Mousse sont des Cryptogames.

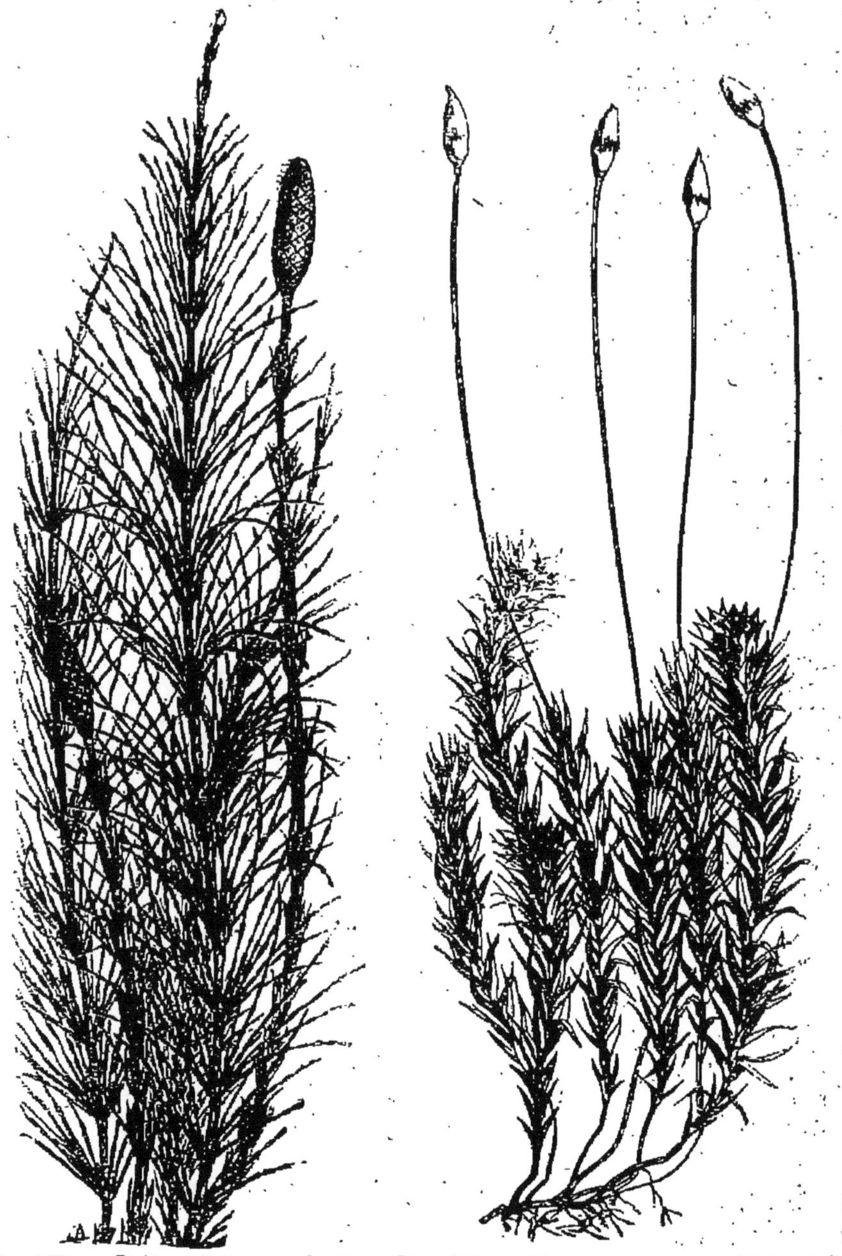

Fig. 135. — Prêle; c'est une plante sans fleurs.

Fig. 136. — Mousse commune (Polytric); c'est une plante sans fleurs.

Le Haricot, la Pomme de terre, la Jacinthe sont des Phanérogames.

Différentes sortes de Phanérogames. — Le corps des Phanérogames se divise toujours en tige, racines et feuilles ; c'est seulement par la conformation de la fleur et du fruit que ces plantes diffèrent.

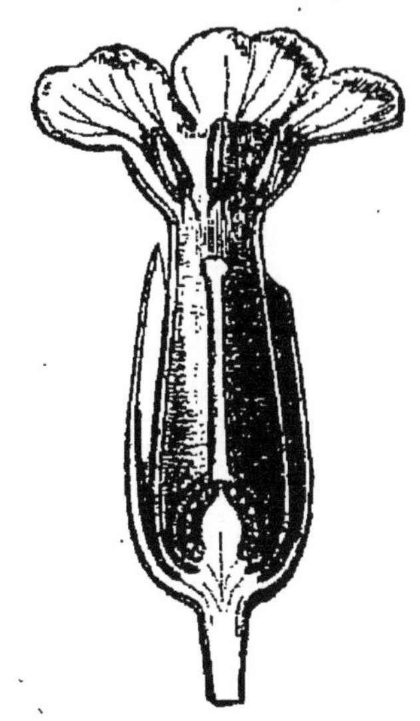

Fig. 137. — Fleur de Primevère coupée en long, montrant l'ovaire qui enveloppe les ovules et plus tard les graines.

Dans la Giroflée ou la Primevère (fig. 137), nous avons vu que le pistil offrait toujours à la base un sac, l'ovaire, présentant une ou plusieurs cavités à l'intérieur desquelles se trouvent placés les ovules, c'est-à-dire les organes qui doivent devenir des graines, quand le fruit aura succédé à la fleur.

Toutes les plantes Phanérogames qui ont un sac appelé *ovaire* renfermant les ovules, comme dans la Jacinthe, ont reçu le nom d'*Angiospermes*. On peut les reconnaître parce que pour apercevoir les ovules ou les graines il faut toujours couper l'ovaire en travers ou en long.

Fig. 138. — Groupe de fleurs à pistil du Pin formant un cône.

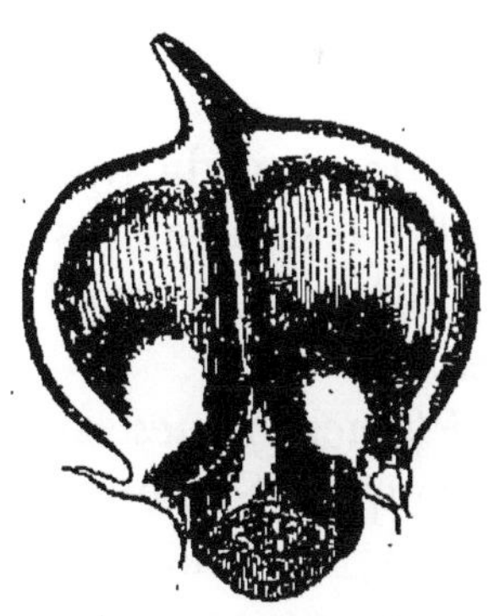

Fig. 139. — Une fleur à pistil du Sapin isolée. Elle porte deux ovules, qui donneront plus tard des graines nues.

Le Haricot, la Giroflée, la Jacinthe sont des Angiospermes.

Dans le Pin ou le Sapin, les fleurs sont toujours de deux sortes : les unes contiennent exclusivement les étamines; d'autres contiennent les pistils. Ces dernières se présentent sous la forme de petites masses ovoïdes placées à l'extrémité des branches : elles sont appelées *cônes* (fig. 138). Chaque cône est formé par un grand nombre de lames minces ou écailles, portant chacun deux ovules complètement à découvert (fig. 139). Chaque écaille est une fleur ; les ovules, et plus tard les graines qu'elle porte, ne sont pas enfermés dans un ovaire, ils sont *nus*.

On a donné aux plantes qui, comme le Pin, sont dépourvues

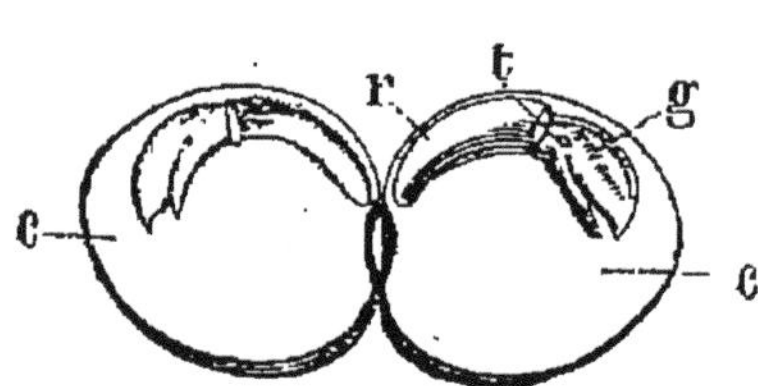

Fig. 140. — Graine de Pois ouverte. Elle contient un embryon possédant deux cotylédons *c*.

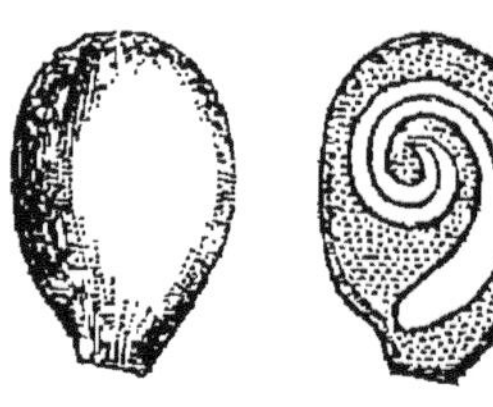

Fig. 141. — Graine de Pomme de terre entière et coupée en long. Elle contient un embryon à deux cotylédons enroulés, placés au milieu de l'albumen.

d'ovaire, le nom de *Gymnospermes*. On les reconnaît parce qu'il suffit d'enlever les écailles pour apercevoir les ovules.

Les Mélèzes, les Cyprès, les Ifs, les Cèdres sont des *Gymnospermes*.

Les *Phanérogames angiospermes* peuvent être divisées en deux groupes. Si nous ouvrons une graine de Haricot, nous y trouvons, comme on sait, une petite plante en miniature présentant une racine, une tige et deux feuilles spéciales, gorgées de nourriture, appelées *cotylédons*.

Le Pois (fig. 140), la graine de Pomme de terre (fig. 141), de Giroflée, contiennent aussi des plantules à deux cotylédons. Mais il existe des plantes, le Blé par exemple, dont la graine renferme un embryon à un seul cotylédon.

Coupons un grain de Blé en long, en passant par le sillon que ce grain présente, nous apercevrons, en dedans de l'enveloppe du grain, l'amande, qui présente deux parties (fig. 142) : la plus grande partie contient la provision de nourriture destinée à l'embryon; c'est elle qui, broyée, donne la farine; la seconde partie, occupant l'extrémité du grain, contient l'embryon, dont on voit la racine, la tige et un seul cotylédon.

La graine de Jacinthe contient aussi un embryon pourvu d'un seul cotylédon.

On désigne sous le nom de *Dicotylédones* les plantes dont les graines offrent un embryon à deux cotylédons, et de *Monocotylédones* celles dont l'embryon ne renferme qu'un seul cotylédon.

Le Haricot, la Pomme de terre sont des exemples de Dicotylédones.

La Jacinthe, le Blé représentent des Monocotylédones.

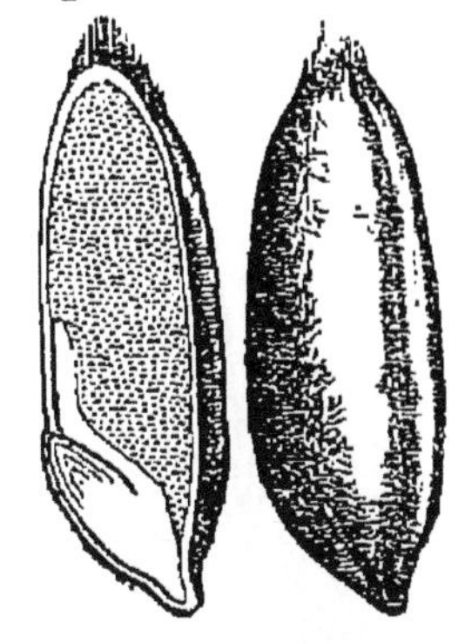

Fig. 142. — Grain de Blé entier et coupé en long. L'embryon n'a qu'un cotylédon; il est placé à la partie inférieure de la graine.

Différentes sortes de Cryptogames. — Ces plantes, dépourvues de fleurs et se reproduisant par des corpuscules très petits appelés *spores*, présentent une grande variété.

La Fougère, que nous avons choisie comme exemple, offre les trois sortes d'organes que nous avions distingués en étudiant la germination des graines : elle porte une tige, des feuilles et des racines; il en est de même des Prêles, des Lycopodes.

Il existe d'autres Cryptogames, telles que les Mousses, qui ont bien une tige et des feuilles, mais qui sont toujours dépourvues de racines; le Polytric en est un exemple (fig. 143). La base de la tige du Polytric porte un certain nombre de poils bruns, qui jouent, il est vrai, le rôle de racines, mais qui n'offrent pas la structure de ces organes.

Les Cryptogames pourvues de racines possèdent en général un grand nombre de vaisseaux destinés à conduire les liquides nutritifs dans tout le corps de la plante. Les Cryptogames sans racines ne présentent jamais de vaisseaux. Aussi a-t-on désigné les Cryptogames à racines sous le nom de Cryptogames *vasculaires*, et les Cryptogames sans racines sous le nom de Cryptogames sans vaisseaux.

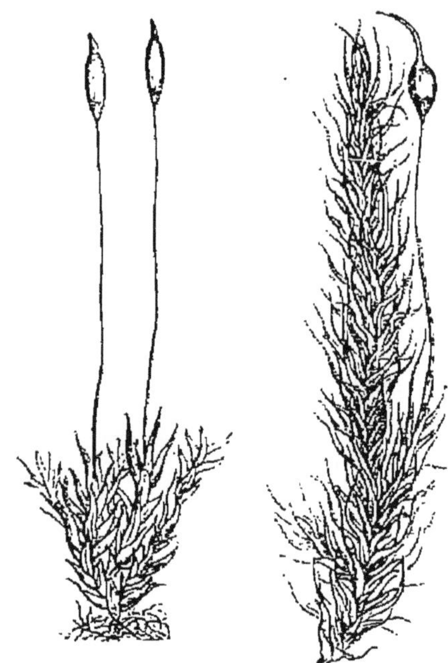

Fig. 143. — Mousses.

Les Fougères, les Prêles sont des Cryptogames à racines ; les Mousses, les Champignons, sont des Cryptogames sans racines.

Dans les Cryptogames sans racines, la simplification du corps de la plante devient plus grande encore. Tandis que le corps des Mousses (fig. 143) peut être divisé en tige et en feuilles, on ne peut plus, chez les Algues (fig. 144), chez les Champignons ou les Lichens (fig. 145), établir une distinction entre les diverses parties de la plante. Toutes ces parties sont semblables entre elles, et ne peuvent recevoir ni le nom de tige, ni celui de feuilles. Pour désigner le corps de ces plantes dégradées, on l'appelle *thalle*. Le blanc du Champignon comestible est un

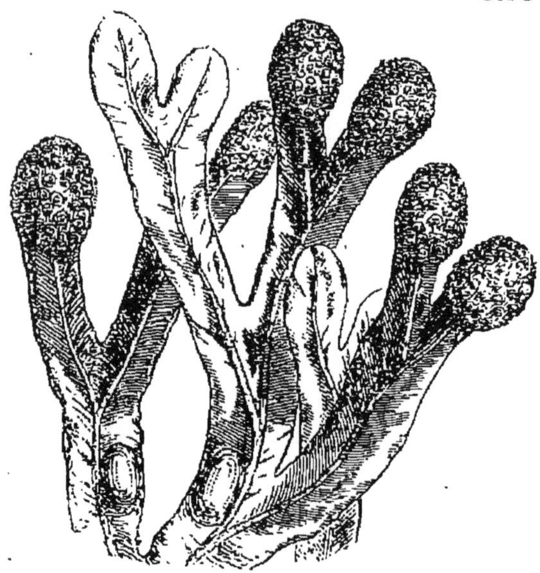

Fig. 144. — Varech ou Fucus. Algue formée par des lames constituant un thalle.

thalle; les lanières vertes constituées par les Algues qui recouvrent les rochers au bord de la mer, forment le thalle de ces plantes. Enfin l'écorce des arbres, les rochers,

145. — Lichen d'Islande ayant le corps formé par un thalle.

sont souvent recouverts par des lames de coloration variable constituant le thalle des Lichens (fig. 145).

Nous pouvons résumer, d'après ce qui précède, les caractères essentiels des principaux groupes de végétaux :

Tableau des principaux groupes de plantes.

Plantes à fleurs. Phanérogames	ayant un ovaire.	Angio-spermes.	Haricot.	*Dicotylédones.*
			Blé.	*Monocotylédones*
	n'ayant pas d'ovaire.	Gymno-spermes.	Pin.	*Conifères.*
Plantes sans fleurs. Cryptogames..	avec racines.........		Polypode.	*Fougères.*
			Prêle.	*Prêles.*
			Lycopode.	*Lycopodiacées.*
	sans racines.	Ayant une tige et des feuilles .	Polytric.	*Mousses.*
		Ayant un thalle..	Varech.	*Algues.*
			Agaric.	*Champignons.*
			Lichen des rennes.	*Lichens.*

CHAPITRE II

DICOTYLÉDONES

Plantes à graines pourvues d'un embryon à deux cotylédons, ayant des feuilles à nervures disposées en réseau, et des fleurs ordinairement pourvues d'un calice et d'une corolle distincte. Les pièces de la fleur sont généralement au nombre de quatre ou de cinq.

Exemples : *Saule, Oseille, Géranium, Campanule, Carotte, Primevère.*

Ces plantes ont toujours les nervures des feuilles disposées en réseau, leur tige est susceptible de s'accroître en épaisseur, et chez certains arbres elle peut acquérir un diamètre considérable. Elles possèdent presque toujours une racine principale et des racines secondaires, qui sont aussi susceptibles de s'accroître en épaisseur.

Les fleurs ont ordinairement un calice et une corolle distincts, dont les pièces sont au nombre de quatre ou cinq. Le fruit contient des graines dans lesquelles on trouve un embryon pourvu de deux feuilles nourricières ou cotylédons.

Fig. 146. — Fleur de Géranium. Elle possède cinq sépales et cinq pétales libres. Le Géranium appartient aux dialypétales.

Divers groupes de Dicotylédones. — Les Dicotylédones représentent actuellement, par leur nombre, le groupe le plus important du règne végétal.

Pour faciliter l'étude de ces plantes, on les a divisées en plusieurs groupes fondés sur les différences que présentent les fleurs.

Examinons d'abord la fleur du *Géranium* (fig. 146). Elle

est formée par un calice à cinq sépales entourant la corolle, qui a cinq pétales larges, colorés; les étamines sont disposées en deux rangées de cinq chacune. Au centre de la fleur se trouve le pistil, constitué par cinq carpelles ayant chacun leur stigmate. Dans cette fleur nous voyons que les différentes pièces des enveloppes de la fleur sont libres, et que les différentes parties qui la composent sont rattachées sur un support commun appelé *réceptacle* de la fleur. La Carotte nous présente des fleurs assez petites ayant une corolle formée de cinq pétales séparés (fig. 147), comme dans le Géranium.

Comparons à la fleur du Géranium celle de la Primevère

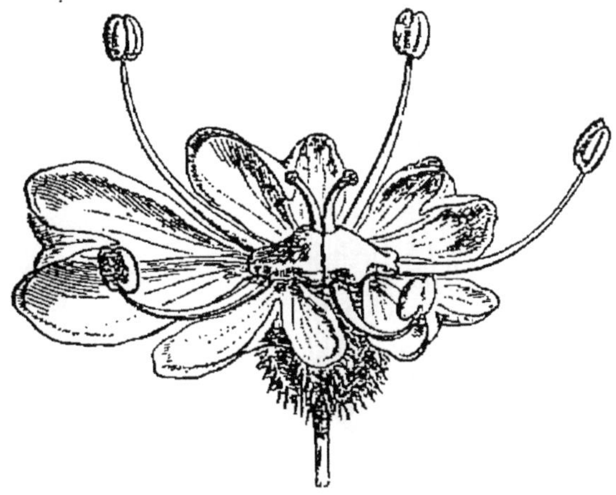

Fig. 147 — Fleur de Carotte grossie : elle possède cinq pétales libres. La Carotte est une plante dialypétale.

(fig. 148). Nous trouvons un calice en forme de tube dont les bords sont découpés en cinq dents, représentant les sépales; à l'intérieur se trouve la corolle, formant un second tube dont le bord, évasé en entonnoir, est aussi divisé en cinq dents correspondant aux pétales.

Il existe cinq étamines, dont les filets sont fixés sur les parois internes du tube formé par la corolle; le centre de la fleur est occupé par le pistil. La fleur de Campanule présente une corolle grande, colorée en violet et affectant la forme d'une clochette formée par cinq pétales soudés (fig. 149) comme dans la Primevère.

La Primevère diffère donc du Géranium surtout par la soudure des sépales et celle des pétales en un double tube.

Les Dicotylédones qui, comme la Primevère, ont les pétales soudés en un tube, s'appellent *Gamopétales;* celles qui, comme le Géranium, ont les pétales distincts, sont désignées sous le nom de *Dialypétales.* Toutes ces plantes ont la corolle grande, colorée, toujours distincte du calice.

Il existe un certain nombre de Dicotylédones qui manquent

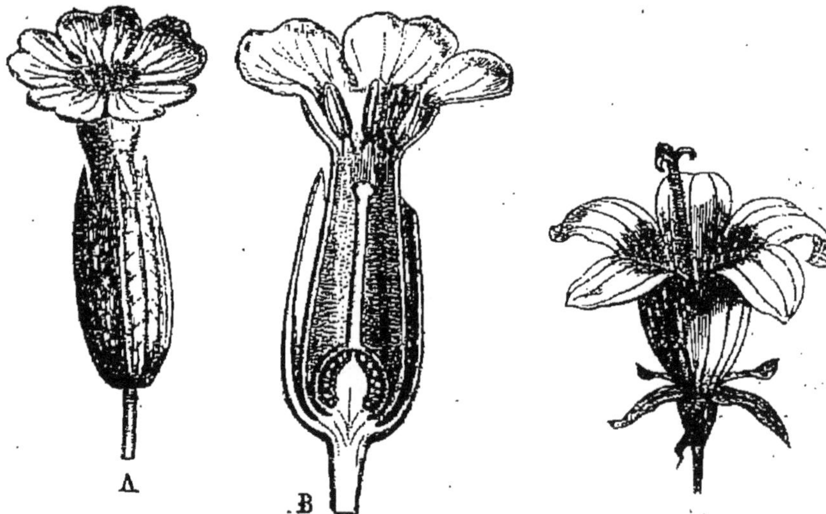

Fig. 148. — Fleur de Primevère entière et coupée en long. Les sépales et les pétales sont soudés pour former un calice et une corolle tubuleux. La Primevère est une gamopétale.

Fig. 149. — Fleur de Campanule à pétales soudés. La Campanule est une gamopétale.

souvent de pétales et de sépales, ou qui ne présentent qu'une seule enveloppe correspondant à l'enveloppe extérieure de la fleur ou calice.

Prenons, par exemple, l'Oseille commune (fig. 150). Ses fleurs sont très petites : pour les bien voir il faut les examiner à la loupe. L'une d'elles présente une seule enveloppe, le périanthe, formée par six petites lames verdâtres, disposées sur deux rangs. Elle entoure les étamines au nombre de six, ainsi que le pistil, dont l'ovaire est terminé par trois stigmates plumeux.

Les fleurs du Saule (fig. 151), du Bouleau et d'un certain nombre d'autres arbres sont encore plus simples, car on ne

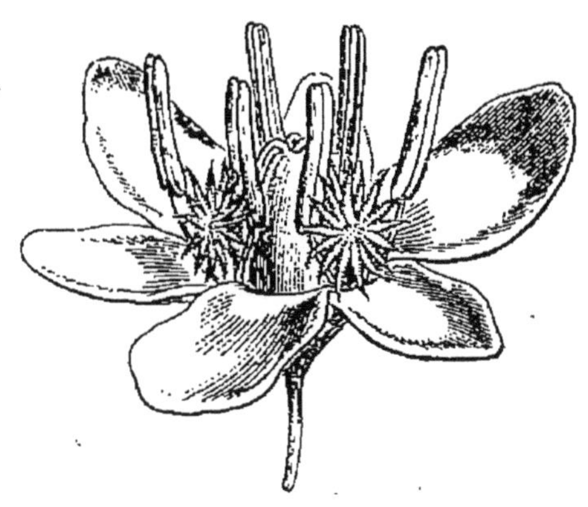

Fig. 150. — Fleur d'Oseille *très grossie*. Elle montre une enveloppe à six pièces très petites et colorées en vert. L'Oseille appartient aux Dicotylédones apétales.

trouve plus de périanthe régulier : les étamines ou le pistil sont supportés par une petite écaille verte.

On donne le nom d'*Apétales* aux Dicotylédones dont les

Fig. 151. — Fleur à étamines, et fleur à pistil du Saule. Elles n'ont pas d'enveloppes; le Saule est une apétale.

fleurs ne présentent pas de calice et de corolle distincts, ou qui sont dépourvues de ces enveloppes.

D'après ce qui précède, trois séries principales peuvent

être distinguées chez les Dicotylédones, de la manière suivante :

Calice et corolle ordinairement distincts.	Corolle à pétales soudés. Étamines fixées sur la corolle.	Primevère. Campanule.	*Gamopétales.*
	Corolle à pétales libres. Étamines fixées sur le réceptacle ou sur le calice.	Géranium. Carotte.	*Dialypétales.*
Pas de calice ni de corolle, ou une seule enveloppe....................		Oseille. Saule.	*Apétales.*

Nous allons passer en revue ces trois séries de Dicotylédones, en signalant les plantes les plus importantes qu'elles renferment.

DICOTYLÉDONES GAMOPÉTALES.

Plantes à corolle formée par les pétales soudés, étamines fixées sur la corolle.

Exemples : *Bluet*, *Lamier*, *Pomme de terre*, *Campanule*, *Primevère.*

Les Gamopétales peuvent être distinguées les unes des autres quand on compare la conformation de leurs fleurs.

La fleur de Primevère (fig. 152) coupée en long nous montre que l'ovaire est complètement isolé au fond du tube formé par la corolle; l'ovaire est *supère* ou *libre*. Dans la coupe en long d'une fleur de Campanule (fig. 153), on voit que l'ovaire, situé au-dessous du calice et de la corolle, est entièrement soudé au calice; le style et les stigmates sont seuls visibles dans l'intérieur de la corolle. L'ovaire de la Campanule est infère ou adhérent.

Les Gamopétales à ovaire libre peuvent avoir leur fleur régulière, comme la Pomme de terre, la Primevère; mais il en existe aussi qui ont leur fleur irrégulière : c'est ce qu'on observe dans le Lamier blanc (fig. 154). Celles dont les fleurs sont régulières présentent, comme c'est la règle, les étamines qui alternent avec les divisions de la corolle;

cependant la Primevère (fig. 152) offre toujours ses étamines

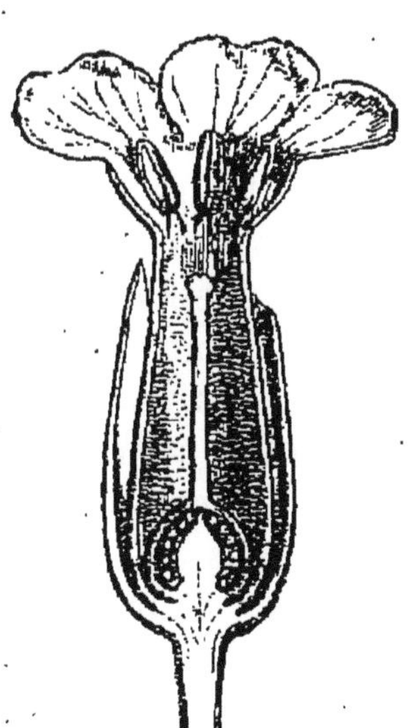

Fig. 152. — Fleur de Primevère coupée en long; l'ovaire est libre ou supère.

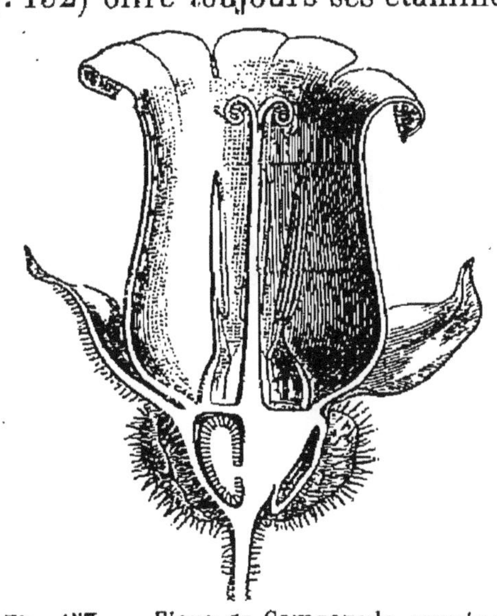

Fig. 153. — Fleur de Campanule coupée en long; l'ovaire est adhérent ou infère.

Fig. 154. — Fleur du Lamier blanc à corolle irrégulière.

Fig. 155. — Branche fleurie de l'Aspérule odorante. Les fleurs sont portées par des pédoncules séparés.

superposées aux pétales, c'est-à-dire situées au milieu des divisions de la corolle.

Quant aux Gamopétales dont l'ovaire est adhérent, les unes ont les fleurs supportées par des pédoncules plus ou moins longs, comme la Campanule, l'Aspérule (fig. 155), tandis que d'autres ont les fleurs sans pédoncule et attachées en grand nombre sur un réceptacle commun; tels sont la Marguerite, le Bluet (fig. 156). Les fleurs ainsi groupées en grand nombre sur un réceptacle élargi forment ce que nous avons appelé des *capitules*. Dans la fleur de Marguerite, quand on arrache un à un ce qu'on nomme vulgairement des *pétales*, on enlève en réalité les fleurs les unes après les autres.

Fig. 156 — Inflorescence du Bluet. Les fleurs, groupées en grand nombre à l'extrémité du pédoncule, forment un capitule.

Nous pouvons, d'après ce qui précède, résumer dans le tableau suivant les principales familles de Gamopétales :

Fleurs à ovaire adhérent.	Fleurs en capitule.		Marguerite.	*Composées.*
	Fleurs non en capitule.		Raiponce.	*Campanulacées*
			Aspérule.	*Rubiacées.*
Fleurs à ovaire libre.	irrégulières........		Gueule-de-Loup.	*Personnées.*
			Lamier.	*Labiées.*
	régulières.	Étamines placées entre les dents de la corolle.	Liseron.	*Convolvulacées.*
			Myosotis.	*Borraginées.*
			Pomme de terre.	*Solanées.*
		Étamines placées au milieu des dents de la corolle.	Primevère.	*Primulacées.*

PRINCIPAUX TYPES DE GAMOPÉTALES

Bluet, Marguerite, Pissenlit.

Types de la famille des *Composées*.

Bluet. — Nous prendrons d'abord comme exemple le Bluet, qui est très commun en été dans les champs de Blé, la grande Marguerite, qui croît avec le Bluet dans les champs, et le Pissenlit, que l'on peut cueillir en fleur dans les terrains incultes, au bord des chemins, du printemps à l'automne.

Fig. 157. — Capitule de fleurs du Bluet ; toutes les fleurs ont la corolle tubuleuse.

Examinons les fleurs du Bluet (*Centaurea cyanus*) : elles forment de petites têtes arrondies, constituées par de nombreuses fleurs ; on désigne chaque groupe de fleurs sous le nom de *capitule* (fig. 157). Arrachons l'une des fleurs de la périphérie (fig. 158) : elle constitue un tube étroit dont la partie extérieure est dilatée en entonnoir ; son bord est divisé en cinq dents. A la base de ce tube, qui représente la corolle, on aperçoit

Fig. 158. — Fleur du Bluet située sur le pourtour du capitule ; c'est une fleur stérile.

Fig. 159. — Fleur du Bluet entière et coupée en long. Elle appartient au centre du capitule ; c'est une fleur fertile.

un grand nombre de poils représentant le calice. Il n'y a

à l'intérieur de cette corolle aucun organe destiné à produire le fruit, ni étamines, ni pistil : de telles fleurs sont des fleurs *stériles*. Au centre du capitule, les fleurs ont aussi la forme d'un tube (fig. 159), mais elles sont plus régulières qu'à la périphérie, et l'on trouve à l'intérieur de chacune d'elles cinq étamines, dont les anthères sont soudées entre elles; au milieu du tube formé par les anthères, on aperçoit le style très long, terminé par deux stigmates. L'ovaire est situé au-dessous de la corolle; il est adhérent et ne contient qu'un seul ovule dans la loge unique qui le compose.

Quand les fleurs se flétrissent, elles laissent des fruits secs qui sont surmontés par des aigrettes de poils constituant le calice; ces aigrettes favorisent la dissémination du fruit.

Fig. 160. — Capitule de Pissenlit encore fermé, montrant les bractées qui forment l'involucre.

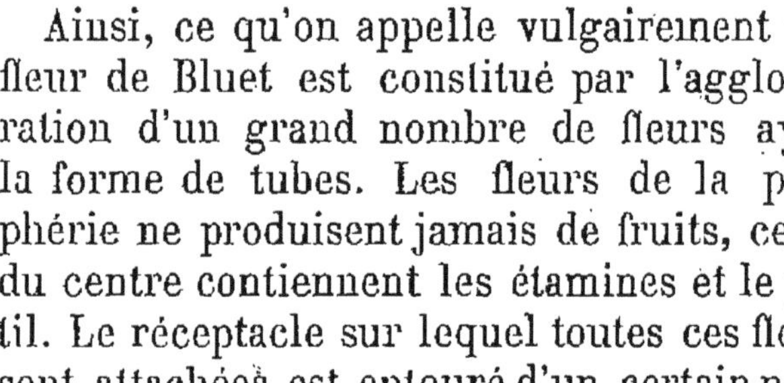

Ainsi, ce qu'on appelle vulgairement une fleur de Bluet est constitué par l'agglomération d'un grand nombre de fleurs ayant la forme de tubes. Les fleurs de la périphérie ne produisent jamais de fruits, celles du centre contiennent les étamines et le pistil. Le réceptacle sur lequel toutes ces fleurs sont attachées est entouré d'un certain nombre de lames brunes appelées *bractées*, et

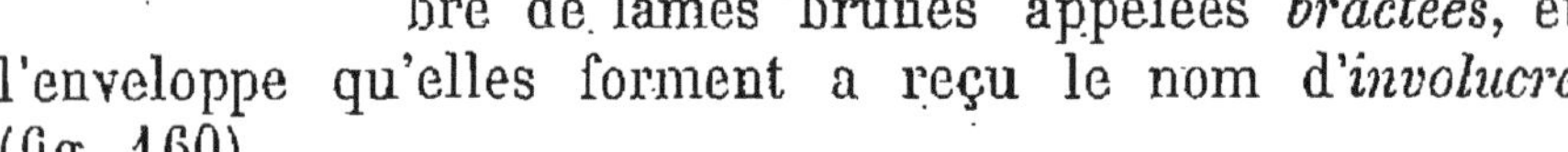

l'enveloppe qu'elles forment a reçu le nom d'*involucre* (fig. 160).

C'est l'ensemble formé par les fleurs et par l'involucre qu'on appelle *capitule;* les fleurs qui offrent cette disposition en capitule s'appellent des fleurs *composées :* le Bluet est donc un exemple de fleurs composées.

La réunion d'un grand nombre de fleurs sur un réceptacle commun a fait donner le nom de *Composées* aux plantes dont les fleurs sont disposées comme celles du Bluet. Mais quand on compare ces plantes entre elles, on constate quelques différences. Dans le Bluet, toutes les fleurs sont tubuleuses : on les appelle des *fleurons*, et le capitule tout entier, ne contenant que des fleurons, est *flosculeux*. L'Artichaut a des capitules semblables à ceux du Bluet, c'est-à-dire formés de fleurs régulières ou fleurons (fig. 161).

Pissenlit. — Examinons le Pissenlit (*Taraxacum dens-leonis*). C'est une herbe très commune dans les champs, au bord des chemins. Elle se présente sous l'aspect d'une rosette de feuilles découpées, appliquées sur la terre; au milieu de la rosette on aperçoit les pédoncules floraux qui s'élèvent. Chaque pédoncule (fig. 163) supporte à son extrémité un grand nombre de fleurs formant aussi un capitule

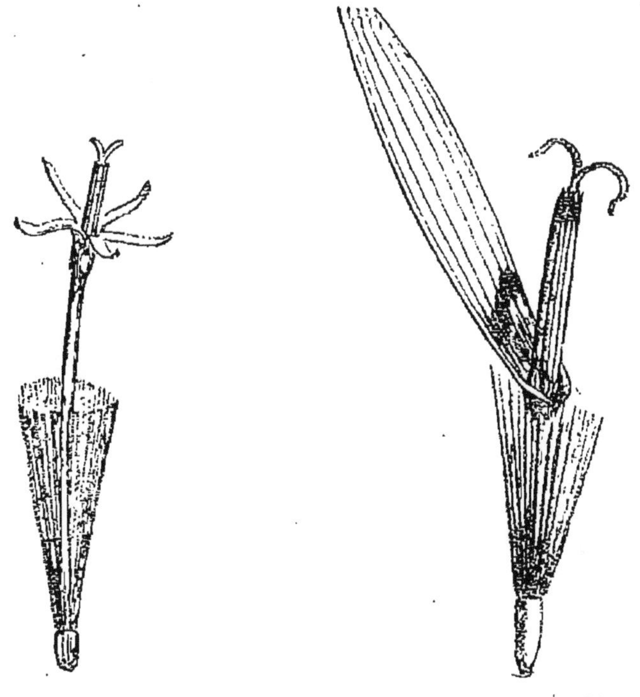

Fig. 161. — Fleur d'Artichaut, type de fleur tubuleuse ou fleuron.

Fig. 162. — Fleur de Pissenlit, type de fleur ligulée ou demi-fleuron.

comme dans le Bluet. Si nous arrachons l'une des fleurs, nous reconnaissons que la corolle forme un tube très court, qui s'ouvre en une sorte de cornet et se termine par une lame assez longue, pourvue à son sommet de cinq dents (fig. 162). A la base, la corolle est entourée d'une couronne de poils très longs représentant le calice; chaque fleur contient d'ailleurs les étamines et le pistil, disposés comme dans le Bluet.

On appelle corolles *ligulées* ou *demi-fleurons* les corolles d'une fleur de Pissenlit; comme toutes les fleurs qui composent le capitule d'un Pissenlit sont ligulées, on appelle ces capitules *demi-flosculeux*. La Chicorée, les Laitues ont des capitules demi-flosculeux, et leurs fleurs sont ligulées. Quand les fleurs se flétrissent, elles sont remplacées par les fruits (fig. 164); ceux-ci, réunis en grand nombre sur le réceptacle de la fleur, sont formés par l'ovaire, qui est surmonté d'une aigrette de poils représentant le calice. L'agglomération des fruits forme ces petites boules légères, blan-

Fig. 163. — Capitule de Pissenlit épanoui; c'est un capitule demi-flosculeux.

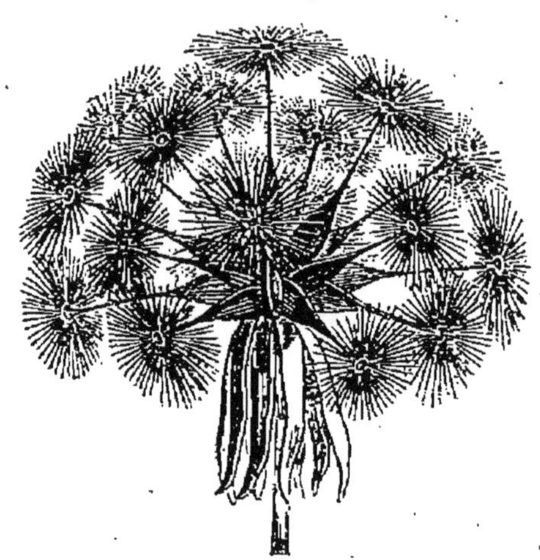

Fig. 164. — Groupe de fruits de la Laitue.

ches, que le moindre vent détruit en disséminant les fruits de toutes parts.

Marguerite. — Une troisième forme de capitules nous est offerte par les Marguerites et les Soleils. Dans la Grande Marguerite (*Leucanthemun vulgare*, fig. 165) ou la Pâquerette, les fleurs qui occupent le pourtour du capitule ont les corolles ligulées blanches; on les appelle souvent à tort des *pétales :* elles contiennent seulement le pistil, dont on aperçoit les deux stigmates. Au centre du capitule la partie jaune est formée par un grand nombre de corolles régulières en forme de tubes ou de fleurons et qui contiennent à lafois les étamines et le pistil ; ce sont des fleurs complètes.

Les fleurs qui composent le capitule d'une Marguerite ressemblent, celles de la circonférence aux fleurs qui forment le capitule du Pissenlit, et celles du centre aux fleurs du Bluet.

Il y a donc dans le capitule d'une Marguerite des fleurons et des demi-fleurons. De semblables capitules présentent les deux sortes de fleurs. Ces fleurons sont appelés capitules *radiés*.

Nous aurions pu remplacer, pour la description, les Marguerites par le Tussilage ou Pas-d'Ane (fig. 166), qui fleurit en mars et avril ; on le rencontre dans les talus et les champs

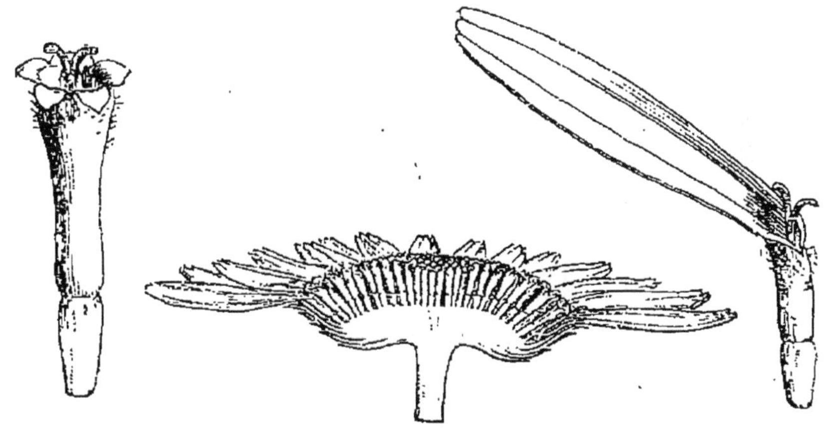

Fig. 165. — Capitule de Grande Marguerite coupé en long. A droite une fleur de la circonférence ou demi-fleuron ; à gauche une fleur du centre ou fleuron La Grande Marguerite a un capitule radié.

humides et il présente, fixés sur une racine pivotante assez grosse, de nombreux pédoncules couverts de petites écailles, terminés chacun par un capitule. Les fleurs s'épanouissent, et plus tard, quand la floraison est terminée, on voit apparaître de larges feuilles vertes en dessus, blanches en dessous.

La description qui précède montre que le Bluet, le Pissenlit, la Marguerite se ressemblent par la conformation de la fleur et par la manière dont ces fleurs sont groupées en capitules.

Ces plantes sont réunies d'après cela en un seul groupe, qui constitue la famille des *Composées*.

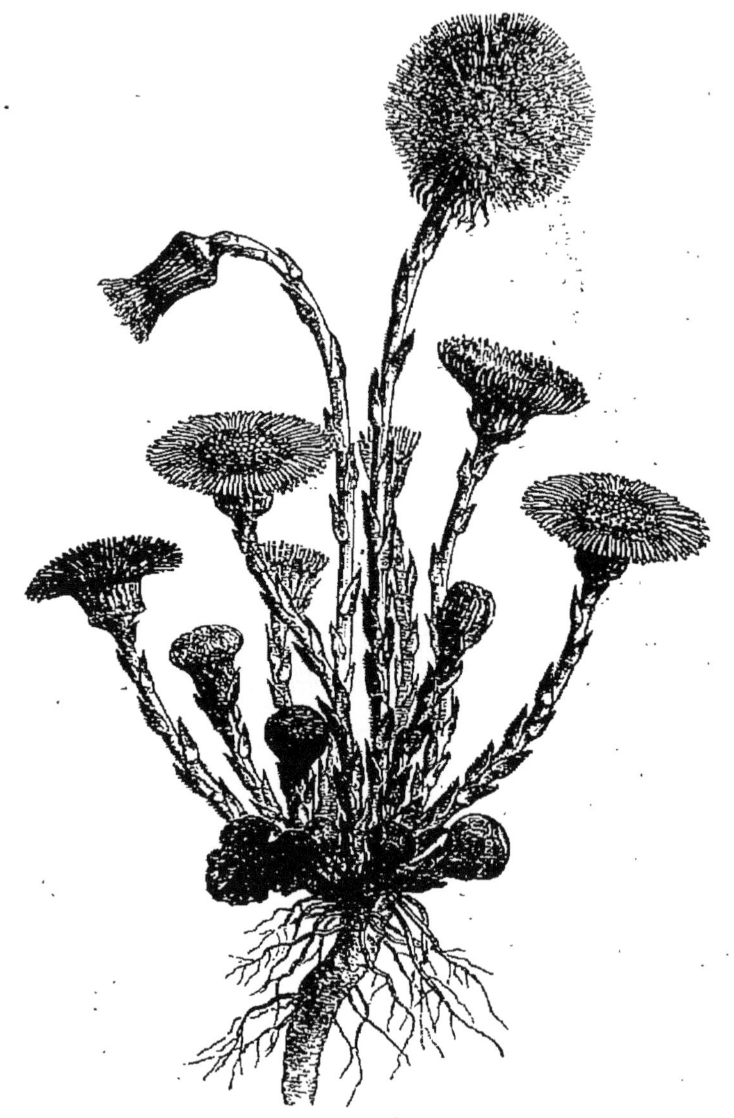

Fig. 166. — Pied fleuri de Tussilage ou Pas-d'Ane, dont les fleurs apparaissent avant les feuilles.

Caractères des Composées. — Le nom de *Composées* a été donné à ces plantes parce que les fleurs sont disposées en capitules. On les caractérise ainsi :

Plantes à fleurs groupées en grand nombre sur un réceptacle commun en formant des *capitules.* Cinq étamines, dont les anthères sont soudées entre elles. Ovaire adhérent, fruit pourvu d'une aigrette.

Les plantes qui composent la famille des Composées sont extrêmement nombreuses; elles représentent environ le dixième des Phanérogames actuellement connues. Ce sont généralement des herbes, quelquefois des arbustes ayant des feuilles dépourvues de stipules, éparses ou opposées. Elles contiennent parfois dans les diverses parties de leur corps des matières résineuses ou huileuses à odeur forte, que l'on sent en froissant des feuilles de Camomille ou d'Armoise entre les doigts. D'autres fois elles contiennent un suc laiteux amer et très irritant, quelquefois vénéneux, qu'on aperçoit quand on casse un pédoncule de Pissenlit ou une tige de Laitue.

Divisions des Composées. — On peut distinguer dans les Composées trois divisions, correspondant chacune aux trois plantes que nous avons choisies comme types :

Fleurs d'une seule sorte, tubuleuses, capitules flosculeux.	Bluet.	*Tubuliflores.*
Fleurs d'une seule sorte, ligulées, capitules demi-flosculeux.	Pissenlit.	*Liguliflores.*
Fleurs de deux sortes, tubuleuses au centre et ligulées à la périphérie, capitules radiés........................	Marguerite.	*Radiées.*

Tubuliflores. — Le groupe des Tubuliflores contient les Composées dont les capitules sont formés par des fleurons seuls. Le Bluet est le type de ces plantes, parmi lesquelles nous citerons les Chardons, les Centaurées. L'Artichaut (*Cynara scolymus*, fig. 167), cultivé pour ses capitules, que l'on mange un peu avant l'épanouissement des fleurs, appartient à ce groupe. La partie comestible est constituée par le réceptacle du capitule; les feuilles que l'on détache une à une forment les bractées de l'involucre, et le foin qui occupe le milieu de l'Artichaut est formé par les jeunes fleurs encore en bouton.

Les Chardons (*Carduus, Cirsium*), si fréquents au bord des chemins dans les terrains incultes, sont des plantes nuisibles par la facilité avec laquelle elles se répandent et se

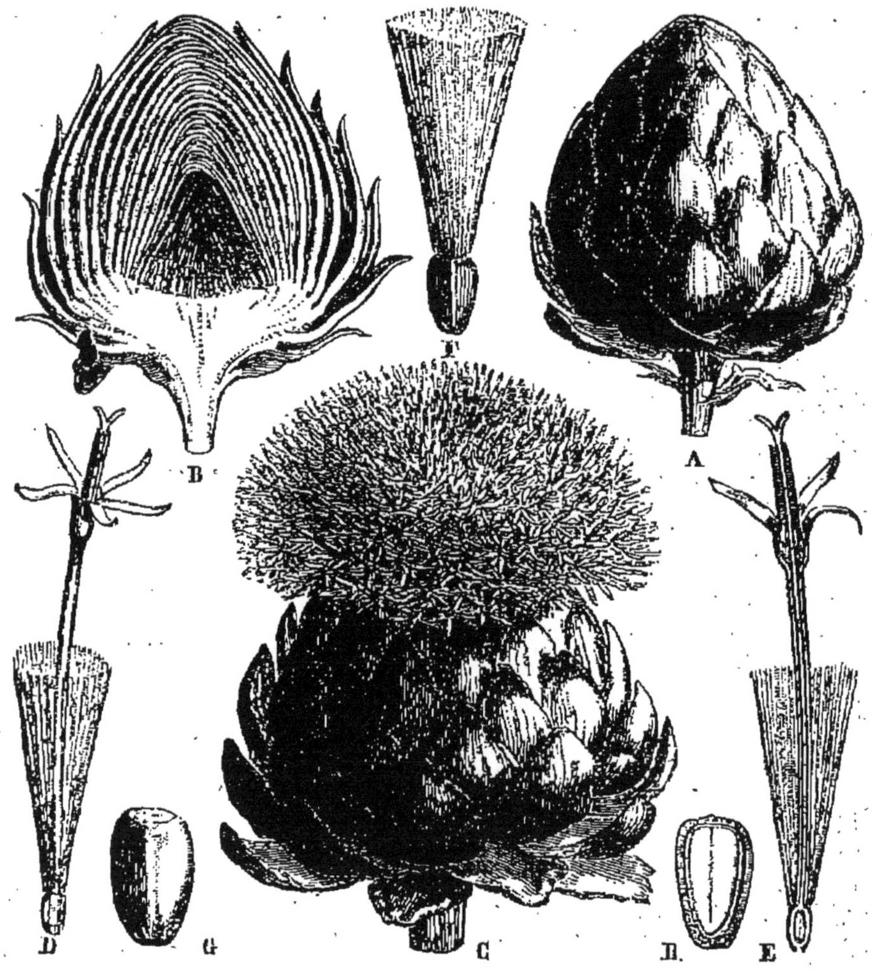

Fig. 167. — Artichaut. A, B, capitule non encore épanoui, entier et coupé en long ; les feuilles d'Artichaut forment les bractées de l'involucre. C, capitule épanoui ; D, E, fleur entière et coupée en long ; F, fruit garni d'une aigrette de poils. L'Artichaut est une tubuliflore.

multiplient dans les récoltes. Le Carthame (*Carthamus tinctoria*), cultivé dans le Midi pour la matière colorante rose qu'on tire de ses capitules, appartient aussi à ce groupe.

Liguliflores. — La deuxième division des Composées est

caractérisée par l'existence de capitules entièrement formés

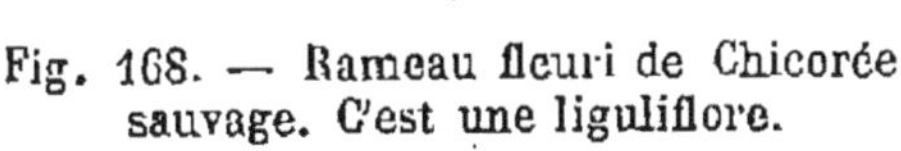

Fig. 168. — Rameau fleuri de Chicorée sauvage. C'est une liguliflore.

Fig. 169. — Camomille. C'est une radiée.

par des fleurs ligulées. Le type est formé par le Pissenlit. Ces plantes contiennent un suc laiteux, amer et irritant, que l'on aperçoit en arrachant les feuilles, les tiges ou les racines.

Elles renferment beaucoup d'espèces alimentaires; telles sont la Laitue, la Chicorée (*Cichorium intybus*, fig. 168) le Pissenlit, que l'on mange en salade. Les feuilles de Laitue ou de Chicorée ne sont pas comestiblels quand a plante croît librement, à cause du suc laiteux âcre qu'elles renferment; mais si l'on étiole ces plantes en les cultivant à l'abri de la lumière, elles deviennent comestibles. D'autres espèces de cette famille sont alimentaires par leurs racines; tels sont les Salsifis, les Scorsonères. C'est avec la racine torréfiée de la Chicorée qu'on fabrique le produit de ce nom,

Radiées. — La troisième division comprend des Composées dont les capitules sont radiés, c'est-à-dire formés de fleurons et de demi-fleurons. Le type est formé par la Grande Marguerite. On y rencontre des plantes d'ornement, telles que les Dahlias, Asters, Coréopsis, Chrysanthèmes, Soleils, etc., cultivées dans tous les jardins. La culture a modifié un certain nombre de ces capitules, dont les fleurs se transforment presque toutes en fleurs ligulées, qu'on appelle fleurs doubles; tels sont les Dahlias, les Reines-Marguerites, les Soleils.

C'est à ce groupe qu'appartiennent les plantes médicinales, comme l'Arnica, la Camomille (fig. 169), employées à cause de la substance aromatique que renferment leurs tissus; et des plantes alimentaires, comme le Topinambour, dont les tiges souterraines se renflent en tubercules comestibles; l'Absinthe à feuilles aromatiques est aussi une Radiée.

Plantes voisines des Composées : Campanule, Cardère. — On peut rapprocher des Composées les *Campanulacées*, dont

Fig. 170.— Fleur de la Raiponce coupée en long.

Fig. 171. — Inflorescence de la Cardère sauvage.

le type est la Raiponce (*Campanula rapunculus*, fig. 170).

Ces plantes ont les fleurs ordinairement distinctes, quelquefois réunies en capitules; leurs étamines sont parfois soudées par les anthères, comme dans les Composées, mais elles se distinguent de ces dernières par l'ovaire qui contient un grand nombre d'ovules, et par le fruit qui est une capsule.

On cultive les Campanules pour leurs fleurs, et on mange en salade les parties souterraines des Raiponces.

Les Dipsacées, représentées par la Cardère sauvage (*Dipsacus sylvestris*), se rapprochent des Composées par la disposition de leurs fleurs en capitules (fig. 171). C'est à ce groupe qu'appartiennent le Chardon à foulon, les Scabieuses, souvent cultivées comme plantes d'ornement.

Garance, Aspérule.

Types de la famille des *Rubiacées*.

La Garance est cultivée dans le Midi pour la matière colo-

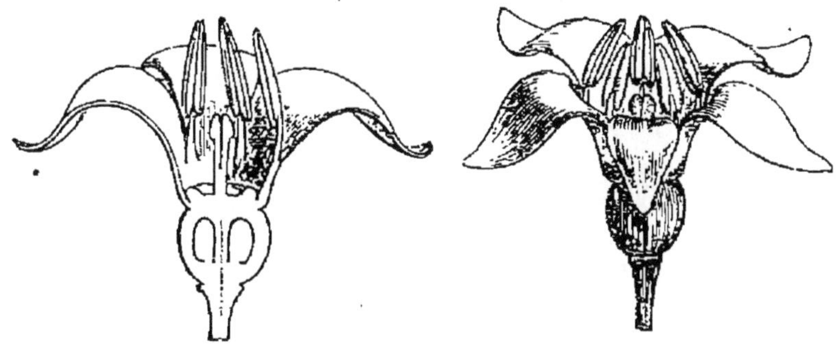

Fig. 172. — Fleur de la Garance grossie, entière et coupée en long.

rante qu'on retire de ses racines. C'est une plante herbacée, dont les tiges sont carrées et portent des feuilles verticillées au nombre de six. En réalité il n'existe à chaque nœud que deux feuilles, comme le démontre l'existence de deux bourgeons axillaires; les quatre autres lames vertes sont constituées par les stipules divisées et aussi développées que les feuilles.

Les fleurs de la Garance sont très petites (fig. 172). Si on les examine à l'aide d'une loupe, on ne distingue pas de calice, car il est complètement soudé avec l'ovaire. La corolle, évasée, présente cinq dents recourbées; entre les dents de la corolle se trouvent cinq étamines. Le pistil présente un ovaire infère à deux loges qui est soudé avec le calice, et l'on n'aperçoit dans l'intérieur de la fleur que les deux stigmates.

A la maturité, il se développe un fruit formé par deux têtes globuleuses ou *coques*, accolées l'une à l'autre et contenant chacune une graine. Il ne se développe parfois qu'une seule coque.

Fig. 173.— Rameau fleuri d'Aspérule odorante montrant les stipules semblables aux feuilles.

On peut remplacer la Garance par l'Aspérule odorante (fig. 173), qui est commune dans les bois. Elle diffère principalement de la Garance par sa corolle, qui a quatre divisions et ne présente que quatre étamines. Si nous comparons aux deux plantes qui viennent d'être citées les Caille-lait ou Graterons (*Galium*), nous trouverons qu'elles offrent une grande ressemblance avec l'Aspérule ou la Garance. Ces plantes forment ce qu'on appelle la famille des *Rubiacées* (du nom latin de la Garance, *Rubia tinctoria*).

Caractères des Rubiacées. — On les caractérise ainsi :

Plantes à tiges carrées, à feuilles opposées, avec stipules simulant souvent des feuilles verticillées. Ovaire adhérent à deux loges portant deux stigmates. Fruit globuleux.

Les Rubiacées de nos pays sont toutes des herbes; tels sont les Caille-lait ou Graterons, à fleurs blanches ou jaunes, à tige couverte de poils rudes; on les trouve communément

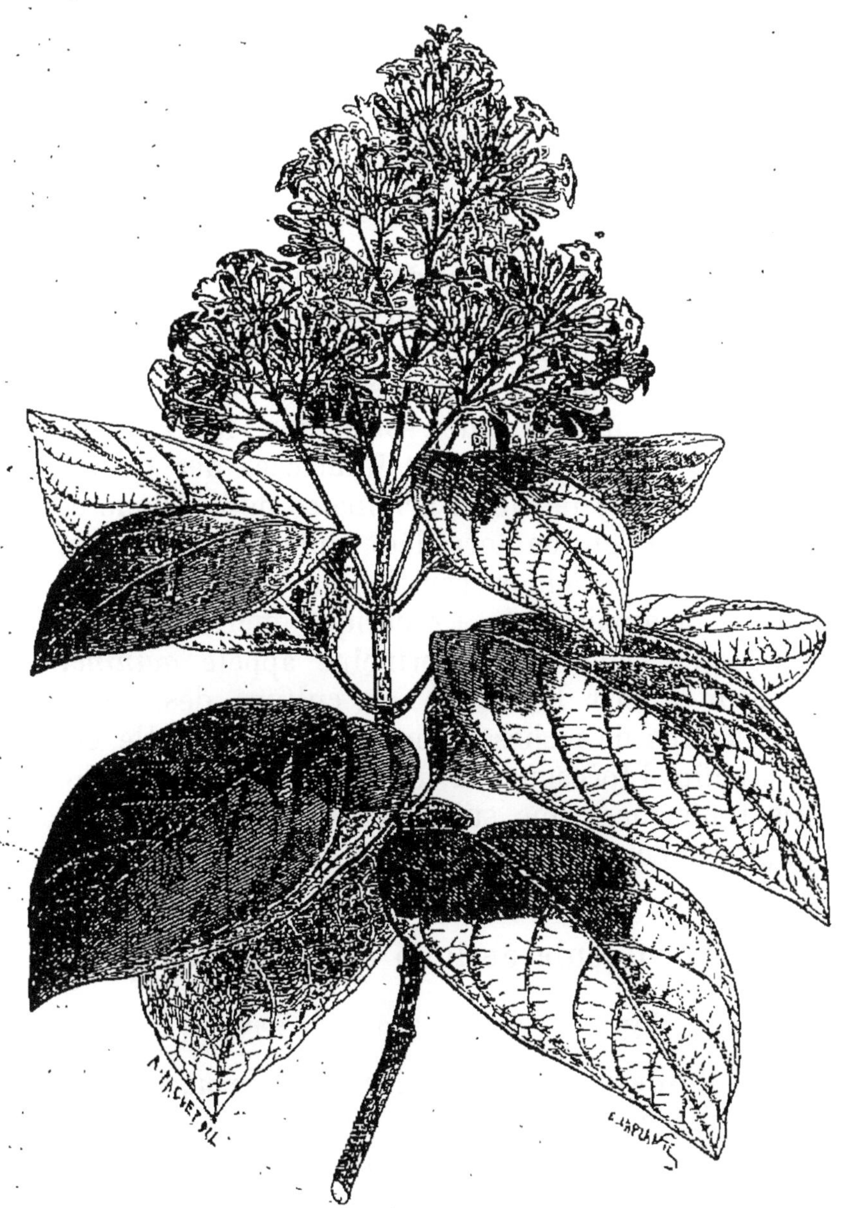

Fig. 174. — Branche fleurie de Quinquina. Les stipules restent petites et les feuilles sont opposées.

dans les haies; les Aspérules, dont une espèce, l'Aspérule odorante, appelée petit Muguet des bois, a ses feuilles odorantes après la dessiccation et sert à parfumer le linge.

Elles ont peu d'utilité, sauf la Garance, autrefois très cultivée dans le midi de la France pour la matière colorante rouge extraite de ses racines. L'importance de sa culture a diminué depuis qu'on sait fabriquer au moyen de substances tirées du goudron de houille la matière colorante qu'elle fournit.

Rubiacées des pays chauds. Quinquina, Cafier. — Les Rubiacées des pays chauds, souvent arborescentes, se distinguent de celles que nous avons décrites comme types en ce que leurs feuilles sont très larges et les stipules très minces, membraneuses, de sorte que les feuilles sont nettement opposées. C'est aux Rubiacées des pays chauds qu'appartiennent : le Cafier, originaire de l'Afrique équatoriale, dont la graine torréfiée renferme des substances aromatiques et sert à la préparation du café ; les Quinquinas (fig. 174), originaires de l'Amérique méridionale, arbres dont l'écorce renferme un principe appelé *quinine*, employé pour guérir la fièvre : la culture des Quinquinas est une source de richesse pour les pays où elle est pratiquée; enfin l'Ipécacuanha, originaire du Brésil, dont les racines renferment une substance vomitive qui permet de les employer comme purgatifs.

Gueule-de-loup ou Muflier.

Type de la famille des *Personnées*.

La Gueule-de-Loup ou Muflier (*Anthirrinum majus*) est fréquemment cultivée dans les jardins et on la rencontre parfois, échappée de ceux-ci, sur les vieux murs; elle fleurit en été (fig. 175).

Si l'on examine une fleur, on voit que la corolle est irrégulière, partagée en deux lèvres, mais la lèvre inférieure s'avance dans le tube de la corolle, qu'elle ferme complètement (fig. 176). Ce tube est allongé et présente à la partie inférieure voisine du calice un renflement constituant la bosse de la corolle. En fendant celle-ci, on aperçoit quatre

Fig. 175. — Rameau fleuri de Muflier.

étamines fixées sur ses parois, et disposées côte à côte. Quand on arrache la corolle, on enlève en même temps les étamines. Chaque anthère est partagée en deux loges placées bout à bout : deux sont grandes, deux plus petites (fig. 177). Au fond du tube de la corolle se trouve le pistil; il présente à la base un ovaire renfermant seulement deux loges. Chaque loge contient un grand nombre d'ovules. L'ovaire

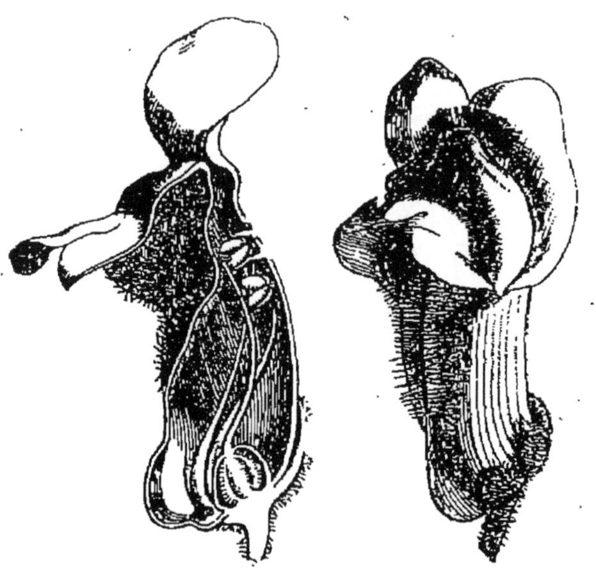

Fig. 176. — Fleur du Muflier entière et coupée en long.

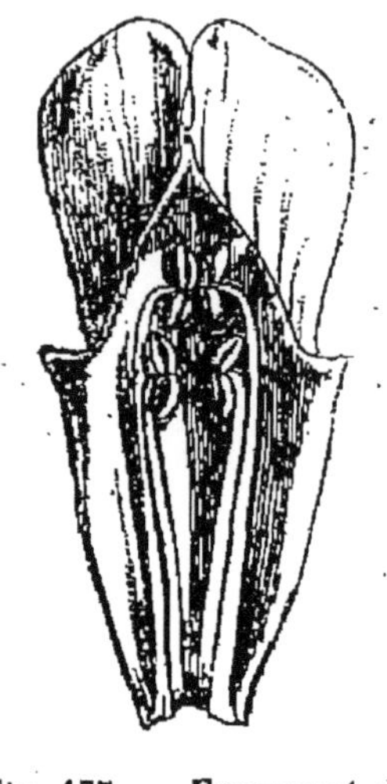

Fig 177. — Fragment de la corolle du Muflier montrant les étamines didynames.

est terminé par un long style qui, au niveau des anthères, se termine par un stigmate renflé.

A la maturité (fig. 178), l'ovaire se transforme en une capsule qui s'ouvre par des trous placés au sommet. C'est par ces trous que s'échappent les graines, nombreuses et très petites.

Fig. 178. — Il s'ouvre par deux trous.

Telle est la conformation de la fleur et du fruit du Muflier.

A défaut du Muflier on pourrait prendre comme exemple la Linaire des champs (*Linaria arvensis*), à fleurs jaunes, qui fleurit au milieu de l'été, ou mieux la Linaire cymbalaire (*Linaria cymbalaria*), qui fleurit presque pendant toute l'année; on la rencontre sur les vieux murs humides.

Les Linaires, les Scrofulaires, les Digitales ressemblent

Fig. 179. — Pied fleuri de la grande Digitale.

au Muflier, avec quelques différences dans la conformation de la corolle.

Ainsi les Linaires ont une corolle developpée en éperon à la base, c'est-à-dire formant un tube; les Digitales ont la corolle ouverte en forme de doigt de gant; les Véroniques ont la corolle étalée à quatre divisions; d'autre part, les Molènes ou Bouillons-blancs (*Verbascum*) ont cinq étamines au lieu de quatre, et les Véroniques n'en possèdent que deux. Mais s'il existe quelques différences dans la forme de la corolle ou le nombre des étamines, le pistil a toujours la même constitution.

Caractères des Personnées. — Aussi a-t-on réuni en une seule famille, sous le nom de *Personnées*, les plantes que nous venons de décrire. On peut les caractériser de la manière suivante :

Fig. 180. — Branche fleurie de Véronique officinale.

Plantes herbacées à corolle irrégulière, ordinairement à cinq divisions; souvent quatre étamines; ovaire à deux loges, contenant un grand nombre d'ovules.

Les Personnées sont peu utiles. Elles renferment des plantes vénéneuses, comme la Digitale pourpre (*Digitalis purpurea*, fig. 179), qui décore de ses belles grappes de fleurs roses les bois et les taillis des régions où le sol est surtout siliceux; la Gratiole officinale, qui vit dans les lieux marécageux et constitue un purgatif violent; et des plantes médicinales, comme les Molènes ou Bouillons-blancs, reconnaissables à leurs longs épis de fleurs jaunes ou blanches, les Véroniques à fleurs bleues, communes dans les bois et dans les champs pendant tout l'été; les feuilles de la Véronique officinale (fig. 180) sont parfois employées en infusion pour remplacer le Thé.

Quelques Personnées sont nuisibles dans les prairies ou les champs de blé lorsqu'elles se développent en grand

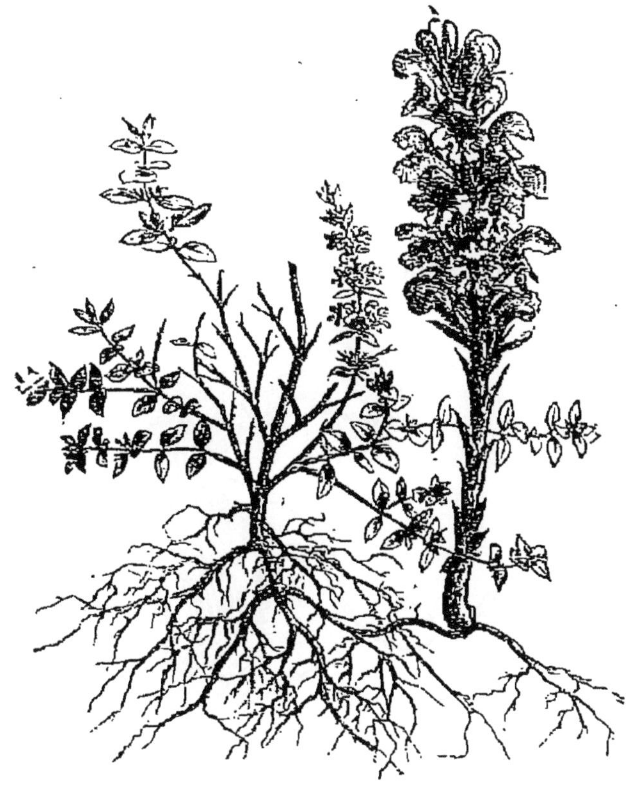

Fig. 181. — Pied d'Orobanche parasite sur le Serpolet (*Thymus serpillum*).

nombre : ce sont les Rhinanthes et les Mélampyres, qui paraissent vivre en parasites sur les racines ou les rhizomes des Graminées, les épuisent et donnent des foins de médiocre qualité. Les graines de Mélampyre, mélangées au blé, donnent une teinte rouge à la farine.

On rapproche des Personnées les Orobanches (fig. 181), plantes parasites ayant la fleur et le fruit semblables à ceux des plantes que nous avons décrites, mais elles s'en distinguent par l'absence de matière verte. Les Orobanches ont une couleur jaune qui les fait ressembler, quoique vivantes, à des plantes sèches; elles ne peuvent se nourrir elles-mêmes à cause de l'absence de chlorophylle, et vivent en parasites sur le Thym, le Genêt, le Chanvre, la Luzerne. Quand elles se développent dans les prairies, elles se mélangent au foin et peuvent occasionner des accidents chez les bestiaux qui le consomment.

Lamier blanc.

Type de la famille des *Labiées*.

Prenons comme exemple le Lamier blanc (*Lamium album*, fig. 184), qu'on rencontre communément pendant tout

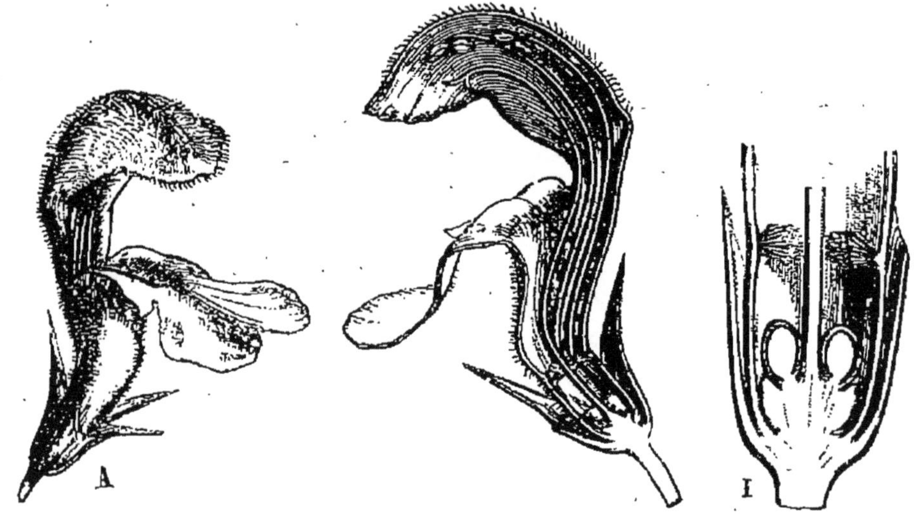

Fig. 182. — Fleur du Lamier blanc, entière et coupée en long.

Fig. 183. — Pistil du Lamier.

l'été au bord des chemins et des bois; on l'appelle Ortie blanche. C'est une plante herbacée, dont la tige carrée porte des feuilles ressemblant beaucoup à celles de l'Ortie. Les fleurs blanches sont disposées en couronne à l'endroit où s'attachent les feuilles. Examinons l'une des fleurs (fig. 182). Elle offre un calice en forme de tube, présentant cinq dents. La corolle est irrégulière : elle forme

Fig. 184. — Branche fleurie du Lamier blanc ou Ortie blanche.

un tube dont les bords sont partagés en deux lobes principaux, qu'on appelle *lèvres;* la lèvre supérieure est à deux divisions, la lèvre inférieure en a trois. Si nous fendons la corolle dans sa longueur, nous apercevons quatre étamines qui sont rangées sous la lèvre supérieure; ces étamines sont inégales : il en existe deux grandes et deux petites. Quand on arrache la corolle, on laisse le pistil au fond du calice; ce pistil est formé par un ovaire à quatre loges contenant chacune un ovule, et au milieu de l'enfoncement laissé par les quatre parties de l'ovaire s'attache le style, très long, qui se termine au niveau des anthères par deux stigmates (fig. 183); il y a deux carpelles dans l'ovaire, mais chacun d'eux se divise en deux moitiés par une cloison.

A la maturité, le fruit est constitué par quatre graines enveloppées par les loges de l'ovaire et constituant des akènes (fig. 185).

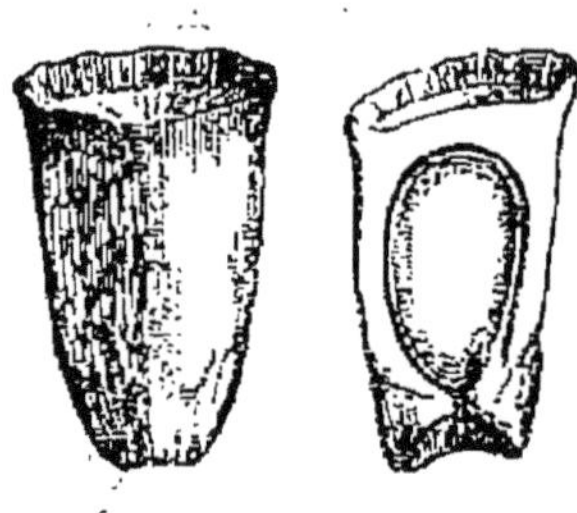

Fig. 185. — Akène du Lamier blanc.

Si, au lieu de prendre le Lamier comme exemple, nous prenions la Sauge, la Mélisse, le Serpolet, nous n'aurions presque rien à changer à la description précédente.

Toutes ces plantes forment par leur réunion la famille des *Labiées*, ainsi nommée à cause de la division de la corolle en deux lèvres.

Caractères des Labiées. — Les caractères des Labiées peuvent être résumés ainsi :

Plantes à tige carrée, à feuilles opposées; à corolle irrégulière, bilabiée; ordinairement quatre étamines, deux grandes et deux petites; ovaire à quatre logettes renfermant chacune un ovule.

Les Labiées sont des plantes en général odorantes; elles doivent leur utilité à la substance qui donne leur parfum. Elles sont très répandues dans nos pays. Parmi les espèces les plus importantes il faut citer les Sauges (fig. 186), les Lavandes, le Romarin (fig. 187), la Mélisse, les Menthes, le Thym le Serpolet.

La Lavande, le Romarin sont employés pour fabriquer

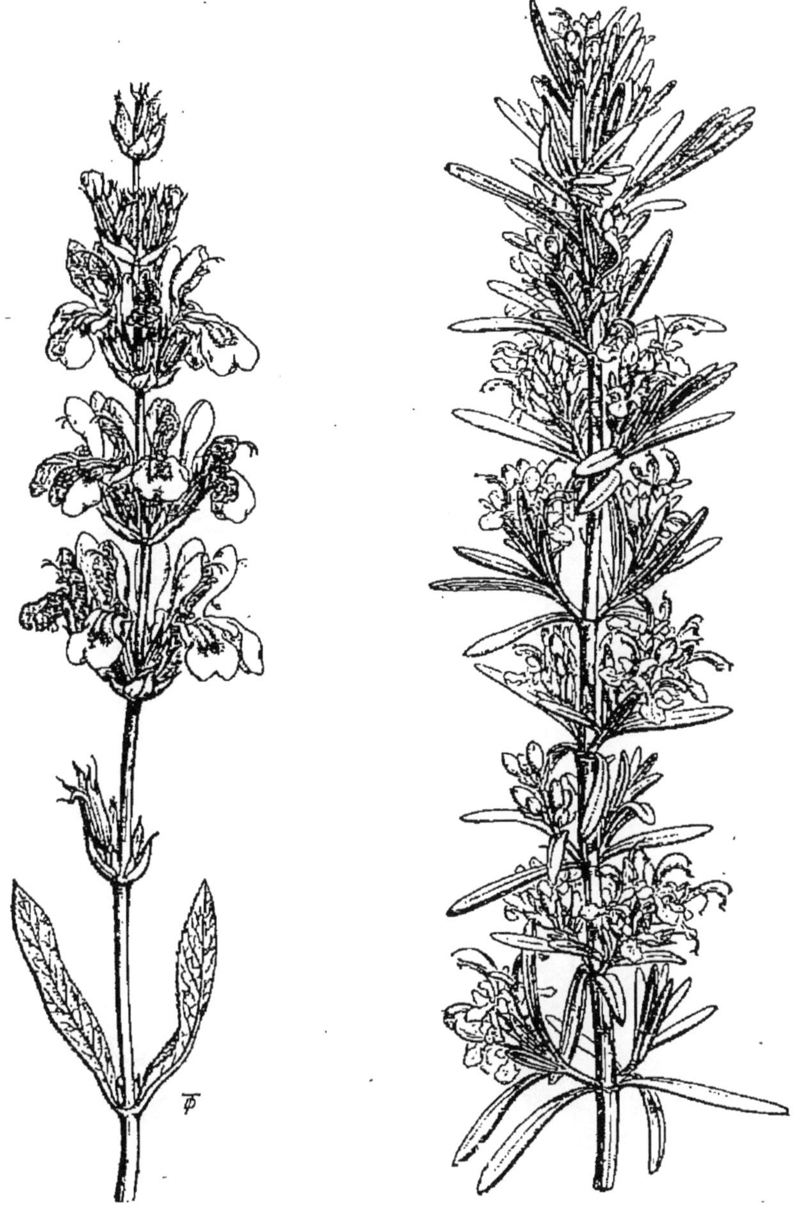

Fig. 186. — Branche fleurie de Sauge. Fig. 187. — Branche fleurie de Romarin

les essences de Lavande et de Romarin utilisées comme parfums. Les Menthes, si communes dans les champs, au bord des chemins, ou dans les endroits humides, sont également employées à cause de leur parfum. C'est avec la Menthe poivrée qu'on fabrique l'alcool de menthe. Enfin c'est avec la Mélisse macérée dans l'eau-de-vie qu'on obtient l'eau de mélisse des Carmes.

Pomme de terre.

Type de la famille des *Solanées*.

La Pomme de terre (*Solanum tuberosum*) fleurit en été. Si

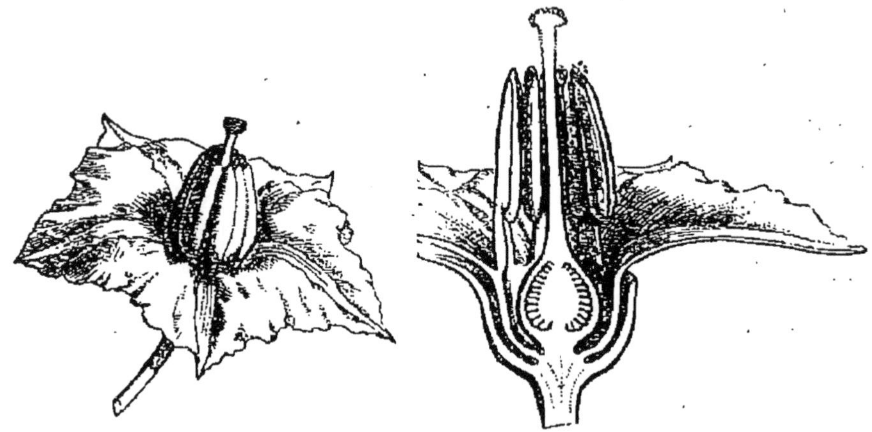

Fig. 188. — Pomme de terre. Fleur entière et coupée en long.

l'on examine ses fleurs (fig. 188), on y distingue un calice à

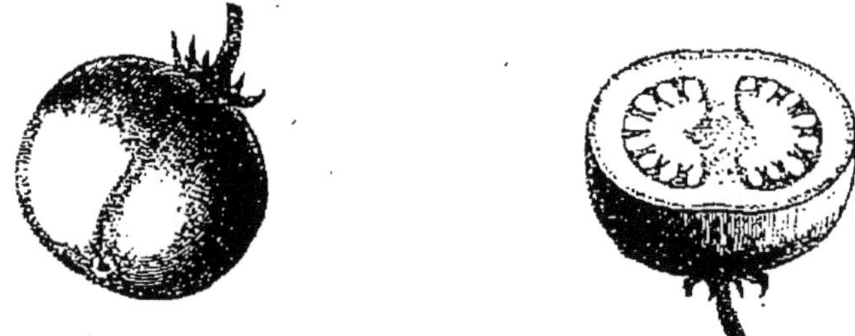

Fig. 189. — Fruit de la Pomme de terre entier et coupé en travers; c'est une baie.

cinq divisions, entourant une corolle rotacée d'un égal nombre de divisions. La corolle supporte les étamines au nombre de cinq ; les anthères de ces étamines sont serrées les unes contre les autres, et forment un tube entourant le pistil; chaque anthère s'ouvre par le sommet. Au centre du tube formé par la corolle se trouve le pistil en forme de bouteille, dont l'ovaire forme la panse (fig. 188); il renferme, à l'intérieur de deux loges, un grand nombre d'ovules; à la maturité, cet ovaire se transforme en une baie qui contient de nombreuses graines (fig. 189).

La Pomme de terre est une plante vivace. Les tiges aériennes portent des feuilles simples entières ; les tiges souterraines développent dans le courant de l'été des renflements dans lesquels la fécule s'amasse; ces renflements, qui représentent les seules parties vivantes de la plante, constituent les tubercules. A la fin de l'été, toute la plante se flétrit, sauf les graines et les tubercules. Ces derniers peuvent passer l'hiver dans le sol, et au printemps suivant ils germent, en donnant une plante nouvelle.

En étudiant la Morelle, la Douce-Amère, la Tomate, nous verrions que ces plantes ont la fleur et le fruit constitués comme ceux de la Pomme de terre. Aussi a-t-on donné le nom de *Solanées* aux plantes semblables à la Pomme de terre (du nom latin de cette dernière plante, *solanum*).

Caractères des Solanées. — Les caractères des Solanées sont les suivants :

Plantes à feuilles alternes, simples, sans stipules. Fleurs ordinairement régulières, dont les pièces sont disposées par cinq. Pistil dont l'ovaire présente deux loges qui contiennent un grand nombre d'ovules. Fruit constituant une baie ou une capsule.

Si l'on compare les Solanées que nous venons de décrire aux Personnées (page 146), on reconnaît que ces deux familles sont semblables par la conformation du fruit ; elles diffèrent principalement par l'irrégularité de la corolle et par les étamines didynames. Aussi a-t-on pu dire que les Solanées sont des Personnées à fleurs régulières.

Solanées alimentaires et vénéneuses. — L'homme

Fig. 190. — Rameau de Belladone portant des fleurs et des fruits.

Fig. 191. — Fruit de la Belladone; c'est une baie.

Fig. 192. — Fruit de la Jusquiame; c'est une capsule s'ouvrant en travers.

utilise pour son alimentation les tubercules de la Pomme de terre, et, bien que d'une introduction récente, cette plante est devenue un aliment de première nécessité. Elle fut introduite en France vers la fin du siècle dernier

Fig. 193. — Branche fleurie du Tabac et fleur isolée.

par Parmentier, qui eut à vaincre beaucoup de résistances pour l'introduction de cette plante comme aliment. C'est qu'en effet les plantes voisines de la Pomme de terre sont presque toutes des poisons, très peu sont alimentaires.

Les autres Solanées alimentaires sont la Tomate et l'Aubergine, dont les baies sont très estimées dans le Midi.

Les Solanées vénéneuses sont très nombreuses. Citons : la Belladone (*Atropa belladona*), qu'on trouve dans les clairières des bois en été (fig. 190), dont les fleurs sont disposées en clochettes brunes, et dont les baies, semblables à des cerises noires (fig. 191), sont parfois la cause d'empoisonnements : elle fournit un poison appelé *atropine;* la Jusquiame (*Hyoscyamus niger*), à fleurs un peu irrégulières d'un jaune sale, dont les capsules s'ouvrent en travers comme une boîte munie de son couvercle (fig. 192); on la trouve çà et là dans les décombres et les lieux incultes; le Tabac (*Nicotiana*, fig. 193), à fleurs grandes, roses, à fruit constitué par une capsule s'ouvrant en quatre valves (fig. 194); ses feuilles et sa tige contiennent un poison violent, la *nicotine;* malgré cela, le Tabac est cultivé, parce qu'on fabrique avec ses feuilles séchées les différentes espèces de tabac. Les Pommes épineuses ou Daturas (fig. 195) sont aussi des Solanées vénéneuses.

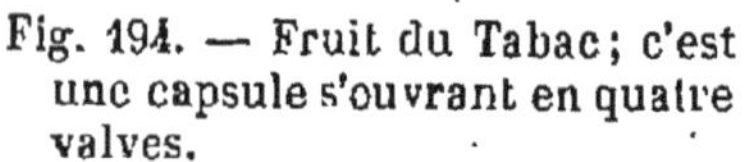

Fig. 194. — Fruit du Tabac; c'est une capsule s'ouvrant en quatre valves.

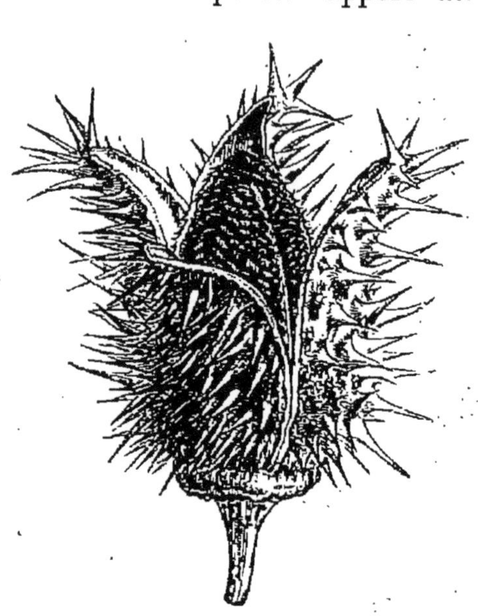

Fig. 195. — Fruit du Datura ou Pomme épineuse; c'est une capsule.

La plupart de ces plantes sont employées en médecine, à cause du principe vénéneux qu'elles renferment.

Quelques Solanées sont cultivées dans les jardins pour la beauté de leurs fleurs ou de leur feuillage; tels sont les Pétunias, les Daturas, les Tabacs.

Grande Consoude.

Type de la famille des *Borraginées*.

La grande Consoude (*Symphytum officinale*) est une

Fig. 196. — Branche fleurie de Consoude officinale.

plante herbacée, dont la tige et les feuilles sont garnies de poils rudes (fig. 196).

L'inflorescence, désignée sous le nom de *cyme scorpioïde*, a été signalée plus haut (page 90). Les fleurs sont disposées en cyme, mais elles s'attachent toutes du même côté du pédoncule qui les supporte, et ce pédoncule est enroulé en crosse à son extrémité, là où se trouvent les plus jeunes fleurs (fig. 197). Ce pédoncule est en réalité formé par la succession de branches de 1er, 2e, 3e, 4e ordre, etc., qui se placent bout à bout de façon à simuler une seule

Fig. 197. — Inflorescence de la Consoude en cyme scorpioïde.

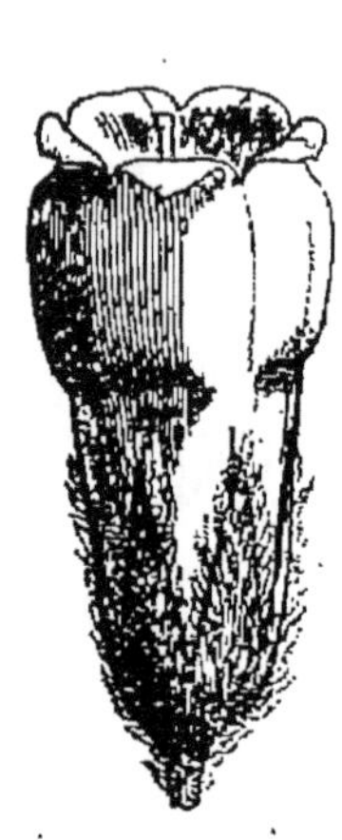

Fig. 198. — Fleur de la Consoude, entière et coupée. On aperçoit au fond le pistil, semblable à celui des Labiées.

tige. On peut aussi observer ce mode d'inflorescence sur une branche fleurie de Myosotis (fig. 200).

Les fleurs de la Consoude (fig. 198) et de la Bourrache (fig. 199) ressemblent beaucoup par leur aspect extérieur à celles de la Pomme de terre et de la plupart des Solanées ; on y voit un calice à cinq sépales, une corolle à cinq pétales et cinq étamines dont les anthères forment un tube autour du pistil. Par la conformation du pistil, ces fleurs s'éloignent des fleurs de la Pomme de terre et offrent beaucoup d'analogie avec celles du Lamier blanc; l'ovaire se compose en effet de quatre logettes contenant chacune un ovule, et le style vient se fixer au milieu de l'espace laissé par ces logettes à la partie centrale.

En comparant le Myosotis ou la Consoude à la Vipérine, on voit que ces diverses plantes forment la même famille, désignée sous le nom de *Borraginées*.

Fig. 200. — Branche fleurie de Myosotis.

Caractères des Borraginées. — Cette famille est caractérisée de la manière suivante :

Plantes herbacées, à feuilles alternes, rudes au toucher. Fleurs en cyme scorpioïde, c'est-à-dire à tige florale enroulée en crosse. Ovaire à quatre logettes, renfermant chacune un ovule.

Les Borraginées sont, par la conformation de la fleur,

Fig. 199. — Fleur de la Bourrache.

des plantes intermédiaires entre les Solanées et les Labiées; ce sont des Labiées par le pistil et des Solanées par la disposition régulière de la corolle et des étamines.

Usages des Borraginées. — Elles contiennent des plantes employées en médecine comme adoucissantes; telles sont : la Bourrache, la Vipérine (*Echium*), à fleurs bleues, à tiges tachées de noir, que l'on trouve fréquemment au bord des chemins sur les murs; la Consoude officinale, à fleurs blanches ou rouges, commune dans les prairies humides, au bord des ruisseaux. Elles renferment aussi des plantes ornementales, comme le Myosotis, ou des plantes cultivées pour leur parfum, comme l'Héliotrope

Liseron.

Type de la famille des *Convolvulacées.*

Le Liseron des haies (*Convolvulus sepium*) est une plante herbacée, dont la tige s'enroule autour des arbustes qui la soutiennent (fig. 201); c'est une plante *volubile.* Examinons ses fleurs. Quand elles sont encore en boutons, on aperçoit, à l'intérieur de deux bractées, le calice à cinq sépales; la corolle non encore ouverte est contournée en forme de tire-bouchon. Lorsqu'elle s'épanouit, elle se présente sous la forme d'un entonnoir qui supporte les étamines au nombre de cinq. En arrachant la corolle, on enlève en même temps les étamines, mais il reste au centre de la fleur le pistil, constitué par un ovaire globuleux terminé par un très long style et deux stigmates.

Quand l'ovaire mûrit, il se transforme en une capsule qui s'ouvre par une fente en deux moitiés ou valves; les graines contiennent un embryon et un albumen : l'embryon a des cotylédons très larges et très minces, qui sont plissés dans la graine.

Si nous comparons le Volubilis au Liseron des haies, nous trouverons entre ces deux plantes une grande analogie de structure; elles sont rangées dans la famille des *Convolvulacées* (du nom latin *Convolvulus* qu'on donne au Liseron).

Caractères des Convolvulacées. — Les caractères des plantes de cette famille sont les suivants :

Plantes herbacées à tige volubile; feuilles entières, alternes, sans stipules. Corolle en forme d'entonnoir; fruit formé par une capsule qui s'ouvre en plusieurs valves.

Les Convolvulacées sont surtout des plantes d'ornement. Diverses espèces de Liserons, entre autres les Volubilis, sont cultivées dans ce but. Quelques espèces des pays chauds

Fig. 201. — Branche de Liseron des haies portant des fleurs en boutons et des fleurs épanouies.

ont une certaine importance en médecine : la Scammonée, cultivée dans l'Asie Mineure, le *Convolvulus Jalapa* du Mexique, fournissent des médicaments fort employés.

Convolvulacées parasites. — C'est au groupe des Liserons qu'appartiennent les Cuscutes (fig. 202), plantes parasites, redoutées des agriculteurs pour les ravages qu'elles causent aux prairies de Luzerne, de Trèfle, ou dans les champs de Lin et de Houblon.

La Cuscute est une plante dépourvue de chlorophylle ; elle est constituée par des tiges extrêmement grêles, ressemblant

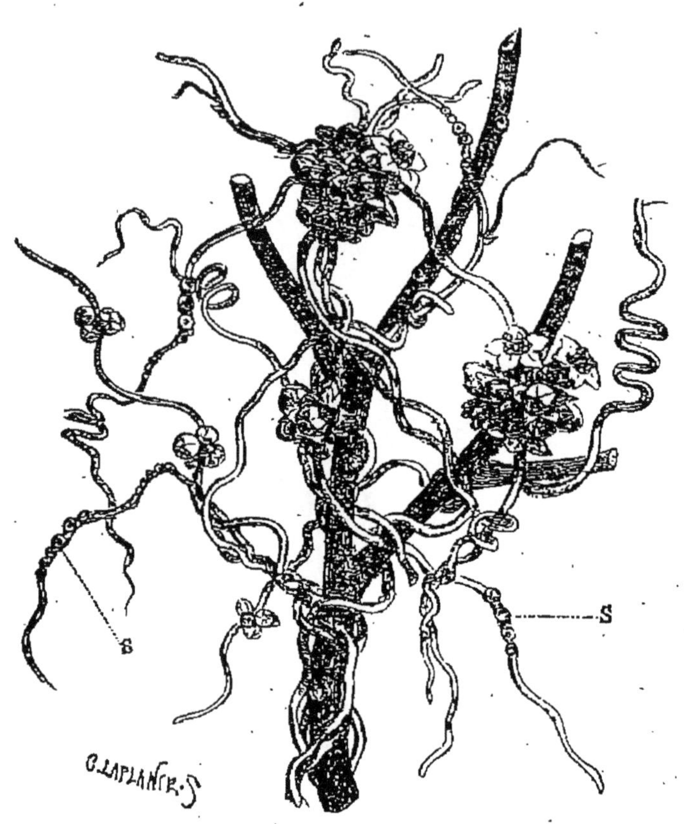

Fig. 202. — Cuscute, plante fleurie. Les tiges portent des suçoirs S

à des fils jaunes ou rougeâtres qui s'enroulent autour des plantes vertes dont elles tirent leur nourriture. C'est au moyen de petits organes qu'elle enfonce dans le corps de la plante nourricière, que la Cuscute se nourrit ; ces organes sont des racines adventives modifiées : on les désigne sous le nom de *suçoirs*. Les fleurs, petites, sont groupées en grand nombre en certains points et forment des renflements de la grosseur d'un pois. La conformation de la fleur est semblable à celle des Liserons.

Plantes voisines des Convolvulacées : Gentianées, Apocynées. — On rapproche des Convolvulacées un certain

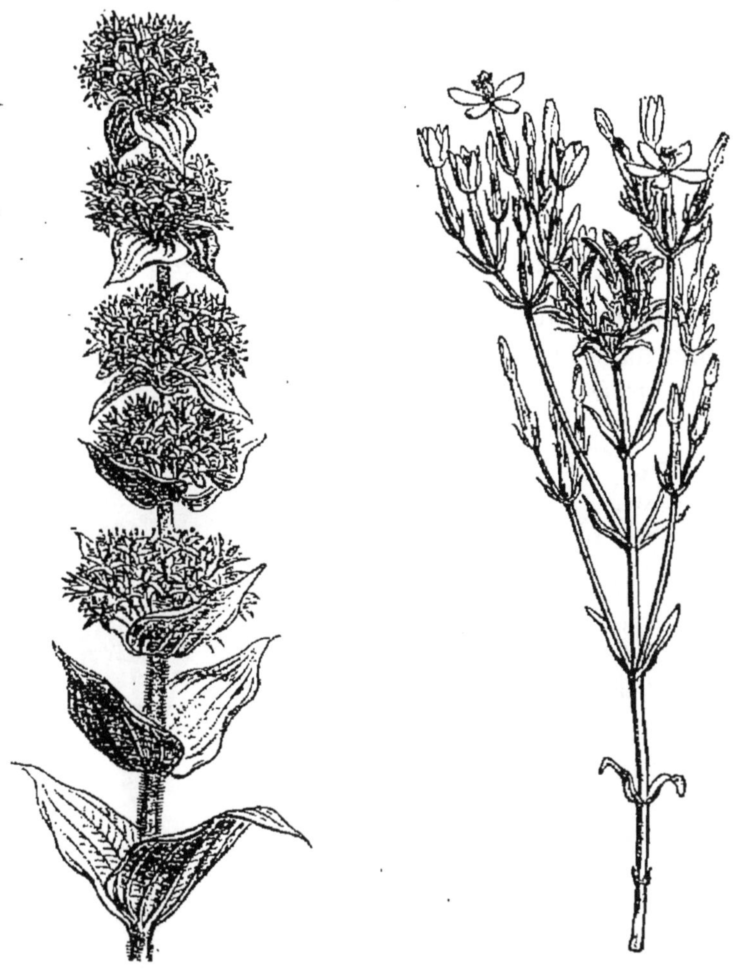

Fig. 203. — Tige fleurie de Grande Gentiane jaune (réduite au 1/5).

Fig. 204. — Tige fleurie de Petite Centaurée.

nombre de familles importantes par les espèces médicinales ou ornementales qu'elles contiennent. Telles sont les *Gentianées*, dont le type est la Gentiane jaune (fig. 203) ou bleue, et les *Apocynées*, dont le type est la Pervenche. Les

Gentianes sont des herbes à feuilles opposées, habitant les prairies sèches ou humides des régions montagneuses. La Grande Gentiane ou Gentiane jaune est encore, avec la Petite Centaurée (fig. 204), employée en médecine pour combattre la fièvre. Le groupe des Apocynées contient dans nos pays les Pervenches, les Lauriers-Roses, mais la plupart des plantes qu'il renferme vivent surtout dans les pays chauds. Ces plantes fournissent des poisons redoutables, et sont toutes dangereuses; c'est une Apocynée qui fournit la *strychnine.*

Primevère.

Type de la famille des *Primulacées.*

La Primevère officinale, qui fleurit au printemps, est très commune dans les prairies et les bois. Un pied de Primevère officinale (*Primula officinalis*, fig. 207) est constitué par une

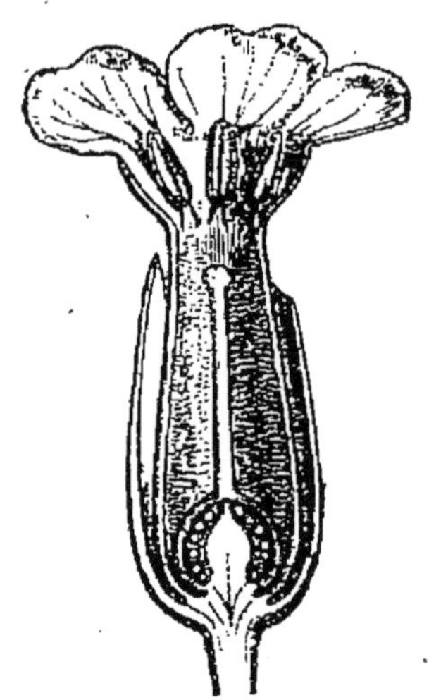

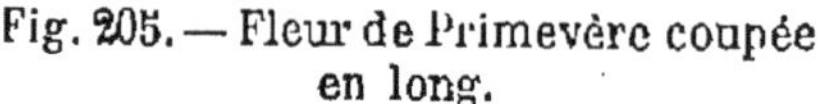

Fig. 205. — Fleur de Primevère coupée en long.

Fig. 206. — Fruit de la Primevère s'ouvrant par un orifice étoilé.

tige souterraine très courte, qui porte au niveau du sol une rosette de feuilles simples. Au milieu de la rosette se trouvent placées les fleurs, portées par des pédoncules plus ou moins longs. Chaque fleur présente un calice gamosépale à cinq dents, formant un tube renflé en son milieu. A l'intérieur du tube formé par le calice se trouve la corolle gamopétale, à cinq dents aussi et affectant la forme d'un entonnoir.

Fig. 207. — Pied fleuri de Primevère officinale.

En fendant la corolle suivant sa longueur (fig. 205), on aperçoit les étamines au nombre de cinq, qui sont attachées sur les parois de celle-ci ; elles sont placées au milieu de chacune des dents de la corolle.

Au fond du tube de la corolle on voit le pistil, qui affecte la forme d'une bouteille; la panse de la bouteille constitue l'ovaire, qui contient dans une loge unique de nombreux ovules; ceux-ci sont fixés sur un support qui occupe le centre de la loge.

A la maturité, l'ovaire se

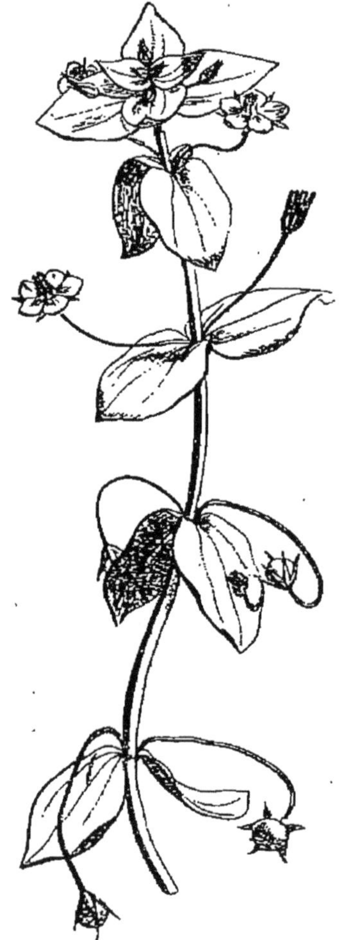

Fig. 208. — Rameau fleuri de Mouron rouge portant des fleurs et des fruits.

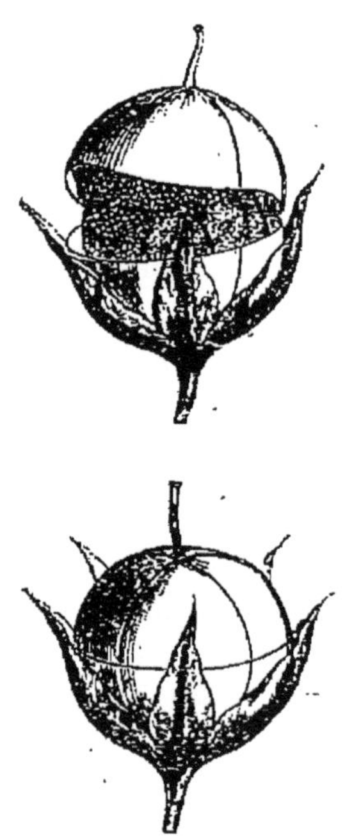

Fig. 209. — Capsule du Mouron rouge, s'ouvrant en travers.

transforme en une capsule qui s'ouvre au sommet par un orifice étoilé (fig. 206). Cette capsule offre à l'intérieur une colonne centrale sur laquelle sont fixées les graines. La capsule est entourée par le calice.

Le Mouron rouge (*Anagallis arvensis*, fig. 208), si abondant au milieu des champs, possède une fleur semblable à celle de la Primevère; il n'en diffère que par son fruit, qui s'ouvre comme une boîte munie de son couvercle (fig. 209).

Caractères des Primulacées. — Ces deux plantes sont les types de la famille des *Primulacées*, dont voici les caractères :

Plantes herbacées à feuilles opposées ou en rosette. Étamines opposées aux divisions de la corolle. Ovaire à une loge contenant un grand nombre d'ovules fixés sur une colonne centrale. Fruit constitué par une capsule.

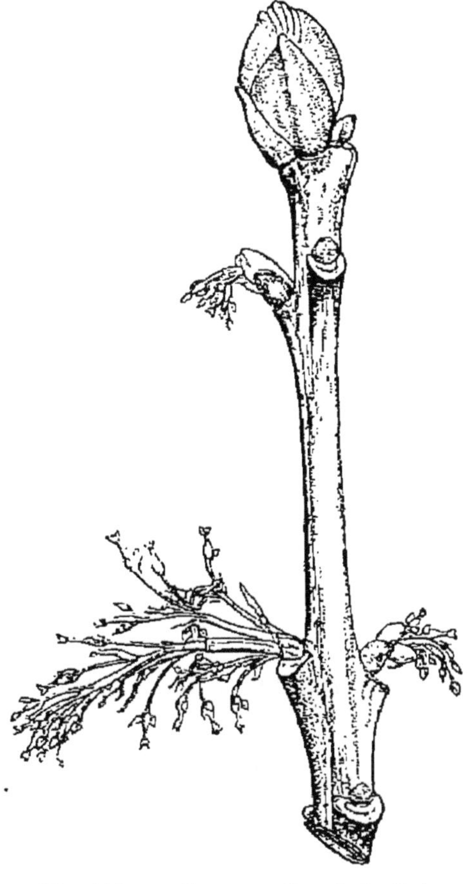

Fig. 210. — Rameau fleuri de Frêne commun.

Les Primulacées sont cultivées surtout comme plantes d'ornement (Cyclamens, Primevères) ; elles n'offrent aucune utilité au point de vue alimentaire ou médical.

Plantes voisines des Primulacées : Oléacées. — On peut rapprocher des Primulacées la famille des *Oléacées*, qui contient plusieurs arbres ou arbustes importants au point de vue ornemental ou industriel. Tels sont : le Lilas (*Syringa*), le Frêne (*Fraxinus*), l'Olivier (*Olea*) et le Troène (*Ligustrum*).

L'Olivier (*Olea europæa*) est cultivé dans la région méditerranéenne et en Algérie pour ses fruits, qui fournissent l'huile d'olive.

C'est un arbre de 7 à 15 mètres, dont la croissance est lente, qui prospère dans les lieux secs et découverts, sur les collines exposées au midi. Son fruit, appelé olive, présente une enveloppe charnue, qui contient, à la maturité, une grande quantité d'huile. Les olives sont cueillies deux ou trois mois avant la maturité quand on veut les consommer en nature; mais lorsqu'elles doivent servir à fabriquer l'huile d'olive, elles sont cueillies quand elles sont mûres.

Le bois de l'Olivier, compact, présente des veines nombreuses, irrégulières, marbrées de brun; il se travaille très bien, et comme il est susceptible d'acquérir un beau poli, ce bois est très recherché en ébénisterie. C'est aussi un des meilleurs bois de chauffage; mais, à cause de sa valeur comme bois de travail, on ne l'emploie guère comme combustible.

Le Frêne est un genre d'Oléacées arborescentes, dont le type est le Frêne commun (*Fraxinus excelsior*). C'est un grand arbre à feuilles composées-pennées, qui développe ses fleurs nues en petits bouquets placés sur les rameaux, avant l'épanouissement des feuilles (fig. 210). On le rencontre dans les vallées, associé à l'Orme, au Chêne pédonculé; son bois est remarquable par son élasticité et par sa ténacité : aussi est-il employé surtout pour la fabrication de certaines pièces de charronnerie (brancards, timons). C'est d'une autre espèce de Frêne, le Frêne à fleurs, qu'on retire la manne des pharmaciens.

Tableau résumant les caractères des principales familles de Gamopétales.

Ovaire adhérent.	Fleurs en capitules			*Composées.*
	Fleurs non en capitules.	Feuilles éparses, sans stipules		*Campanulacées.*
		Feuilles opposées, avec stipules souvent semblables à des feuilles.		*Rubiacées.*
Ovaire libre.	Fleurs irrégulières, quatre étamines. Fruit.	A quatre logettes, dans chacune une graine		*Labiées.*
		A deux loges, plusieurs graines dans chacune		*Personnées.*
	Fleurs régulières, cinq étamines. Fruit.	A quatre logettes, une graine dans chacune		*Borraginées.*
		A deux loges contenant chacune	de nombreuses graines	*Solanées.*
			deux graines; tige volubile	*Convolvulacée*
		A une loge; étamines opposées aux pétales		*Primulacées.*

CHAPITRE III

DICOTYLÉDONES DIALYPÉTALES.

Plantes à pétales distincts.
Exemples : *Carotte*, *Pavot*, *Renoncule*, *Ronce*, *Géranium*.

Les Dialypétales sont extrêmement nombreuses, et les groupes les plus importants peuvent être distingués d'après la constitution de la fleur.

Si nous comparons d'abord la fleur de la Carotte à celle du Pavot, nous remarquons que dans la Carotte (fig. 211)

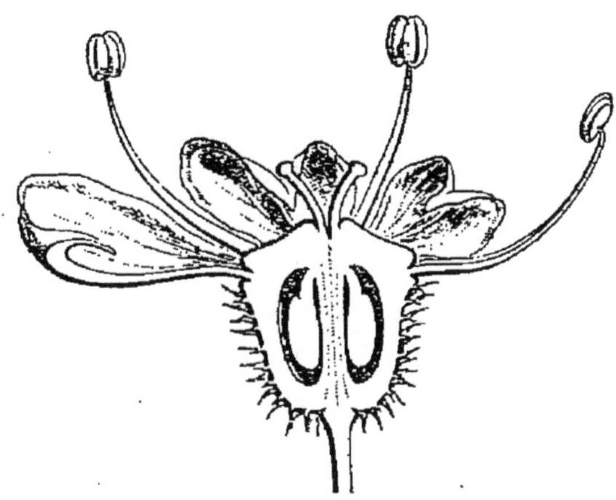

Fig. 211. — Fleur de Carotte coupée en long ; l'ovaire est adhérent ou infère.

l'ovaire, qui occupe la partie inférieure de la fleur, est soudé avec le calice ; les étamines et la corolle sont attachées au-dessus de l'ovaire sur le calice et l'on n'aperçoit à l'intérieur de la fleur que les styles et les stigmates au nombre de deux. Dans le Pavot (fig. 212), l'ovaire est entièrement libre ; les étamines très nombreuses, la corolle ainsi que le calice sont fixés au-dessous de l'ovaire, sur le réceptacle de la fleur. En observant d'autres Dialypétales, on voit que les fleurs du Groseillier, du Melon, ont l'ovaire adhérent, tandis que celles de la Giroflée, de l'Œillet et de la Renoncule ont l'ovaire libre.

Dans les Dialypétales on peut donc distinguer les Dialypétales à ovaire infère et les Dialypétales à ovaire supère.

Les fleurs du Cerisier (fig. 214), du Pommier (fig. 213),

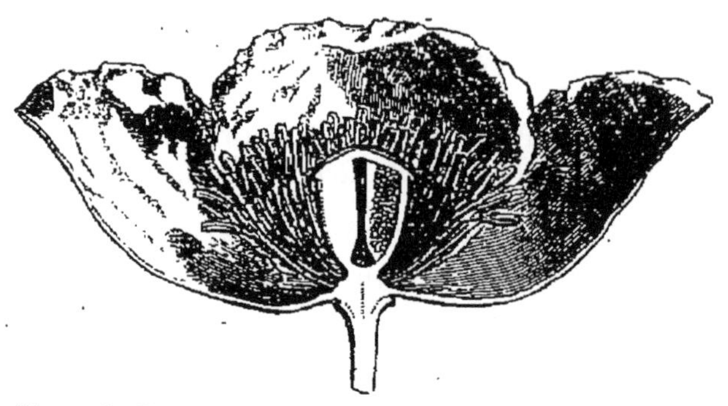

Fig. 212. — Fleur de Pavot coupée en long; l'ovaire est adhérent ou supère.

assez semblables entre elles, forment un intermédiaire entre ces deux groupes, car dans le Cerisier l'ovaire est libre, tandis que dans la fleur du Pommier l'ovaire est adhérent et les étamines sont fixées autour de l'ovaire.

Fig. 213. — Fleur de Pommier coupée en long; l'ovaire est adhérent.

Fig. 214. — Fleur de Cerisier coupée en long; l'ovaire est libre.

Les Dialypétales à ovaire adhérent ont le plus souvent les étamines et les pistils réunis dans chaque fleur, comme dans la Carotte, le Groseillier; quelques plantes, telles que le Melon, ont deux sortes de fleurs : les fleurs à étamines et les fleurs à pistil.

Les Dialypétales à ovaire libre, plus nombreuses, peuvent être divisées d'après la forme de l'ovaire.

Ainsi, dans le Pavot (fig. 215), dans l'Œillet et la Violette l'ovaire unique ne présente qu'une seule loge, tandis que dans le Géranium, la Mauve, la Giroflée (fig. 216) l'ovaire unique est à plusieurs loges ; enfin le pistil est parfois formé de plusieurs ovaires à une seule loge, comme dans la Renoncule (fig. 217).

Lorsque l'ovaire ne présente qu'une seule loge, les ovules et plus tard les graines sont fixés d'une manière différente. Dans l'ovaire de la Giroflée ou de la Violette, les graines sont attachées aux parois, tandis que, dans l'Œillet, les graines

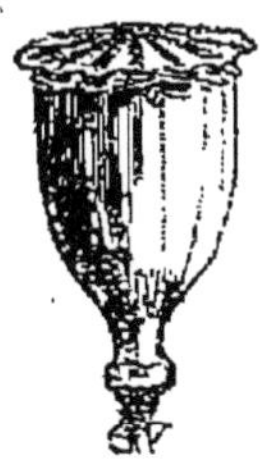

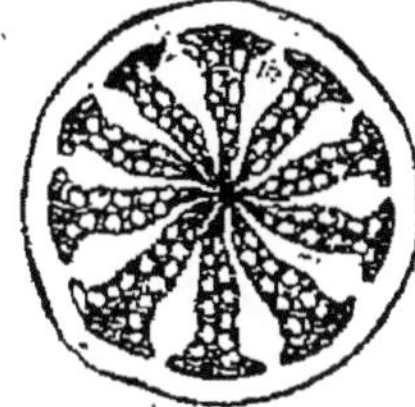

Fig. 215. — Ovaire à une loge du Pavot.

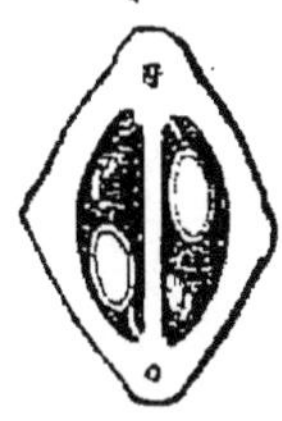

Fig. 216. — Ovaire de Giroflée coupé en travers.

Fig. 217. — Pistil de la Renoncule montrant les ovaires distincts.

sont fixées au milieu de l'ovaire sur une colonne qui occupe la région centrale.

D'après ce qui précède, on peut grouper les familles les plus importantes des Dialypétales de la manière suivante :

<table>
<tr><td rowspan="2">Ovaire adhérent. Étamines fixées au-dessus de l'ovaire.</td><td>Étamines et pistil séparés....</td><td>Melon.</td><td>Cucurbitacées.</td></tr>
<tr><td>Étamines et pistil réunis.....</td><td>Carotte.
Groseillier.</td><td>Ombellifères.
Ribésiacées.</td></tr>
<tr><td colspan="2">Ovaire tantôt libre, tantôt adhérent. Étamines fixées sur le calice......</td><td>Ronce.
Pommier.</td><td>Rosacées.</td></tr>
<tr><td rowspan="3">Ovaire libre. Étamines fixées sous l'ovaire.</td><td>Fruit à une loge, graines sur les parois........</td><td>Haricot.
Violette.
Pavot.
Giroflée.</td><td>Papilionacées.
Violariées.
Papavéracées.
Crucifères.</td></tr>
<tr><td>Fruit à une loge, graines au centre...........</td><td>Œillet.</td><td>Caryophyllées.</td></tr>
<tr><td>Fruit à plusieurs loges, ou fruit multiple......</td><td>Géranium.
Mauve.
Renoncule.</td><td>Géraniées.
Malvacées.
Renonculacées.</td></tr>
</table>

PRINCIPAUX TYPES DE DIALYPÉTALES.

Melon.

Type de la famille des *Cucurbitacées*.

Le Melon est cultivé pour son fruit charnu. C'est une

Fig. 218. — Branche fleurie du Melon portant une fleur à pistil et une fleur à étamines.

plante dont la tige rampe sur le sol, ou peut s'accrocher aux buissons au moyen de vrilles; ses feuilles, grandes, hérissées comme la tige de poils rudes, sont alternes (fig. 218).

Les fleurs du Melon sont grandes. On en distingue de

deux sortes : les unes (fig. 219) contiennent seulement des étamines, les autres ne renferment que le pistil ; toutes ont un calice à cinq sépales réunis à leur base. La corolle est formée de cinq pétales soudés également à la base.

Les fleurs à étamines contiennent deux étamines très volumineuses et une troisième plus petite (fig. 219). Les deux premières ont les anthères contournées et affectant la forme de deux S accolés; la troisième contient une anthère présentant la forme d'un S simple.

Les fleurs à pistil (fig. 220) présentent un ovaire adhérent

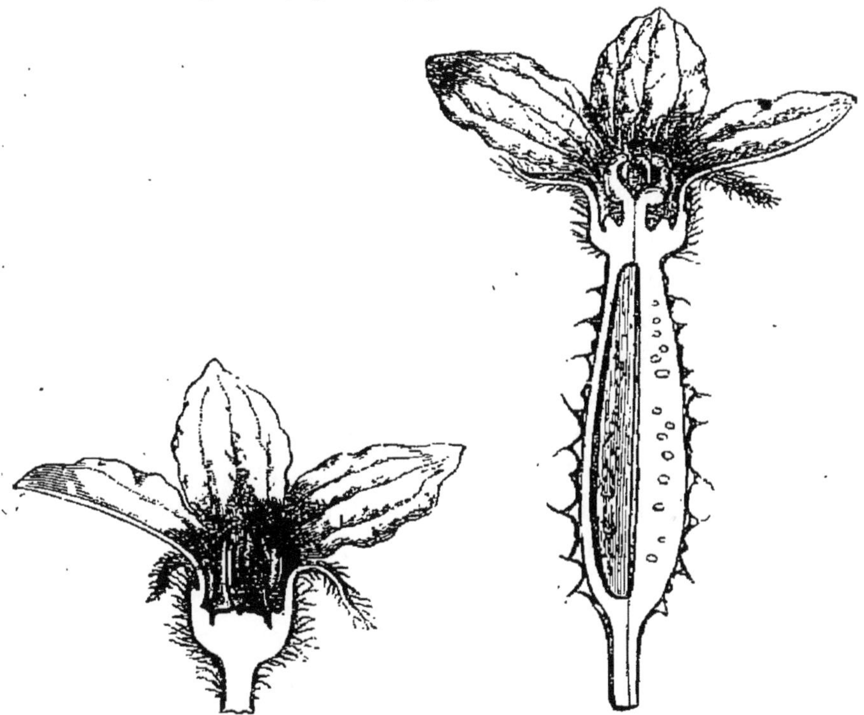

Fig. 219. — Fleur à étamines du Melon.

Fig. 220. — Fleur à pistil du Melon; elle montre l'ovaire infère.

à une seule loge, dans laquelle les ovules sont disposés suivant trois rangées. L'ovaire est terminé par un style court portant trois stigmates.

Quand le pollen a été transporté, par les insectes ou par le vent, des étamines sur le pistil, l'ovaire se transforme en un fruit volumineux, coriace à l'extérieur, charnu à l'intérieur, et contenant un grand nombre de graines.

En comparant un pied de Potiron à un pied de Melon, nous retrouverons la même disposition générale de la tige, des feuilles et des fleurs. Nous pouvons alors réunir toutes les plantes semblables au Melon dans la même famille, désignée sous le nom de *Cucurbitacées*.

Caractères des Cucurbitacées. — Ces plantes se reconnaissent aux caractères suivants :

Plantes herbacées, rampantes ou grimpant au moyen de vrilles, à tige et à feuilles rudes, à fleurs ayant les étamines et le pistil séparés. Les étamines ont les anthères contournées en forme d'S. Le fruit charnu est à une seule loge et contient beaucoup de graines.

C'est à la famille des Cucurbitacées qu'appartiennent les Melons, les Cornichons, les Concombres et les Courges, dont les fruits comestibles sont consommés crus, cuits ou confits. Le fruit de certaines Courges est très dur à l'extérieur et sert à faire des gourdes.

On trouve fréquemment dans les haies une herbe qui grimpe aux arbustes avec des vrilles : c'est la *Bryone dioïque*.

Par la conformation de leur fleur, dont les pétales sont plus ou moins soudés, les Cucurbitacées forment l'intermédiaire entre les Gamopétales et les Dialypétales.

Groseillier.

Type de la famille des *Ribésiacées*.

Le Groseillier (*Ribes sanguinea*) est un arbrisseau à feuilles palmées. Ses fleurs apparaissent au printemps et forment des grappes pendantes (fig. 221). Chaque fleur se compose d'un calice en tube à cinq divisions, d'une corolle à cinq pétales, de cinq étamines. Le pistil est constitué par un ovaire infère soudé au tube du calice. Cet ovaire est surmonté de deux styles; il est à une seule loge et contient deux rangées d'ovules. Le fruit du Groseillier est une baie (fig. 222).

Caractères des Ribésiacées. — Les plantes semblables au Groseillier forment une petite famille que l'on peut caractériser ainsi :

Arbres ou arbustes à feuilles alternes palmées. Ovaire adhérent; calice à cinq dents, souvent coloré. Fleurs en grappe; fruit charnu (baie).

Ces plantes sont cultivées pour leurs fruits. C'est avec le

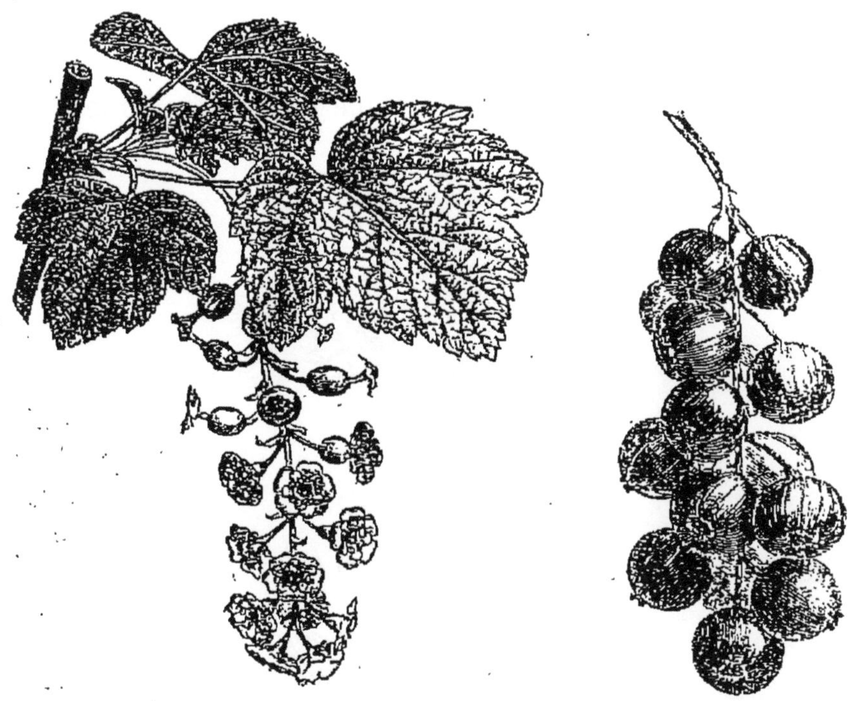

Fig. 221. — Grappe de fleurs du Groseillier. Fig. 222. — Grappe de fruits du Groseillier.

fruit du Cassis (*Ribes nigrum*) qu'on fabrique la liqueur de ce nom. Quelques Groseilliers sont cultivés comme plantes d'ornement.

Saxifragées. — On range souvent les Groseilliers dans la famille des *Saxifragées*, dont le type est la Saxifrage des prés (*Saxifraga granulata*), fréquente au printemps dans les prairies et reconnaissable aux renflements que portent ses parties souterraines. Ces plantes ressemblent beaucoup par la conformation de la fleur au Groseillier; elles en diffèrent en ce que leur fruit est une capsule. Les Saxifrages sont très communes dans les montagnes, où l'on trouve de belles espèces d'ornement. C'est au voisinage des Saxifragées qu'on peut ranger les *Fuchsia*, cultivés aussi dans les jardins comme plantes d'ornement.

Carotte.

Type de la famille des *Ombellifères*.

La Carotte (*Daucus carota*) est une plante commune dans

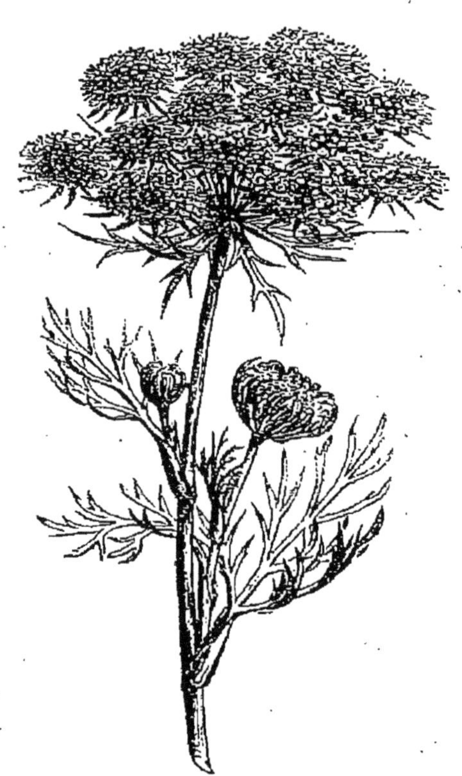

Fig. 225. — Rameau fleuri de Carotte sauvage; les fleurs sont disposées en ombelle composée.

les champs et les jardins. C'est en été qu'elle fleurit et c'est à cette époque qu'il convient de l'étudier. Les fleurs sont très petites et groupées en grand nombre à l'extrémité des branches principales; elles sont disposées en ombelle composée (fig. 223). De l'extrémité de la branche qui supporte les fleurs s'échappent un certain nombre de pédoncules qui divergent comme les baleines d'un parapluie. Chacun de ces pédoncules est terminé à son tour par un bouquet de pédoncules plus petits, formant une *ombellule :* ce sont ceux-ci qui se terminent par les fleurs. A la naissance de l'ombelle et des ombellules il existe des bractées très découpées qui constituent l'*involucre*. Ces bractées enveloppent complètement l'ombelle avant l'épanouissement des fleurs.

Quand les fleurs sont épanouies, on reconnaît que celles qui occupent le centre de l'ombelle sont régulières, tandis

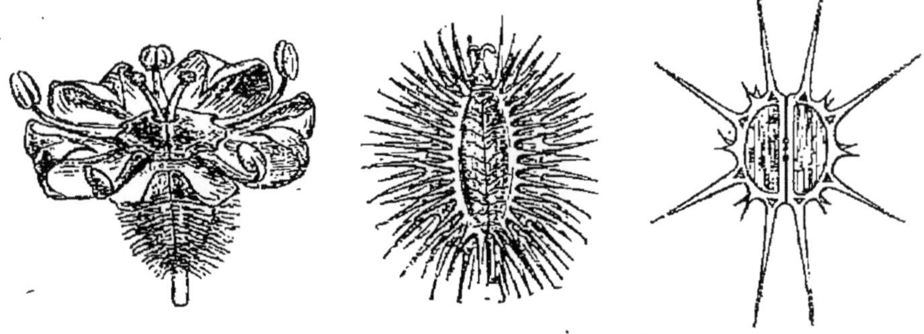

Fig. 224. — Fleur de la Carotte sauvage.

Fig. 225. — Fruit de la Carotte sauvage, entier et coupé en long.

que celles de la périphérie ont les pétales plus longs du côté extérieur. Examinons l'une de ces fleurs (fig. 224). Elle se compose d'un calice très petit, réduit à cinq dents, et d'une corolle à cinq pétales étalés; elle porte cinq étamines, et présente un pistil dont l'ovaire est infère, de sorte que le calice, la corolle et les étamines sont insérés sur son sommet. L'ovaire est à deux loges, contenant chacune une ovule, et il se termine par deux styles. Cet ovaire se transforme en un fruit formé de deux akènes soudés; il est couvert de lames saillantes, terminées par des épines et disposées régulièrement sur sa surface (fig. 225).

La Carotte présente des feuilles très découpées, dont le

pétiole est toujours engainant; sa tige est sillonnée et creuse. La racine est pivotante et devient charnue, parce qu'il s'y dépose des matières alimentaires que la plante utilisera au moment de sa floraison. Dans la Carotte sauvage, la racine est assez grêle : c'est par la culture que la plante s'est modifiée de manière à développer une grosse racine charnue.

Les plantes qui ont la même structure que la Carotte sont rangées dans la famille des *Ombellifères*. Ce nom lui a été donné à cause de la forme particulière de l'inflorescence.

Caractères des Ombellifères. — Les caractères des Ombellifères sont les suivants :

Plantes aromatiques à fleurs disposées en ombelle, à ovaire adhérent, à feuilles alternes, sans stipules; fruit formé de deux akènes soudés.

Les Ombellifères sont ordinairement des herbes et se ressemblent toutes beaucoup entre elles, de sorte que, malgré leur nombre, il est difficile de les séparer en plusieurs groupes. Néanmoins les différences qui existent dans les fruits à l'état adulte ont servi à diviser ces plantes en plusieurs tribus.

Importance et usages des Ombellifères. — Les Om-

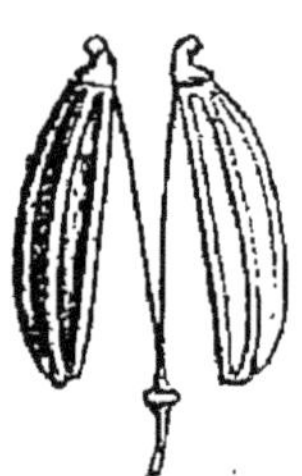

Fig. 226. — Fruit d'Ombellifère, montrant deux akènes qui se séparent.

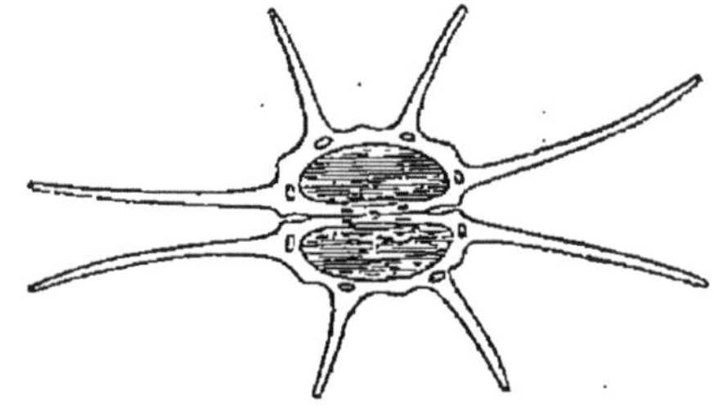

Fig. 227. — Fruit d'Ombellifère coupé, montrant dans la paroi les tubes contenant les substances aromatiques.

bellifères sont importantes au point de vue alimentaire ou médical, et doivent cette importance aux substances aromatiques contenues dans leur tige, leurs feuilles et leurs fruits

Ces substances sont renfermées dans de petits canaux, qu'on aperçoit très bien dans le fruit en coupant celui-ci en travers (fig. 227).

Les Ombellifères les plus employées pour leur arome sont l'Anis, le Fenouil, la Coriandre (fig. 228), le Carvi, consommés surtout à l'état de fruits; l'Angélique, dont les tiges sont utilisées par les confiseurs après avoir subi la cuisson qui les débarrasse des substances âcres.

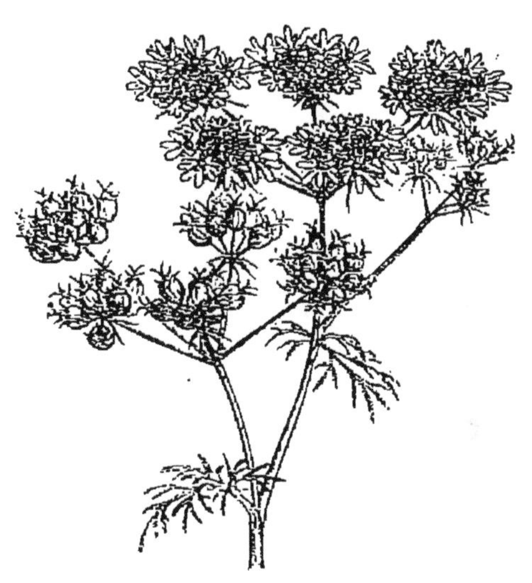

Fig. 228. — Rameau fleuri et fructifié de la Coriandre.

D'autres Ombellifères contiennent des substances vénéneuses qui les rendent dangereuses; nous citerons notamment la Grande Ciguë ou Ciguë officinale (*Conium maculatum*), assez commune au bord des chemins, dans les décombres, et la Petite Ciguë (*Æthusa cynapium*), qu'on peut confondre avec le Persil. Ces plantes contiennent des poisons violents.

Enfin certaines Ombellifères sont dépourvues de principes âcres ou vénéneux, et on les emploie dans l'alimentation : la Carotte, le Panais, le Céleri, le Cerfeuil en sont des exemples. On mange les racines de la Carotte, la tige du Céleri-Rave et de l'Angélique, les feuilles du Persil et du Cerfeuil.

Famille voisine des Ombellifères. — Araliacées. — On peut rapprocher des Ombellifères la famille des *Araliacées*, importante à cause du Lierre, qui en fait partie. Le Lierre est un arbuste qui grimpe le long des arbres ou des murs au moyen de ses racines adventives (fig. 229). La conformation de ses fleurs est semblable à celle de la fleur des Ombellifères; le Lierre ne s'en distingue que par ses fruits charnus noirs, qui forment des baies.

Les *Aralia*, plantes maintenant très répandues comme

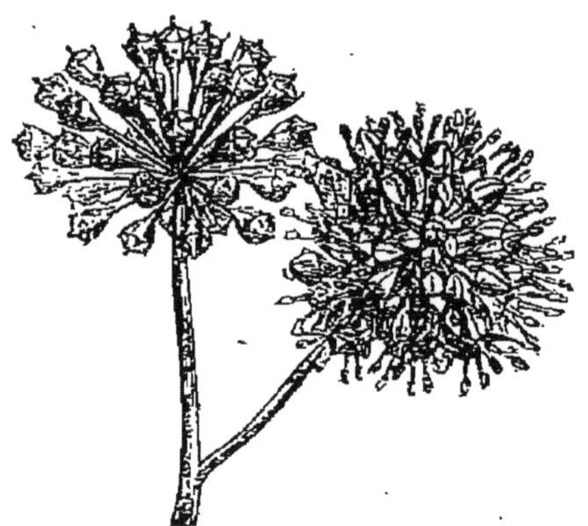

Fig. 229. — Rameau fleuri du Lierre; les fleurs sont disposées en ombelle simple.

plantes d'ornement, appartiennent aussi à cette famille; elles sont originaires des pays tropicaux. C'est avec l'*Aralia papyrifera* que l'on fabrique le papier de riz.

Fraisier, Églantier, Pimprenelle.

Types de la famille des *Rosacées.*

Fraisier. — On trouve des fleurs de Fraisier (*Fragaria vesca*) au printemps et pendant la plus grande partie de l'été.

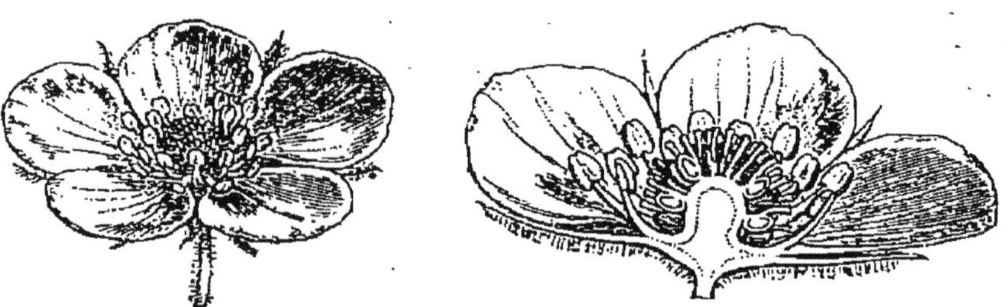

Fig. 230. — Fleur de Fraisier entière et coupée en long Le réceptacle de la fleur est renflé et couvert de carpelles dont chacun présente un ovaire, un style et un stigmate.

Chaque fleur se compose d'un calice à cinq sépales étalés (fig. 230), puis d'une corolle à cinq pétales blancs alternant avec les premiers et très étalés, de sorte que la fleur ressemble à une roue : c'est pourquoi on appelle cette corolle *rotacée*. Les étamines, très nombreuses, occupent le centre de la fleur (fig. 230) et entourent le pistil; celui-ci forme une masse renflée en boule, couverte d'un grand nombre de carpelles contenant chacun un seul ovule (fig. 70).

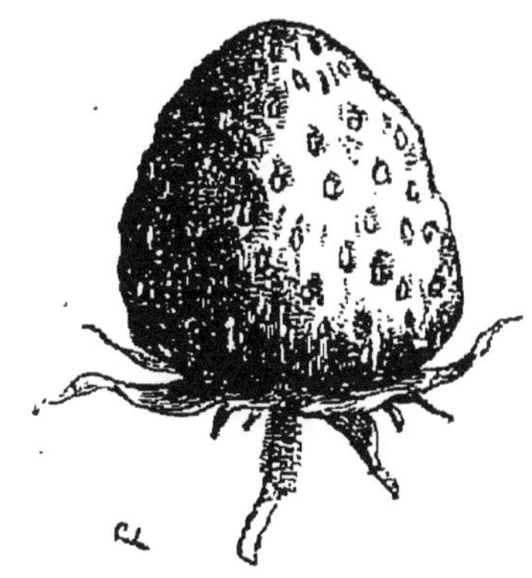

Fig. 231. — Fruits secs du Fraisier ou akènes supportés par le réceptacle devenu charnu; l'ensemble forme la fraise.

A la maturité, ces ovaires se transforment en fruits secs, appelés *akènes*, restant très petits. Mais, en même temps que les fruits mûrissent, leur support commun se renfle et devient charnu (fig. 231) et c'est dans de petites fossettes dont sa surface est creusée que sont nichés les fruits. Ce qu'on appelle une Fraise est donc constitué par le réceptacle de la fleur devenu charnu ; ce n'est pas un fruit véritable.

Le Fraisier est une plante herbacée dont les feuilles composées sont formées par trois folioles (fig. 232). Leur tige émet de nombreux rameaux rampants, appelés *cou-*

Fig. 232. — Pied de Fraisier montrant la tige rampante.

lants, qui développent à chaque nœud de nombreuses racines adventives, de manière que de nouveaux pieds de Fraisier se forment en chacun de ces points.

Églantier. — Si nous comparons au Fraisier que nous venons de décrire, l'Églantier ou Rosier sauvage (*Rosa gallica*,

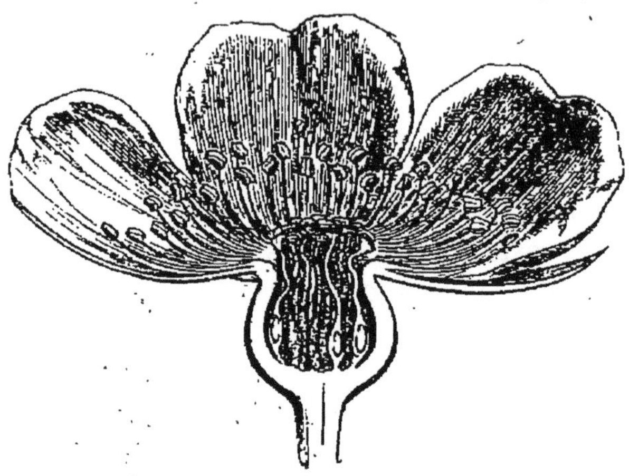

Fig. 233. — Fleur de l'Églantier coupée en long.

fig. 233), si commun dans les haies, nous verrons que le réceptacle forme à la base une poche sur les bords de

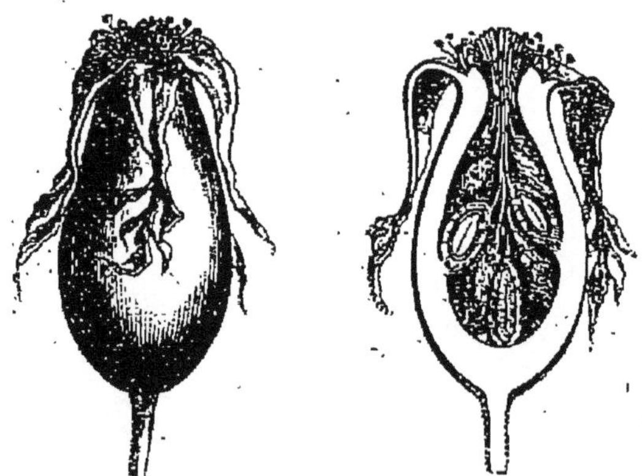

Fig. 234. — Fruit de l'Églantier entier et coupé en long. Il est formé par le réceptacle creusé en coupe et charnu qui contient les akènes.

laquelle sont attachés les cinq sépales inégalement barbelés, les cinq pétales roses et de nombreuses étamines. Au fond de la coupe occupant la base de la fleur sont attachés de nombreux carpelles. Quand le fruit succède à la fleur, les carpelles se transforment en akènes, tandis que le réceptacle creusé en coupe qui les entoure devient charnu et constitue le fruit rouge comestible qu'on aperçoit en automne et pendant l'hiver sur les Églantiers (fig. 234).

Pimprenelle. — Le Fraisier et le Rosier que nous avons étudiés nous ont offert des fleurs à calice et corolle distincts. Dans la Pimprenelle (*Poterium sanguisorba*), herbe vivace

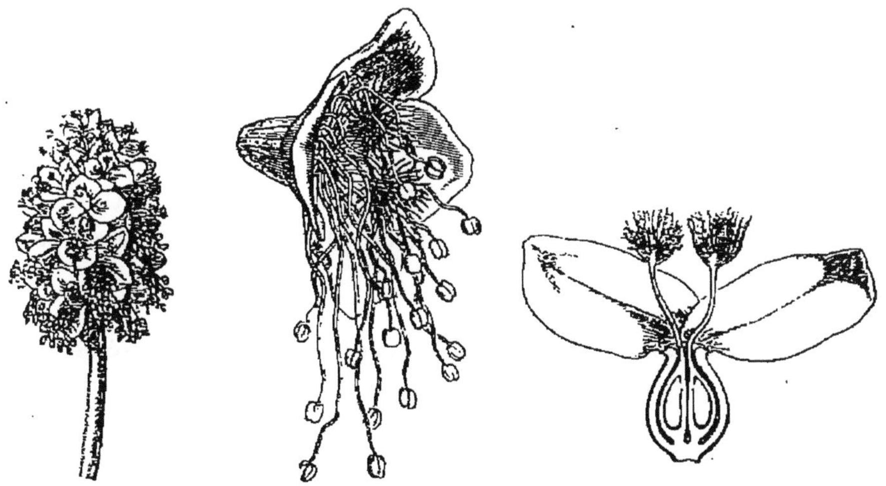

Fig. 235. — A gauche on voit l'extrémité d'un rameau fleuri de Pimprenelle, de grandeur naturelle. Au milieu, une fleur isolée contenant les étamines et le pistil; à droite, une fleur du sommet : elle ne renferme que le pistil. Toutes les fleurs n'ont qu'une enveloppe.

commune dans les prés, et dont les fleurs apparaissent en été, il n'y a pas de corolle. Une fleur isolée (fig. 235) montre quatre sépales occupant les bases d'une coupe étroite renfermant deux carpelles à stigmates étoilés et rouges qui pendent hors de la coupe; de nombreuses étamines sont fixées sur les bords, et leurs filets très longs laissent pendre les anthères hors de la fleur.

Les fleurs de la Pimprenelle sont petites, nombreuses et disposées en capitules ou en épis au sommet d'un long pédoncule qui part du milieu des feuilles composées étalées sur le sol; les fleurs situées au sommet ne contiennent que le pistil, et les fleurs situées à la base renferment à la fois des étamines et des carpelles.

Caractères des Rosacées. — Les plantes que nous venons de décrire font partie d'une famille qu'on nomme *Rosacées* et dont les caractères sont les suivants :

Plantes à fleurs régulières; enveloppes formées de quatre ou cinq pièces. Étamines nombreuses. Pistil formé d'un ou de plusieurs carpelles libres ou soudés renfermant souvent un seul ovule. Feuilles simples ou composées, dentées, pourvues de stipules.

Les Rosacées sont des arbustes ou des herbes vivaces répandues dans toutes les parties du monde, et importantes par les produits variés qu'elles fournissent à l'homme. Les exemples que nous avons choisis montrent que le pistil ou le fruit offrent de grandes variations dans cette famille. Aussi est-ce en s'appuyant sur les différences de conformation du pistil qu'on a pu la diviser en un certain nombre de groupes ou tribus.

Divisions principales des Rosacées. — Fragariées. — Le Fraisier, la Ronce forment un premier groupe ou tribu de Rosacées, à réceptacle renflé au centre de la fleur, couvert d'un grand nombre de carpelles : c'est la tribu des *Fragariées*. La Ronce, le Fraisier ont de nombreux carpelles fixés sur le réceptacle de la fleur, qui est renflé. La seule différence consiste en ce que dans le Fraisier les fruits sont secs et le réceptacle devient charnu, tandis que dans la Ronce (fig. 236), dont le fruit constitue la *mûre des haies*, le réceptacle reste sec, et ce sont les fruits qui deviennent charnus et se transforment en petites drupes. Le Framboisier a les mêmes fruits que la Ronce (fig. 237).

C'est à cette tribu qu'appartiennent les Potentilles, petites herbes aux fleurs jaunes, parfois blanches, semblables à celles du Fraisier, et qui, dès le printemps, sont communes dans les champs et au bord des chemins ; les Benoîtes (*Geum*) ; les Framboisiers (*Rubus idæus*), cultivés pour leurs fruits.

Spirées. — La Reine-des-Prés (*Spiræa filipendula*) appartient à une tribu voisine de la précédente, celle des *Spirées*, caractérisée par ce que le pistil n'a souvent que cinq carpelles et les fruits constituent autant de follicules.

Rosées. — Dans la fleur d'une Rose (fig. 233), il existe un grand nombre de carpelles séparés, mais, comme nous l'avons vu plus haut, ils sont placés au fond du réceptacle de la fleur, qui est creusé en forme de coupe; ce réceptacle constitue la poche qu'on aperçoit sous la fleur (fig. 234). A la maturité ce réceptacle devient charnu, rouge, et

Fig. 236. — Branche fleurie de Ronce.

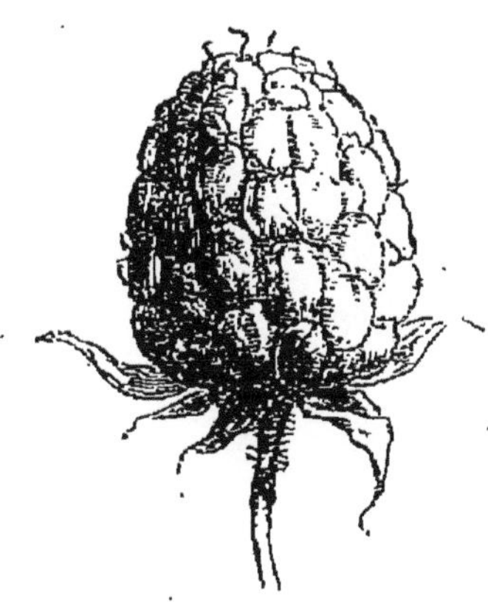

Fig. 237. — Framboise; ce fruit est formé par les carpelles devenus charnus et formant de petites drupes.

enveloppe les fruits, qui restent secs. C'est le fruit de l'Églantier (fig. 234).

Les Rosacées qui ont un réceptacle charnu creusé en coupe contenant un grand nombre d'akènes, forment la tribu des *Rosées*.

Potériées. — Dans la Pimprenelle, les carpelles sont peu nombreux (un à trois) et se transforment en akènes enveloppés dans une coupe à parois minces et sèches. Les Rosacées qui possèdent ces caractères forment la tribu des *Potériées*, qui renferment des plantes dépourvues de corolle, comme la Pimprenelle, l'Alchémille. C'est à cette tribu

Fig. 238. — Branche fleurie et fructifiée de l'Aigremoine (*Agrimonia eupatoria*). Les akènes sont enveloppés dans une coupe à parois minces.

Fig. 239. — Rameau fleuri d'Amandier.

qu'appartient l'Aigremoine (fig. 238), fréquente dans les haies, au bord des chemins et reconnaissable à ses épis de fleurs jaunes, chargés plus tard de fruits secs couverts d'épines; ces fruits sont formés par le réceptacle de la fleur qui enveloppe les akènes.

Amygdalées. — La fleur de l'Amandier (*Amygdalus*, fig. 239, 240) ou du Cerisier (*Prunus*) a un réceptacle creusé en coupe, comme dans le Rosier, mais il n'existe qu'un seul carpelle au centre. Quand l'ovaire se transforme en fruit, lui seul acquiert un grand développement, tandis que le réceptacle de la fleur se dessèche. Les parois de l'ovaire

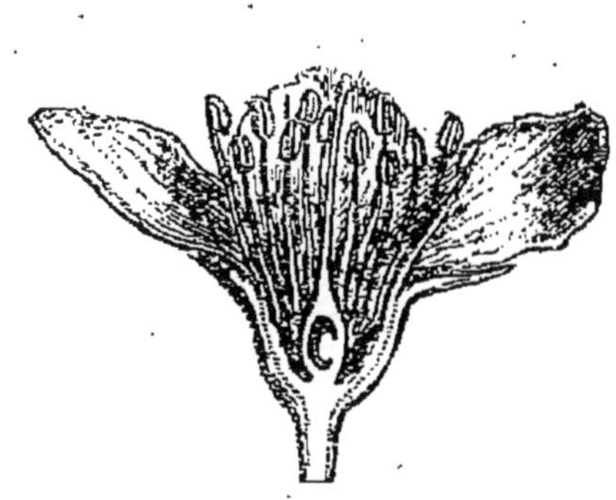

Fig. 240. — Fleur d'Amandier coupée en long; il y a un seul carpelle au fond du réceptacle de la fleur.

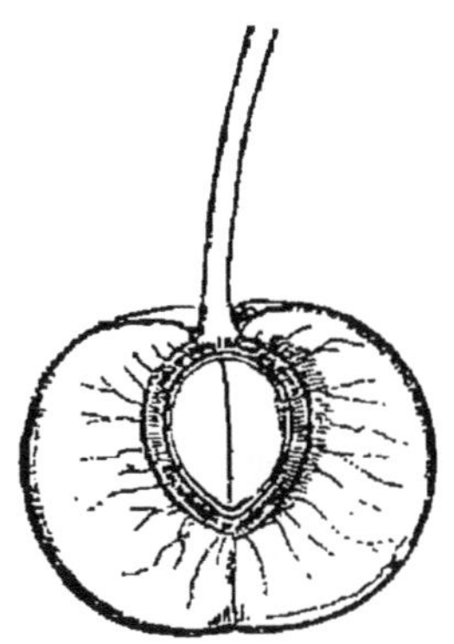

Fig. 241. — Fruit de la Cerise; c'est une drupe.

deviennent ordinairement charnues à l'extérieur, dures, osseuses à l'intérieur; le fruit constitue une drupe (fig. 241). C'est à ce type qu'appartiennent le Pêcher, le Cerisier, l'Amandier. Ces plantes forment la tribu des *Amygdalées*.

Pomacées. — On range dans les Rosacées des plantes telles que le Pommier, le Poirier (fig. 242), appartenant à la famille des *Pomacées*. La fleur du Pommier est semblable à celle des Rosacées, elle n'en diffère que par le pistil. Si l'on coupe en long une fleur de Poirier, on retrouve dans le calice, la corolle et les étamines les mêmes dispositions que dans la fleur du Rosier (fig. 243), mais le pistil contient cinq carpelles soudés entre eux, et il est lui même complètement soudé par l'ovaire au réceptacle de la fleur ; cet ovaire est ordinairement à cinq loges, renfermant chacune deux ovules.

Quand la fleur se change en fruit, le réceptacle contribue à former le fruit en même temps que l'ovaire (fig. 244). Le fruit devient charnu dans toute son étendue, toutefois les parois internes des loges que contient l'ovaire deviennent cartilagineuses; quant aux graines, elles forment dans une Pomme ce qu'on appelle les *pépins*.

Fig. 242. — Rameau fleuri de Poirier.

Le Poirier, le Pommier, le Sorbier, l'Aubépine appartiennent au groupe des Pomacées.

Fig. 243. — Fleur du Poirier coupée en long. Elle présente plusieurs carpelles.

Fig. 244. — Fruit du Pommier coupé en travers, montrant les cinq loges de l'ovaire; il est soudé avec le calice.

Les caractères des différentes tribus des Rosacées peuvent être résumés dans le tableau suivant :

Carpelles libres	attachés au-dessus des étamines sur un réceptacle convexe; fruit formé par....	des akènes, parfois des drupes, nombreux...		*Fragariées.*
		cinq follicules ou drupes		*Spirées.*
	fixés au-dessous des étamines sur les parois du réceptacle creusé en coupe; fruit formé par...	des akènes entourés d'une enveloppe.	charnue.	*Rosées.*
			sèche. ..	*Potériées.*
		une drupe...........		*Amygdalées.*
Carpelles soudés avec le calice, fruits à pépins..........				*Pomacées.*

Importance des Rosacées. — Rosacées alimentaires. — La famille des Rosacées et celle des Pomacées contiennent des plantes importantes au point de vue alimentaire, car elles comprennent tous les arbres fruitiers appartenant aux deux types Prunier et Poirier, puis un certain nombre d'arbustes ou d'herbes vivaces à fruits comestibles, Framboisier, Fraisier, Ronce.

La partie comestible est constituée par les parois de l'ovaire dans la Cerise, la Prune, la Framboise; par la graine dans l'Amandier; par le calice et l'ovaire devenus charnus dans la Pomme, la Poire.

Les graines de l'Amandier, riches en huile, sont aussi comestibles, mais chez la plupart des arbres fruitiers les graines contiennent un poison violent, qui exhale l'odeur d'amandes amères : c'est l'*acide cyanhydrique* ou *acide prussique*. C'est en fabriquant avec les cerises la liqueur appelée *eau de noyau* qu'on peut s'empoisonner quand on emploie les graines en trop grand equantité; quelques plantes, comme le Laurier-cerise, cultivé dans le Midi, renferment même l'acide prussique dans les feuilles.

Rosacées industrielles. — Les Rosacées arborescentes fournissent des bois très estimés dans la menuiserie et l'ébénisterie. Les bois du Cormier, du Poirier, du Pommier sont les plus estimés; leur grain est très fin, ils se laissent tourner et raboter en tous sens.

Enfin la famille des Rosacées fournit un grand nombre de plantes d'ornement. Les Rosées, les Spirées, le Cerisier à grappes, etc., en sont des exemples. Les Roses cultivées sont des fleurs doubles, c'est-à-dire des fleurs dans lesquelles toutes les étamines ont été transformées en pétales. Ces fleurs ne produisent que rarement des graines, et quand on veut multiplier les Rosiers à fleurs doubles, on en fait des boutures ou on les greffe sur l'Eglantier sauvage.

Pois.

Type de la famille des *Papilionacées.*

La fleur du Pois (*Pisum sativum*) est formée par un calice à cinq sépales soudés, reconnaissables aux cinq dents qui terminent le tube du calice ; ce calice est un peu irrégulier (fig. 245).

La corolle, grande, est très irrégulière. En arrachant les pétales un à un, on trouve à la partie supérieure de la fleur un pétale grand, étalé, appelé *étendard* (fig. 246, *e*), puis,

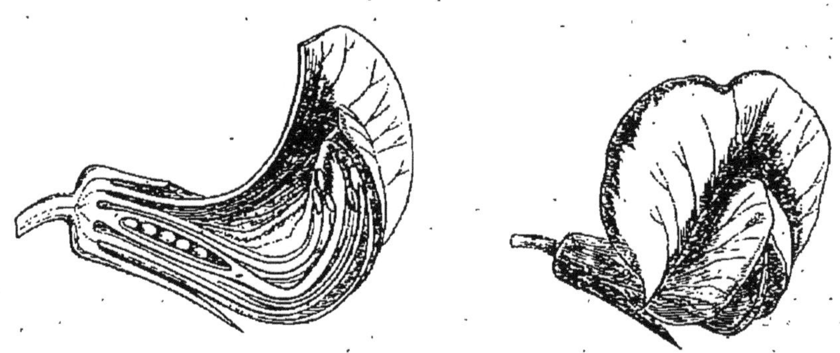

Fig. 245. — Fleur du Pois, entière et coupée en long.

en dedans de lui, deux pétales latéraux, qu'on appelle les *ailes* (*a*). Les ailes cachent les deux derniers pétales, qui sont ordinairement réunis de manière à former une gouttière appelée *carène* et dans laquelle sont enveloppés les étamines et le pistil. La fleur du Pois a donc une droite et une gauche.

Quand les pétales sont enlevés, on aperçoit les étamines

et le pistil, dont la forme est moulée sur celle de la carène

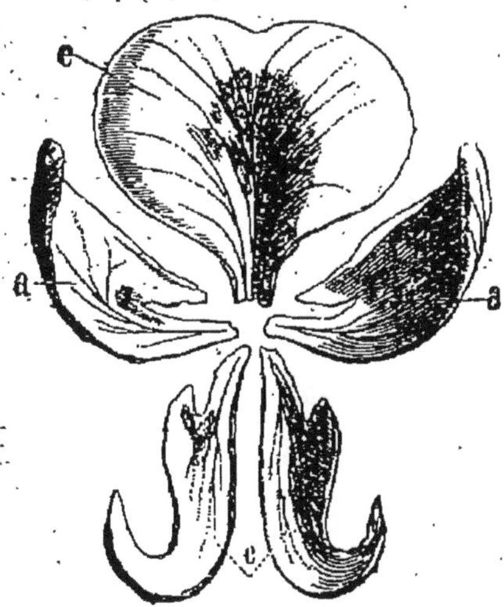

Fig. 246. — Pétales isolés de la fleur du Pois : *e*, étendard; *a*, ailes; *c*, carène.

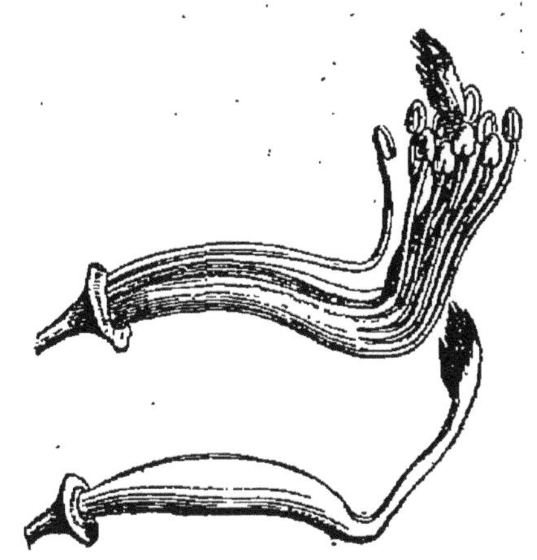

Fig. 247. — Fleur du Pois dépouillée de ses enveloppes et pistil isolé.

(fig. 247). Il y a dix étamines : parmi elles, neuf sont réunies entre elles par leurs filets et forment une seconde gouttière enveloppant le pistil; la dixième étamine, isolée, occupe la partie supérieure.

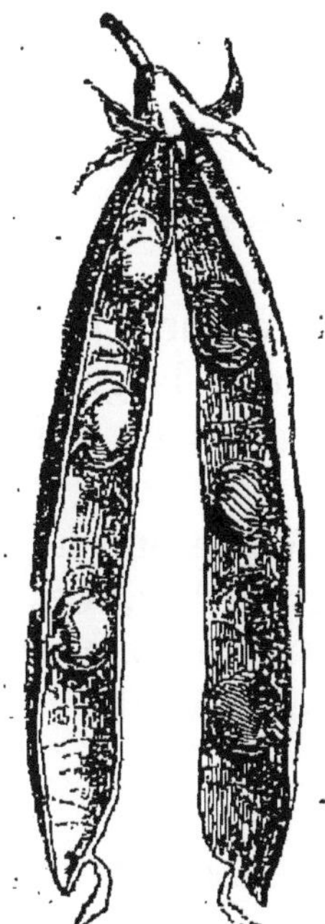

Fig. 248. — Fruit du Pois ou gousse ; il s'ouvre en deux moitiés ou valves.

Le pistil est formé par un ovaire en forme de sac allongé, terminé par un style coudé et un stigmate couvert de poils.

Par la disposition même de la fleur, le transport du pollen

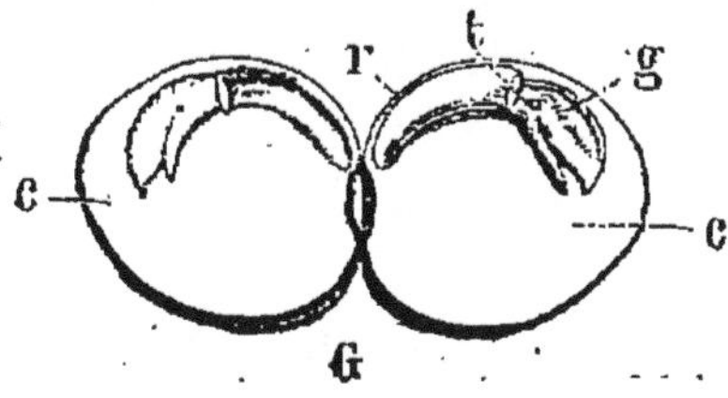

Fig. 249. — Graine du Pois dont toute l'amande est occupée par l'embryon : *g*, gemmule; *t*, tigelle; *r*, radicule; *c*, cotylédons.

s'effectue naturellement au moment où les anthères s'ouvrent, puisque le stigmate est entouré par elles. Le pistil se transforme en fruit (fig. 248) ; ce fruit est une gousse dont les deux moitiés ou valves se séparent et mettent en liberté les graines.

Dans les graines, l'embryon forme toute l'amande; il n'existe pas d'albumen (fig. 249).

Le Pois est une plante annuelle, dont la tige très grêle est

Fig. 250. — Rameau fleuri de Trèfle des champs.

incapable de se tenir verticale. Cette tige porte des feuilles composées, munies à leur base de deux larges stipules. Les folioles supérieures sont transformées en vrilles, au moyen desquelles la tige peut s'élever.

Le Haricot, le Trèfle (fig. 250), la Vesce ont la fleur et le fruit tout à fait semblables à ceux du Pois. Ces plantes ont été réunies dans la famille des *Papilionacées* (nom donné à cause de la ressemblance qu'on a voulu voir entre un papillon et la fleur du Pois).

Caractères des Papilionacées. — Les caractères de cette famille sont les suivants :

Plantes à feuilles presque toujours composées, ayant des stipules.

Corolle formée par cinq pétales, irrégulière (corolle papilionacée) ; dix étamines à filets soudés ; pistil constitué par un ovaire à une seule loge ; fruit constituant une gousse ; graines sans albumen.

Importance des Papilionacées. — La famille des Papi-

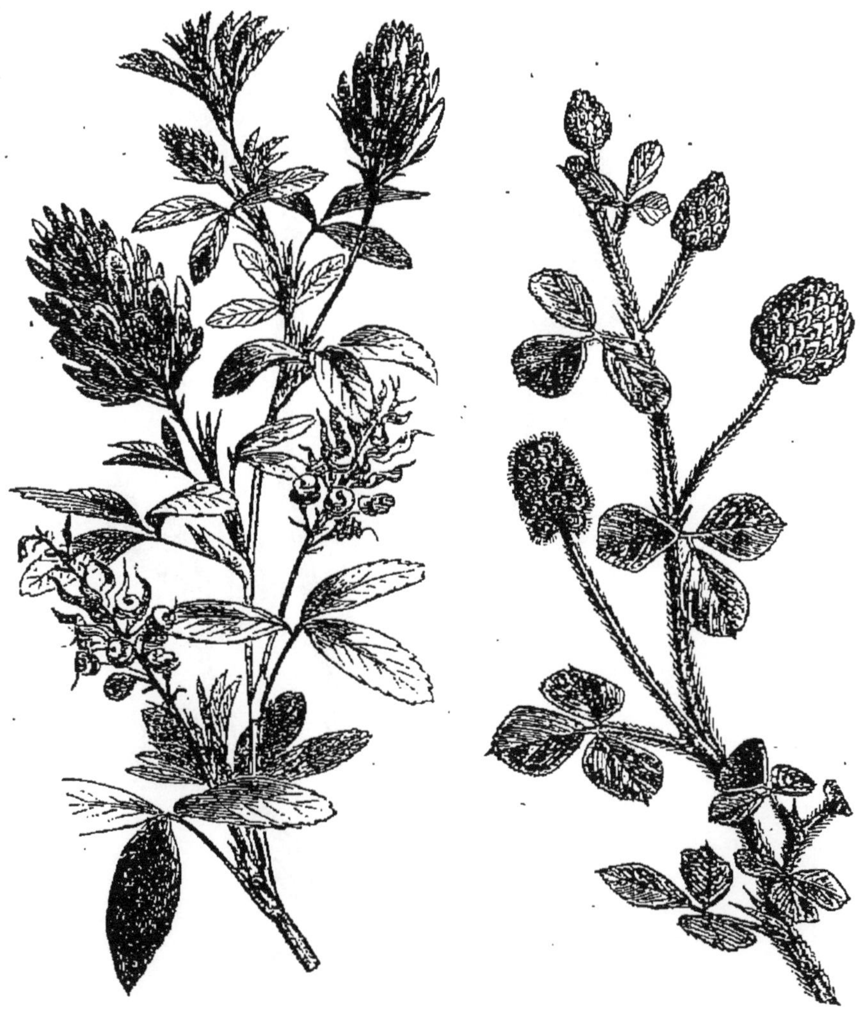

Fig. 251.— Branche fleurie et fructifiée de Luzerne.

Fig. 252. — Branche fleurie et à fruits de la Lupuline.

lionacées, par le nombre des espèces qu'elle renferme (environ 6500), est la plus importante parmi les Phanérogames, après les Composées. C'est en outre une des plus utiles à l'homme, tant au point de vue alimentaire qu'au point de vue industriel.

Papilionacées alimentaires et fourragères. — Les

Fig. 253. — Rameau fleuri et fructifié du Lotier corniculé.

graines de Haricot, de Pois, de Lentille, de Fève sont employées dans l'alimentation de l'homme et elles sont très riches en matières nutritives. Les gousses encore vertes sont souvent même employées comme aliments.

Beaucoup de Papilionacées sont cultivées comme aliments des animaux; tels sont les fruits des Gesses, des Vesces, et les Papilionacées fourragères, telles que le Trèfle (fig. 250), la Luzerne (fig. 251), la Lupuline ou Minette (fig. 252), le Sainfoin, le Lotier (fig. 253), l'Anthyllide vulnéraire (fig. 254), qui forment les prairies naturelles artificielles, soit seules, soit associées aux Graminées fourragères, que nous verrons plus loin.

Papilionacées industrielles. — Les Papilionacées fournissent un certain nombre de produits industriels, des matières colorantes, des gommes, des bois de construction.

Fig. 254. — Rameau fleuri d'Anthyllide.

L'Indigotier, cultivé dans l'Inde, en Chine, en Égypte, sert à fabriquer la matière colorante bleue appelée *indigo*. Cette matière n'existe pas dans les feuilles fraîches, elle se développe par la fermentation.

En outre, un certain nombre d'arbres voisins des Papilionacées fournissent également des matières colorantes rouges ou jaunes. La teinture de Campêche est fabriquée avec le bois de Campêche.

Enfin le bois de Rose, le Palissandre, très employés en ébénisterie, sont fournis par des Papilionacées arborescentes.

Familles voisines : Cæsalpiniées, Mimosées. — On

range à côté des Papilionacées un certain nombre de plantes habitant surtout les pays chauds. Ce sont les *Cæsalp ées* et

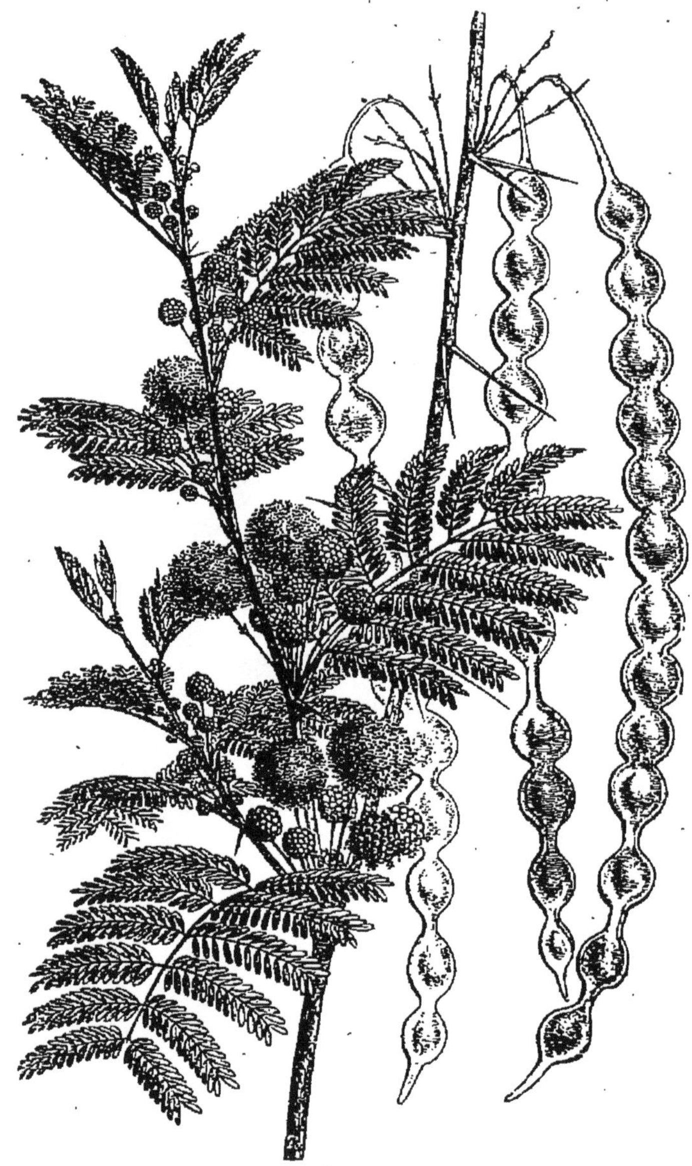

Fig. 255. — *Acacia arabica*. Rameau à fleurs et rameau à fruits.

les *Mimosées*. — Les Cæsalpiniées, à fleurs souvent irrégulières, et rappelant un peu celles des Papilionacées, renferment des arbres ou des arbustes, tels que les *Cæsalpinia*, fournissant des bois de construction, des bois tinctoriaux (bois du Brésil, bois rouges), le bois de Campêche, les Féviers, les Casses.

Les *Mimosées*, représentées par les Sensitives et les véritables Acacias (*Mimosa*), se distinguent des plantes voisines par leur corolle régulière. La Sensitive (*Mimosa pudica*), cultivée dans les serres, est caractérisée en ce qu'elle replie ses folioles au moindre contact. Les Acacias (fig. 255, 256) ont une fleur régulière possédant un grand nombre d'étamines; les fleurs, colorées en jaune, sont souvent réunies en glomérules sphériques. Les tiges sont garnies d'épines très fortes et acérées, qui rendent la marche pénible et dangereuse en Afrique dans les forêts ou les buissons formés par ces espèces. C'est de diverses espèces d'Acacia, notamment de l'*Acacia arabica*, qu'on retire en Afrique, au Sénégal, la gomme arabique.

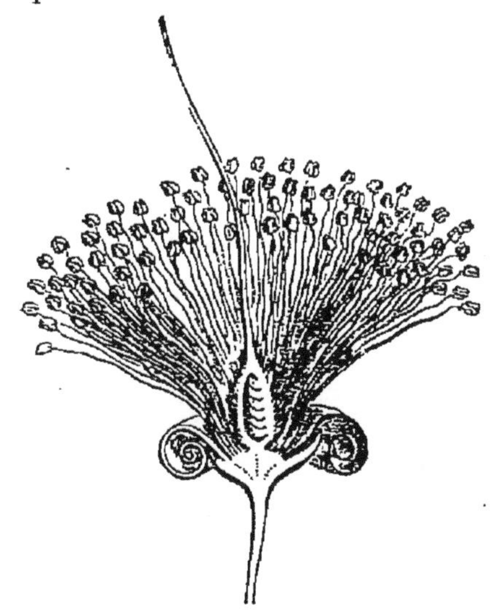

Fig. 256. — Fleur d'Acacia coupée en long.

Violette.

Type de la famille des *Violariées*.

La Violette odorante (*Viola odorata*) est une plante herbacée vivace, très commune dans les haies et les taillis. La tige souterraine ou rampante, très courte, porte des feuilles entières pourvues de stipules, et les fleurs, solitaires, sont irrégulièrement distribuées.

Examinons une fleur de Violette odorante (fig. 257). Elle présente un calice à cinq sépales distincts, attachés par le milieu; la corolle, irrégulière, est à cinq pétales, deux supérieurs, deux latéraux et le pétale inférieur qui forme un éperon en arrière de la fleur. Quand la corolle est enlevée (fig. 258), on aperçoit les étamines, au nombre de cinq; ces étamines, étroitement appliquées entre elles, cachent complètement le pistil, dont on n'aperçoit que le stigmate; deux de ces étamines envoient un prolongement dans l'éperon de la corolle. Après avoir enlevé les étamines, on voit le pistil, qui est constitué à la base par un ovaire globuleux. Cet ovaire est à une seule loge et les ovules sont fixés aux parois suivant trois rangées longitudinales; il est terminé par un style et un stigmate.

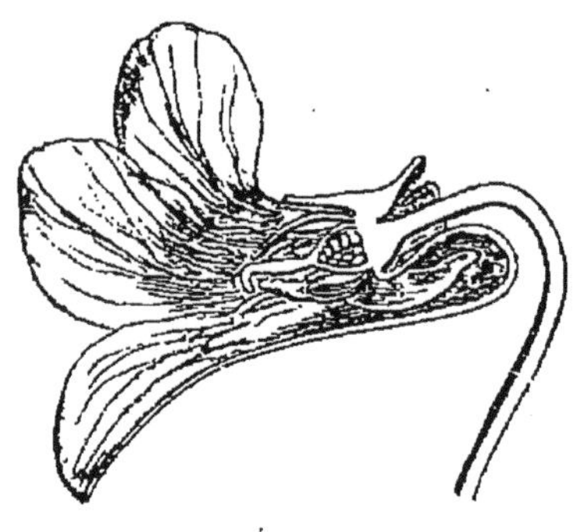

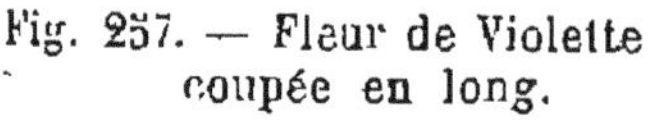

Fig. 257. — Fleur de Violette coupée en long.

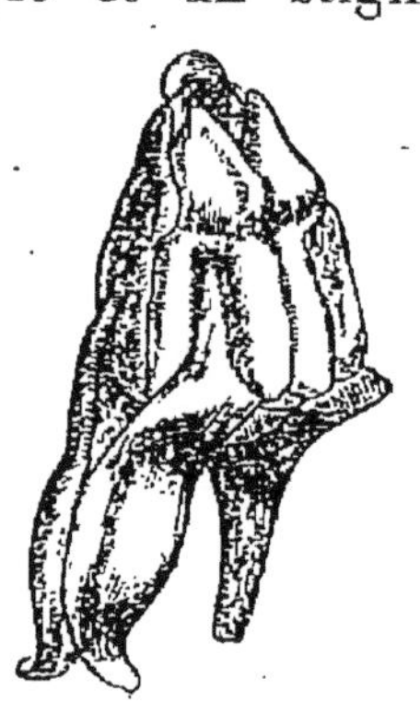

Fig. 258. — Fleur de Violette dépouillée de ses enveloppes.

Fig. 259. — Capsule de Violette ouverte en trois valves.

Quand la fleur se flétrit, le fruit apparaît sous la forme d'une capsule globuleuse, qui se sépare en trois valves en se fendant au milieu de l'intervalle laissé entre les rangées de graines; ces valves portent les graines fixées en leur milieu (fig. 259).

Les Violettes des bois et les Pensées ont la même conformation que la Violette odorante. Aussi sont-elles rangées dans la famille des *Violariées*.

Caractères des Violariées. — On peut résumer ainsi les caractères de cette famille.

Herbes vivaces à feuilles entières, stipulées, alternes, à corolle irrégulière, un des pétales formant un éperon. Ovaire à une loge, avec ovules fixés aux parois. Capsule s'ouvrant en trois valves.

Les Violariées sont des plantes d'ornement, telles que la Pensée (*Viola tricolor*), dont la fleur présente quatre pétales dirigés en haut, ou des plantes utilisées pour leur parfum, comme la Violette odorante, dont la fleur ne présente que deux pétales dirigés en haut.

Coquelicot.

Type de la famille des *Papavéracées*.

Le Coquelicot (*Papaver Rheas*) est une plante commune en été dans les champs de Blé (fig. 260). Il a des fleurs solitaires, où l'on distingue un calice à deux sépales qui tombent au moment où la fleur s'épanouit, puis une corolle à quatre pétales très grands.

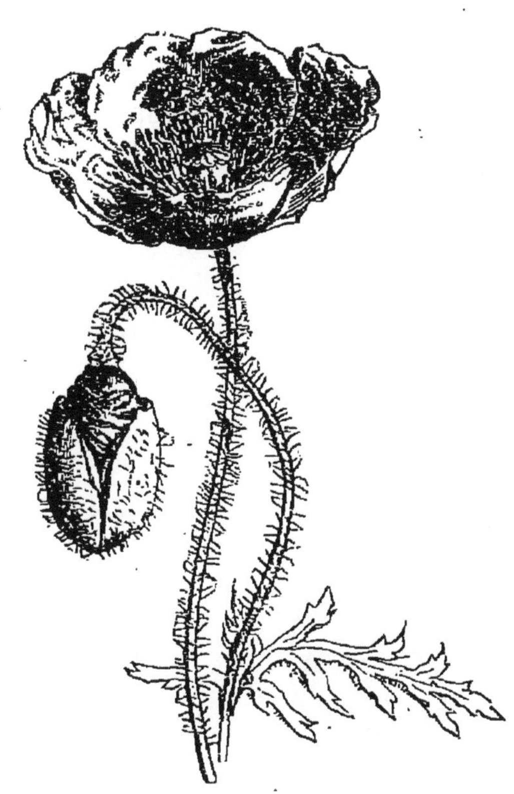

Fig. 260. — Fleurs du Coquelicot, l'une épanouie ayant perdu ses sépales, l'autre en bouton au moment où les sépales vont tomber.

Au centre de la fleur (fig. 261) on trouve un grand nombre d'étamines, qui entourent le pistil; celui-ci est formé d'un ovaire globuleux, terminé par les stigmates qui constituent un disque sur l'ovaire. Une coupe en travers de l'ovaire montre qu'il contient un grand nombre d'ovules fixés sur des lames faisant saillie à l'intérieur de la loge (fig. 262).

A la maturité l'ovaire est transformé en une capsule qui

s'ouvre par une rangée de trous placés sous le disque du

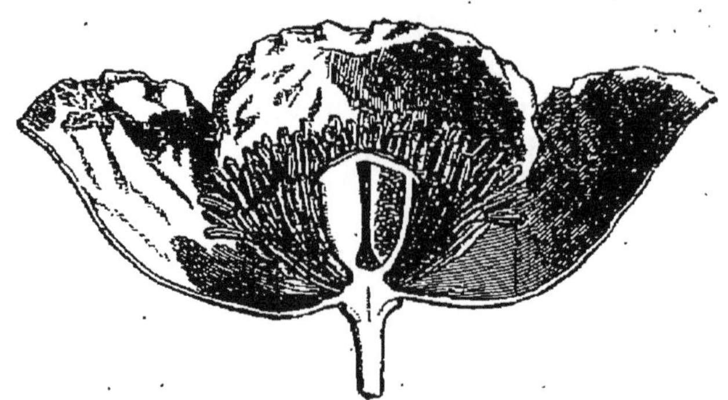

Fig. 261. — Fleur de Coquelicot coupée en long ; les étamines, très nombreuses entourent le pistil, formé par un ovaire globuleux.

stigmate pour laisser échapper les graines (fig. 262) ; celles-

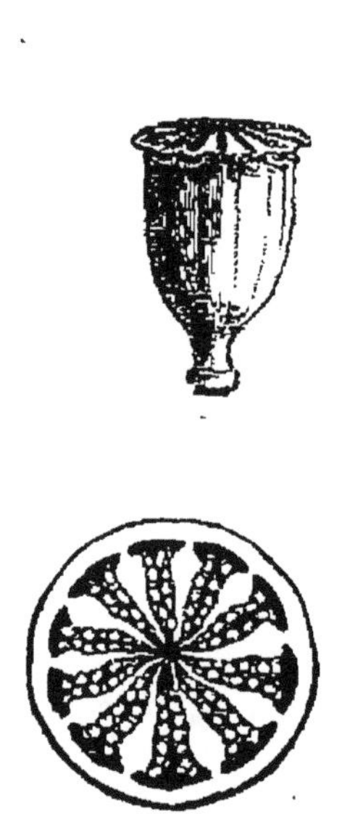

Fig. 262. — Fruit du Coquelicot entier et coupé en travers.

Fig. 263. — Rameau fleuri de Chélidoine ou Grande Éclaire.

ci, très petites, contiennent un embryon entouré par l'albumen.

Les caractères de la fleur que nous venons de décrire sur

un Coquelicot se retrouvent dans le Pavot somnifère, la Grande Éclaire (*Chelidonium majus*, fig. 263), sauf pour le fruit, qui dans cette dernière plante ressemble au fruit du Colza ou de la Giroflée.

Caractères des Papavéracées. — Toutes ces plantes font partie de la famille des *Papavéracées*, caractérisée ainsi :

Plantes herbacées ; calice à deux sépales caducs ; corolle à quatre pétales chiffonnés dans le bouton ; étamines nombreuses. Graines à albumen huileux.

Ces plantes sont utiles parce que les graines de certaines d'entre elles sont oléagineuses. Ainsi l'huile d'œillette est extraite des graines du Pavot-Œillette.

Le suc laiteux de certains Pavots (*Papaver somniferum*) se solidifie à l'air et forme l'*opium*, qui contient plusieurs poisons, entre autres la morphine, employée pour calmer les douleurs. Pour obtenir l'opium, on fait des incisions sur la capsule : il s'écoule par les blessures un liquide blanc qui se solidifie et donne l'opium du commerce.

On rapproche des Papavéracées les Fumeterres, les Corydales à fleur irrégulière, à fruit contenant une seule graine. La Fumeterre officinale (*Fumaria officinalis*) est très commune dans les champs ; on la reconnaît à ses feuilles très découpées et à ses épis de petites fleurs roses. Les Corydales, à fleurs roses ou jaunes, sont communes dans les bois, ou vivent sur les murs.

Giroflée.

Type de la famille des *Crucifères*.

La Giroflée, dont nous avons donné la description, peut être prise comme type des plantes de la famille des Crucifères, remarquable par son uniformité.

Le Chou, le Pastel, le Radis, le Thlaspi, la Bourse à pasteur (fig. 267), présentent, en ce qui concerne la fleur et le fruit, la même conformation que la Giroflée.

Caractères des Crucifères. — Ces plantes ont été réunies dans le même groupe sous le nom de *Crucifères*, à cause

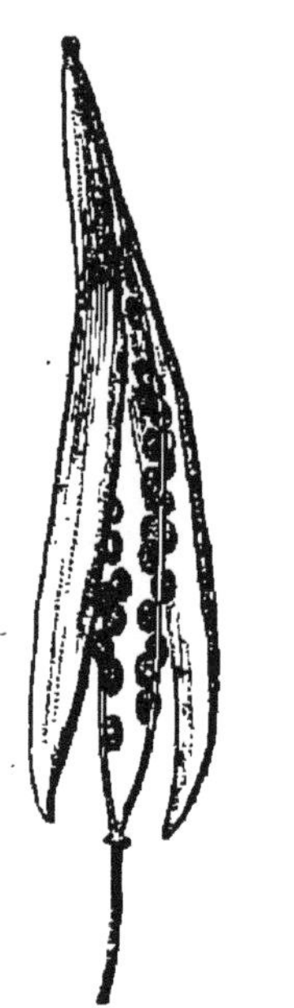

Fig. 264. — Silique de Giroflée.

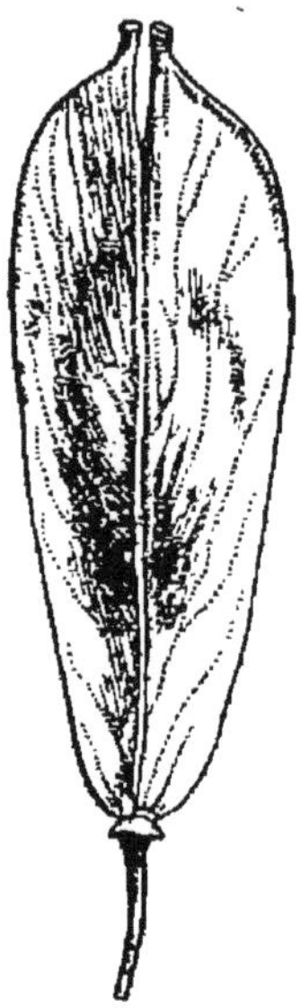

Fig. 265. — Fruit du Pastel; c'est une silicule.

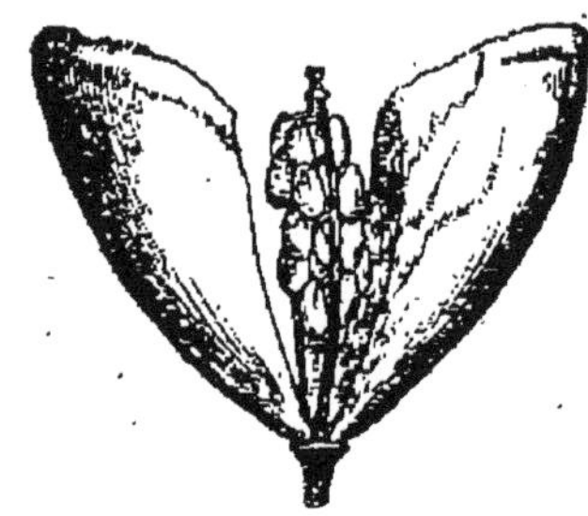

Fig. 266. — Silicule de la Bourse à pasteur (Thlaspi) s'ouvrant pour laisser échapper des fruits.

de la forme de la corolle, dont les pétales sont disposés en croix.

Voici les caractères de cette famille :

Plantes herbacées, à fleurs en grappes; calice à quatre sépales; corolle à quatre pétales; six étamines, quatre grandes et deux petites; ovaire à deux stigmates. Fruit en silique. Graines sans albumen.

Les différences les plus importantes qu'on peut signaler entre les Crucifères concernent la conformation du fruit. Nous avons vu dans la Giroflée (fig. 264) que le fruit est allongé, très étroit, et forme ce que l'on appelle une *silique :* c'est aussi la forme du fruit du Chou; dans d'autres plantes, le Pastel (fig. 265), la Bourse à pasteur (fig. 266), le fruit est presque aussi large que long; c'est une *silicule*. Ordinairement, comme nous l'avons vu (p. 100), le fruit des Crucifères s'ouvre par quatre fentes opposées deux à deux en

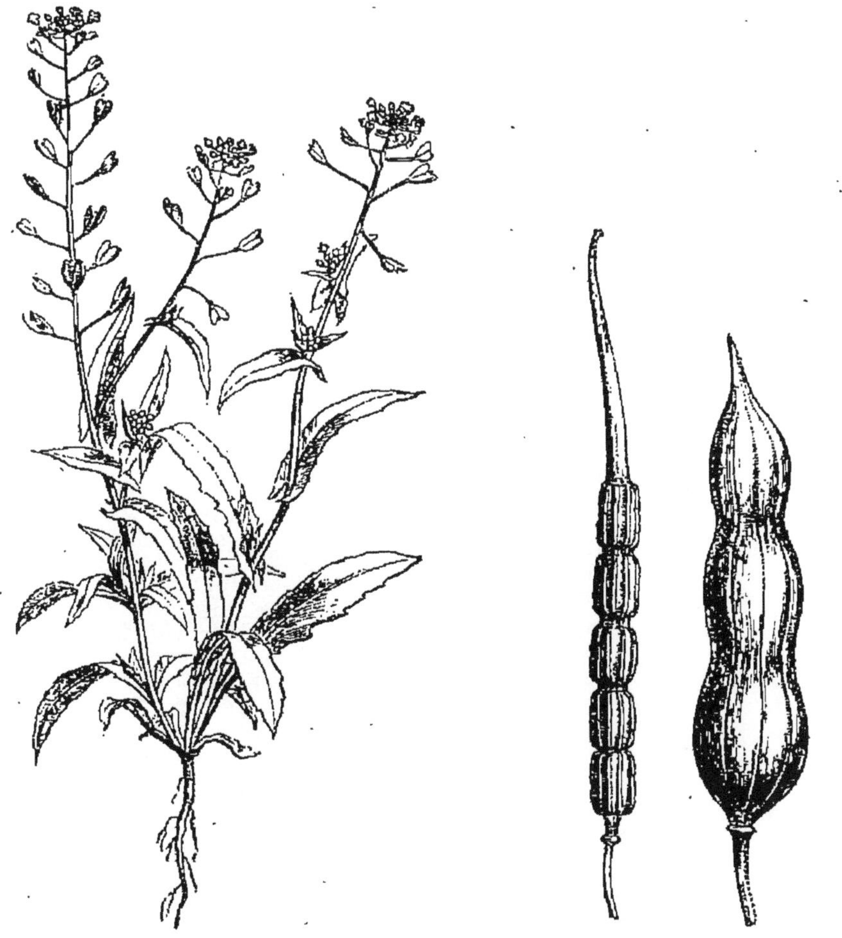

Fig. 267. — Rameau fleuri de la Bourse à pasteur.

Fig. 268. — Fruits du Radis sauvage et du Radis cultivé; ils se désarticulent en travers.

deux valves laissant entre elles un cadre supportant les graines (fig. 264). Dans quelques plantes la silique ne s'ouvre pas; ainsi, dans le Radis, la silique présente un certain nombre d'étranglements, correspondant aux espaces séparant les graines, et le fruit se rompt à chacun de ces étranglements (fig. 268).

Les Crucifères contiennent des matières sulfurées qui leur donnent une saveur âcre et piquante. Beaucoup d'entre elles sont antiscorbutiques, par exemple le Raifort (*Cochlearia*), avec les racines duquel on fabrique le sirop antiscorbutique.

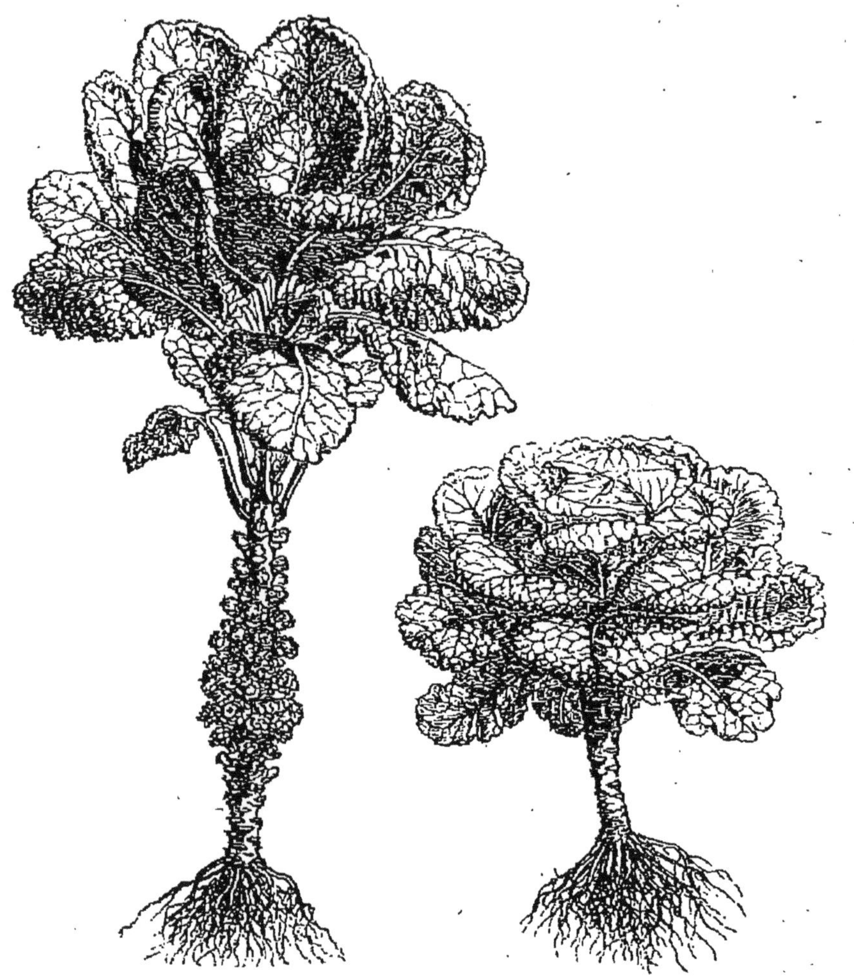

Fig. 269. — Chou de Bruxelles. La réserve de nourriture est placée dans les bourgeons axillaires.

Fig. 270. — Chou commun, dans lequel la réserve de nourriture occupe la région terminale de la tige.

Les Crucifères ont généralement les feuilles simples, alternes, une racine pivotante, qui devient souvent charnue et constitue un réservoir de matières alimentaires.

La plupart sont alimentaires. Les Navets, les Radis sont

caractérisés par la réserve d'aliments amassés dans leur

Fig. 271. — Pied fleuri de Colza.

racine ; dans les Choux, cette réserve est accumulée dans le bourgeon terminal (fig. 270), ou dans les bourgeons axillaires (Choux de Bruxelles, fig. 269), ou dans l'inflorescence (Choux-Fleurs).

Les graines, dans un certain nombre de Crucifères, sont riches en matières grasses et servent à l'extraction d'huiles alimentaires : telles sont les graines du Colza (fig. 271), de la Navette et de la Cameline. Enfin le Pastel a été autrefois fort employé pour la fabrication d'une matière colorante bleue.

Plantes voisines des Crucifères. — On rapproche de la famille des Crucifères les *Résédacées* et les *Capparidées*. Les Résédacées sont des plantes herbacées dont les fleurs irrégulières ont un calice et une corolle dont les sépales ainsi que les pétales sont très divisés. Elles renferment le Réséda odorant, cultivé pour le parfum de ses fleurs, et la Gaude (*Reseda lutea*), qui est cultivée en Europe pour la matière colorante jaune que contiennent les feuilles et les enveloppes du fruit. Les *Capparidées*, qu'on rencontre dans les régions chaudes et tropicales, sont tout à fait semblables par la constitution de la fleur aux Crucifères ; leur fruit est souvent une silique. Certaines espèces sont comestibles, notamment le Câprier, dont les boutons ou *câpres* sont employés comme condiment.

Œillet.

Type de la famille des *Caryophyllées*.

Examinons une fleur d'Œillet (fig. 272).

Nous trouvons à sa base un certain nombre de bractées formant un calicule qui entoure le calice, dont les cinq sépales sont soudés et forment un tube. A l'intérieur du tube formé par le calice se trouvent les cinq pétales libres. Chacun d'eux est semblable à celui d'une fleur de Giroflée, c'est-à-dire qu'il présente une partie rétrécie appelée *onglet*, emprisonnée dans le tube du calice, et une région élargie colorée, appelée *lame*. En arrachant le calice et la corolle, on aperçoit les étamines, au nombre de dix, disposées sur deux rangs. Puis au centre se trouve le pistil, constitué par un ovaire en forme de sac allongé et terminé par deux styles toujours libres.

L'ovaire renferme deux loges, dont les cloisons disparaissent de très bonne heure, de sorte que, lorsque le fruit est mûr, il constitue une capsule qui s'ouvre à son sommet et

Fig. 272. — Rameau fleuri d'Œillet des jardins et fleur coupée en long.

laisse apercevoir à l'intérieur une colonne centrale portant les graines.

La tige de l'Œillet porte des feuilles simples opposées sans stipules et elle est renflée aux nœuds.

En comparant à l'Œillet, que nous venons de décrire, un Lychnis, une Stellaire ou une Alsinée, le Mouron des oiseaux, on trouve de grandes ressemblances entre ces plantes, sauf en ce qui concerne le calicule, qui manque dans le Lychnis et la Stellaire, ou dans la forme des pétales; en raison de leur ressemblance, ces plantes ont été réunies dans la famille des *Caryophyllées*.

Caractères des Caryophyllées. — On peut donner ainsi les caractères de cette famille :

Fig. 273. — Branche fleurie de Saponaire officinale.

Plantes à tige renflée aux nœuds, à feuilles opposées sans stipules; à calice tubuleux, formé de cinq sépales ; corolle à cinq pétales; dix étamines; ovaire terminé par deux à cinq styles libres; fruit à une loge, graines placées sur une colonne au centre du fruit.

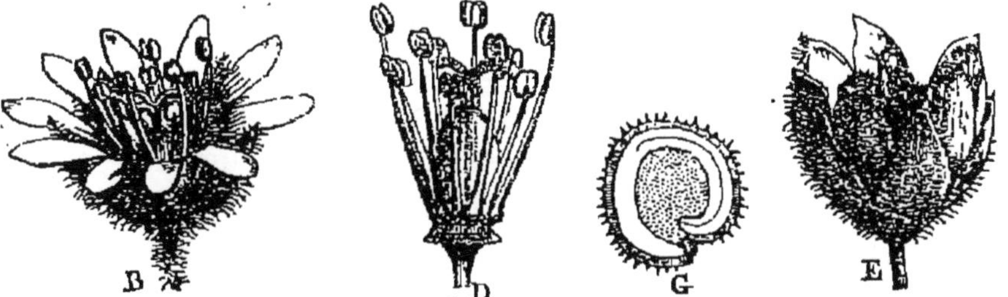

Fig. 274. — Mouron des oiseaux. Fleur entière et dépouillée des enveloppes; le calice a ses sépales libres; la corolle a des pétales courts. C'est une Alsinée.

Fig. 275. — Fruit et graine du Mouron des oiseaux.

Division des Caryophyllées. — En s'appuyant sur les

Fig. 276. — Rameau fleuri du Mouron des oiseaux.

différences qui existent dans la conformation du calice et de la corolle, on distingue deux groupes dans cette famille :

1° Les *Silénées,* caractérisées par un calice gamosépale en forme de tube et par les onglets des pétales très développés.

Les Œillets, la Saponaire (fig. 273), si fréquente dans les champs, les Lychnis appartiennent à ce groupe. Une espèce de Lychnis, le Lychnis dioïque, à fleurs blanches, possède des fleurs à étamines et pistil séparés.

2° Les *Alsinées*, caractérisées par un calice à sépales libres et par des pétales à onglet peu développé (fig. 274, 275).

Ce groupe contient des fleurs communes dans les champs, les Stellaires, les Céraistes, les Alsinées, dont une des espèces (*Alsine media*) constitue le Mouron des oiseaux (fig. 276).

Les Caryophyllées sont sans utilité, sauf peut-être, la Saponaire, dont les feuilles rendent l'eau savonneuse et permettent de laver les étoffes. On cultive beaucoup de Caryophyllées comme plantes d'ornement ; tels sont les Lychnis, les Œillets (*Dianthus*), les Gypsophiles.

Géranium.

Type de la famille des *Géraniées*.

Prenons comme exemple, parmi les Géraniums communs

Fig. 277. — Rameau fleuri de Géranium Robert.

dans les champs et dans les jardins, le Géranium Robert,

qu'on trouve sur les murs, dans les haies (fig. 277). Examinons la fleur (fig. 278); nous y trouvons cinq sépales verts, à l'intérieur desquels sont placés cinq grands pétales alter-

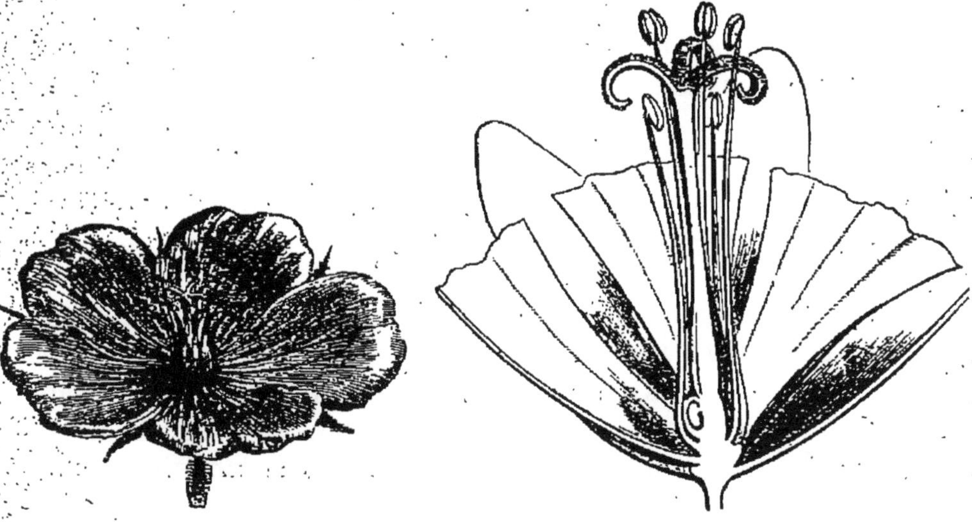

Fig. 278. — Fleur du Géranium, entière et coupée en long.

nant avec les sépales. Après avoir enlevé les sépales et les pétales, il reste au centre une double rangée de cinq étamines chacune, entourant le pistil formé par un ovaire à cinq loges; chaque loge contient deux ovules. Le style qui surmonte les cinq ovaires est terminé par cinq stigmates.

A la maturité, le fruit s'ouvre par la rupture des cloisons qui séparaient les loges, et celles-ci deviennent libres à la base, en restant accolées par la partie supérieure du style (fig. 279).

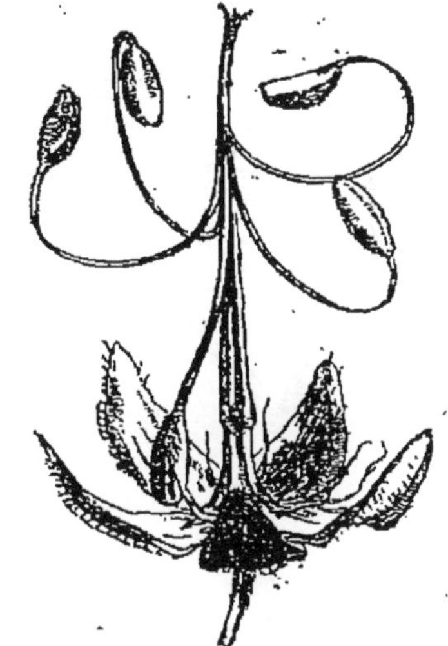

Fig. 279. — Fruit du Géranium se séparant en cinq akènes.

On voit ainsi que la fleur du Géranium a toutes ses pièces disposées par groupes de cinq.

Les feuilles du Géranium sont arrondies ou pentagonales, lobées ou découpées, et exhalent une forte odeur, parfois désagréable, comme dans le Géranium Robert, ou agréable, comme dans le Géranium Rosat.

Caractères des Géraniées. — Le Géranium est le type d'une famille qu'on appelle *Géraniées*, dont les caractères sont les suivants :

Plantes à fleurs ordinairement régulières, à cinq sépales, cinq pétales, souvent dix étamines. Pistil formé de cinq carpelles; fruit s'ouvrant à la maturité par la séparation des carpelles.

Les Géraniées sont des herbes vivaces ou annuelles, quelquefois des arbrisseaux.

Parmi eux nous devons citer : le Géranium sanguin, à grandes fleurs rouges, commun dans les bois siliceux; le Géranium Robert, à fleurs roses, à feuilles exhalant une odeur

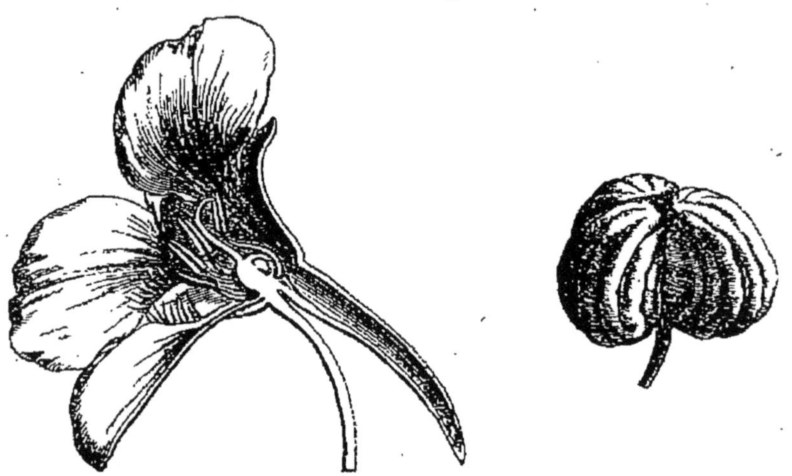

Fig. 280. — Fleur et fruit de la fleur de Capucine.

désagréable : il est très commun dans les champs, les haies, sur les murs ; les Érodiums, qui se distinguent des Géraniums en ce qu'ils n'ont que cinq étamines ; les Pélargoniums, cultivés dans les jardins comme plantes d'ornement, dont la fleur est irrégulière.

Plantes voisines des Géraniées. Tropæolées. — On peut rapprocher des Géraniées : les Capucines (*Tropæolum majus*, fig. 280), caractérisées par leur fleur irrégulière à calice prolongé en un éperon nectarifère, à huit étamines; le fruit est formé par trois akènes qui se séparent comme ceux du Géranium. Les Capucines sont cultivées comme plantes d'ornement: leurs fleurs, leurs fruits à saveur forte sont recherchés comme condiments; les Oxalis, à fleurs blanches ou jaunes, régulières, à feuilles composées de trois folioles, renferment des substances acides qui les font rechercher comme rafraîchissantes; on en mange aussi les tubercules.

Linées. — On rapproche aussi des *Géraniées* le groupe des *Linées*, contenant le Lin, une des plantes industrielles les plus importantes, parce que les fibres de ses tiges donnent le lin, avec lequel on fabrique la toile. Les fleurs du Lin sont semblables à celles du Géranium, mais leur fruit est une capsule qui s'ouvre à son sommet. On extrait des graines du Lin une huile industrielle, employée surtout dans la peinture, parce qu'elle sèche très vite.

Mauve.

Type de la famille des *Malvacées.*

La Mauve à feuilles rondes (*Malva rotundifolia*), très commune dans les champs, nous servira d'exemple.

A la base de chaque fleur (fig. 281), nous trouvons une enveloppe verte, formée par trois bractées soudées : on la nomme *calicule*. Au-dessus se trouve le calice, qui a cinq sépales soudés, puis la corolle, aussi à cinq pétales, mais ces pétales sont soudés tout à fait à leur base, de sorte que, si l'on veut arracher l'un d'eux, on enlève à la fois toute la corolle. Les étamines sont très nombreuses (fig. 282), et leurs filets sont soudés en un tube qui entoure le pistil et le cache complètement; chaque anthère présente une seule loge. En coupant la fleur en long, on aperçoit le pistil, formé par un ovaire aplati en forme de couronne, qui présente au centre une dépression d'où part le style. L'ovaire offre un grand nombre de loges disposées en rayonnant comme les morceaux qu'on découpe dans une couronne.

Le style parcourt le tube formé par les étamines et se

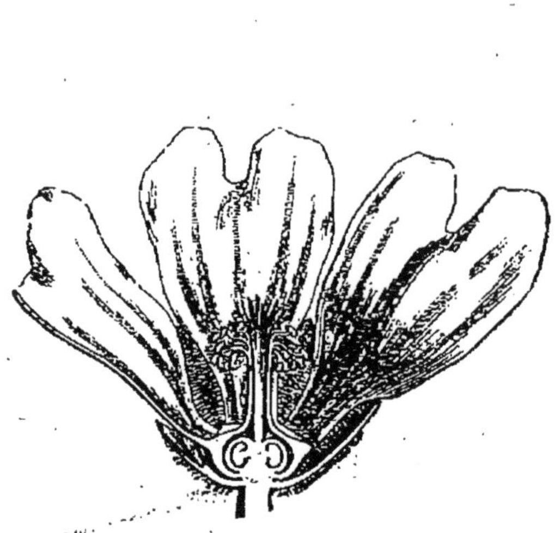

Fig. 281. — Feur de Mauve coupée en long, montrant que les pétales sont attachés, à la base, entre eux et avec les étamines.

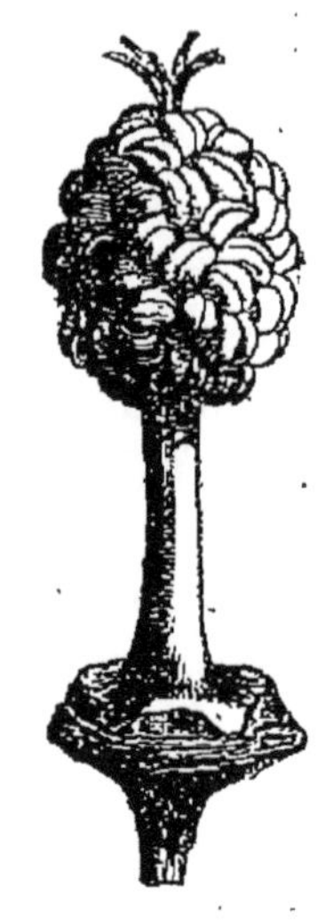

Fig. 282. — Fleur de Mauve dépouillée de ses enveloppes ; elle montre les étamines soudées en un tube qui enveloppe la corolle.

termine par autant de stigmates qu'il y a de loges dans l'ovaire (fig. 282). Quand le fruit est mûr, il se présente sous la forme d'une couronne qui se sépare en autant de fragments qu'il y avait de loges (fig. 283). Dans chaque loge se trouve une graine à embryon courbé.

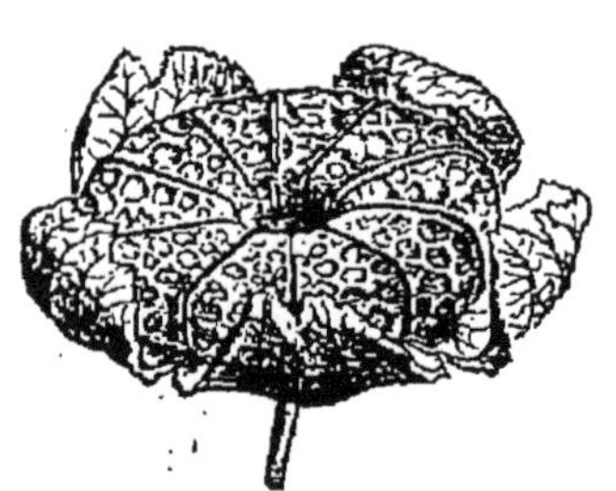

Fig. 283. — Fruit de la Mauve.

La Mauve est une plante à tige herbacée portant des feuilles alternes avec stipules ; les feuilles ont la nervation palmée, et les fleurs sont groupées sur des pédoncules placés à l'aisselle des feuilles.

La Guimauve, la Rose trémière sont semblables à la Mauve. Ces diverses plantes forment la famille des *Malvacées*.

Caractères des Malvacées. — Voici les caractères des Malvacées :

Fig. 284. — Rameau fleuri de Guimauve officinale.

Plantes herbacées ou arborescentes. Feuilles alternes à nervures palmées, avec stipules. Fleurs régulières, calice muni d'un calicule. Cinq pétales un peu soudés à la base. Étamines nombreuses à une seule loge soudées par leurs filets.

Les Malvacées sont des herbes vivaces ou annuelles, quelquefois des arbustes (Cotonnier) ou des arbres (Baobab).

On y distingue, outre les Mauves, la Guimauve (*Althæa officinalis*, fig. 284). Ces plantes sont cultivées dans les jardins, car elles contiennent des substances mucilagineuses qui les font employer comme adoucissantes. Les fleurs de Mauve et les racines de la Guimauve sont utilisées dans ce but.

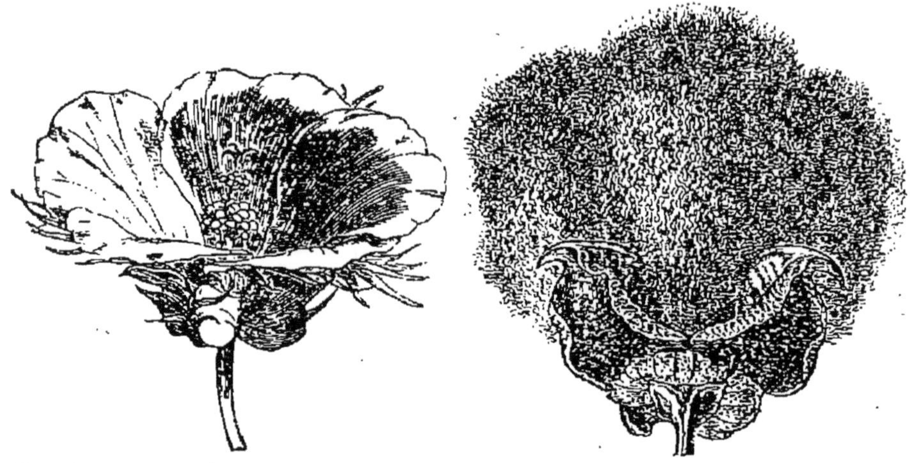

Fig. 285. — Fleur du Cotonnier; fruit s'ouvrant pour laisser échapper les graines.

La Rose trémière (*Althæa rosea*), bien connue dans les jardins, est cultivée comme plante d'ornement.

Les Cotonniers (*Gossypium*, fig. 285) sont des Malvacées importantes, parce qu'elles produisent le coton. Ce sont des plantes herbacées, des arbustes ou des arbres cultivés dans les régions chaudes de l'Asie, de l'Afrique et de l'Amérique pour leurs fruits, qui contiennent des graines couvertes de poils; ce sont ces poils qui forment le coton (fig. 285). Les Baobabs (*Adansonia*) sont des Malvacées arborescentes des régions tropicales, qui atteignent parfois des dimensions considérables. Certains Baobabs de l'Afrique ont un tronc de 25 à 30 mètres de circonférence.

Plantes voisines des Malvacées. — On range au voisinage des Malvacées la famille des *Tiliacées*, qui contient

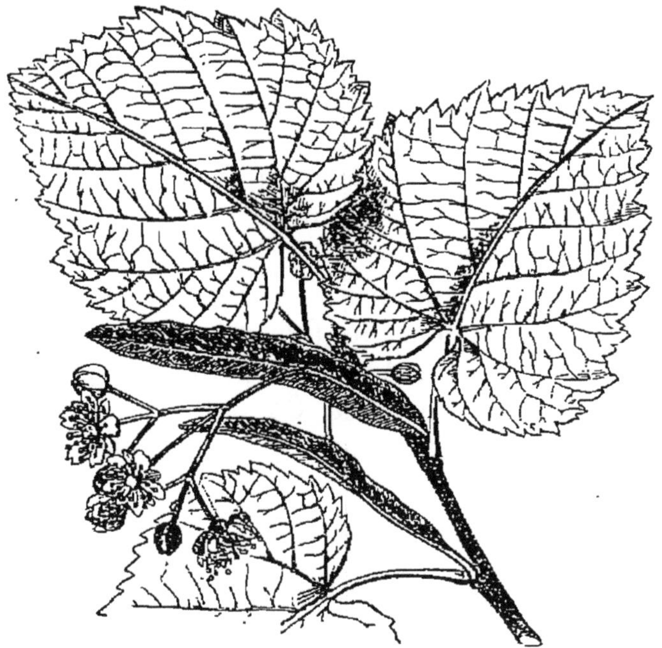

Fig 286 — Rameau fleuri du Tilleul

Fig. 287. — Branche fleurie et fructifiée du Cacaoyer.

les diverses espèces de Tilleuls (fig. 286). Ce sont des arbres très répandus dans les promenades. Les fleurs apparaissent au printemps et sont portées en grand nombre sur un pédoncule attaché au milieu d'une feuille d'un vert pâle constituant une bractée; leur fruit est semblable à celui des Malvacées, mais les étamines sont libres, ce qui les distingue des Mauves.

C'est à une autre famille, les Sterculiées, voisine des Malvacées, qu'appartient le *Cacaoyer* (fig. 287), cultivé en Amérique (Mexique, Antilles) pour ses graines, avec lesquelles on fait le chocolat. On obtient celui-ci en grillant les graines du Cacaoyer et en les mélangeant avec du sucre.

Renoncules, Hellébore, Anémone

Types de la famille des *Renonculacées.*

Renoncule. — Les Renoncules ou Boutons d'or sont des plantes communes dans les champs, les prés, au bord des chemins (fig. 288). La fleur se compose d'un calice à cinq divisions, coloré en jaune, puis d'une corolle à cinq pétales présentant à l'endroit où ils s'attachent une petite poche nectarifère (fig. 289). A l'intérieur des enveloppes, on voit un grand nombre d'étamines dont les anthères s'ouvrent à l'extérieur; ces étamines entourent le pistil, formé par un grand nombre de carpelles distincts. Chaque carpelle est formé d'un ovaire renfermant un seul ovule, et terminé par un style et un stigmate en forme de bec.

Fig. 288. — Rameau fleuri de Renoncule des champs.

Le fruit qui succède à la fleur est formé par des akènes

(fig. 290). Les Renoncules sont des plantes herbacées vi-

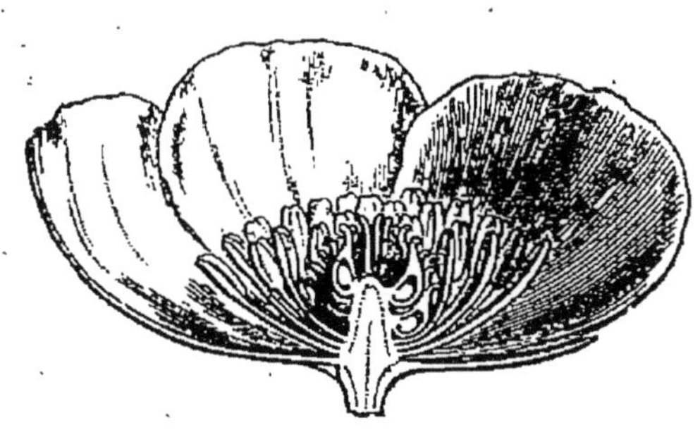

Fig. 289. — Fleur de Renoncule coupée en long.

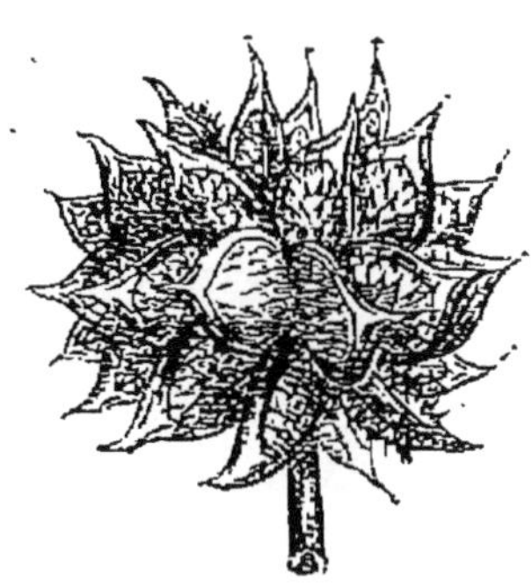

Fig. 290. — Fruit de Renoncule formé par des akènes.

vaces à feuilles, souvent découpées, n'ayant pas de stipules.

Hellébore. — L'Hellébore (*Helleborus fœtidus*, fig. 291) est une des premières plantes qui fleurissent dans l'année. On la trouve déjà en fleurs au mois de février, dans les

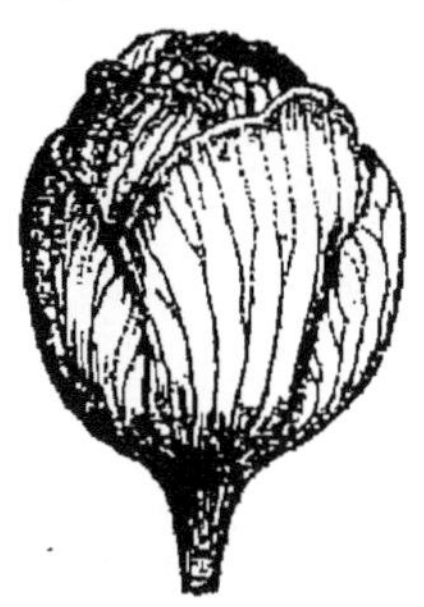

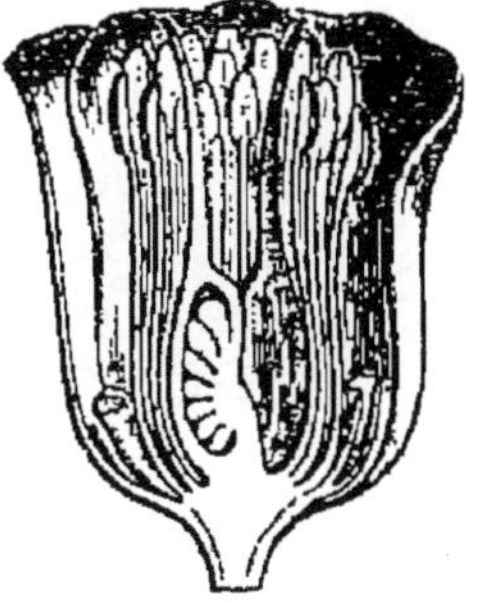

Fig. 291. — Fleur d'Hellébore entière et coupée en long; l'enveloppe est formée par le calice; les pétales sont transformés en cornets renfermant un liquide sucré. On aperçoit à droite un de ces pétales.

champs, au bord des bois. On la reconnaît aisément à ses feuilles qui persistent pendant l'hiver, et à ses fleurs verdâtres, à son odeur fétide. Chaque fleur est formée d'un calice à cinq sépales verts dressés, cachant les étamines et le pistil. La corolle, peu développée, est formée de cinq pétales très petits, moitié plus petits que les sépales, et constituent des cornets renfermant un liquide sucré, le nectar. Les étamines sont disposées comme dans la Renoncule, mais les carpelles sont peu nombreux et souvent ils sont disposés sur une seule rangée; ils contiennent un certain nombre d'ovules. Le fruit est formé par des follicules contenant plusieurs graines et s'ouvrant par une seule fente, en forme de cornets (fig. 292).

Fig. 292. — Fruit d'Hellébore, formé par des follicules.

Anémone. — Si nous étudions l'Anémone sylvie (*Anemone nemorosa*, fig. 293), si commune dans les bois au printemps et qui forme souvent des parterres de fleurs blanches ou roses, nous voyons que sa fleur est

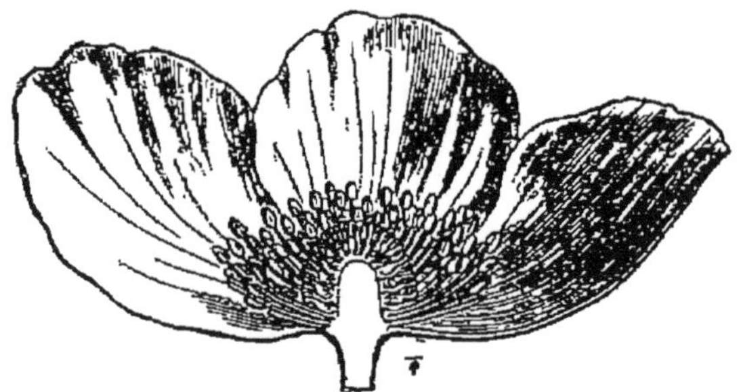

Fig. 293. — Fleur d'Anémone coupée en long; elle n'a pas de corolle, c'est le calice qui est coloré.

semblable à celle de la Renoncule pour la disposition des étamines et du pistil (fig. 293) ; mais elle ne présente qu'une seule enveloppe, qui est constituée par le calice, car la corolle manque. Par la disposition et la forme des fruits, l'Anémone est semblable à la Renoncule, mais elle se rapproche de l'Hellébore à corolle très réduite, puisque cette enveloppe manque chez elle.

Caractères des Renonculacées. — Ces trois plantes ont

des feuilles généralement découpées, alternes, dépourvues de stipules; elles renferment des substances âcres, souvent

Fig. 294. — Pied d'Anémone sylvie.

vénéneuses, et il est dangereux de porter à sa bouche une fleur de Renoncule ou d'Hellébore. En tenant compte des ressemblances qu'offrent ces plantes, on peut les grouper dans une même famille, les *Renonculacées*, dont on peut résumer les caractères de la manière suivante :

Plantes ordinairement herbacées, à feuilles souvent alternes, sans stipules, renfermant des sucs âcres et vénéneux. Fleurs ayant des étamines nombreuses, à loges s'ouvrant vers l'extérieur. Carpelles ordinairement libres. Graines pourvues d'albumen.

Les exemples que nous avons choisis pour faire connaître les caractères des plantes de cette famille nous montrent qu'il existe de nombreuses différences entre elles. Ces différences ont permis d'établir plusieurs tribus dans la famille.

Division des Renonculacées. — 1° Les *Renoncules* à fleurs composées d'un calice et d'une corolle, à carpelles nombreux se transformant en akènes terminés par un bec, constituent une première tribu, à laquelle appartiennent aussi les Ficaires.

2° Les *Anémones*, souvent dépourvues de corolle, ayant aussi des akènes, forment une seconde tribu, où l'on peut signaler l'Anémone hépatique à jolies fleurs bleues, l'Anémone sylvie et l'Anémone pulsatile.

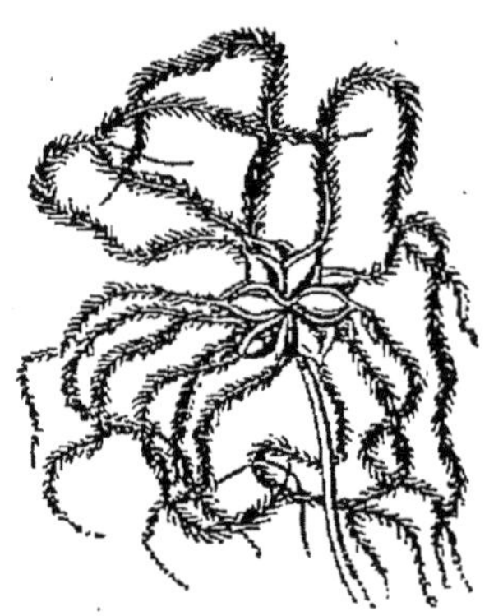

Fig. 295. — Fruit de la Clématite, formé par des akènes plumeux.

3° Les *Clématites*, sans corolle, munies d'un calice à quatre pétales, ayant des akènes plumeux (fig. 295), se distinguent surtout des autres Renonculacées en ce que leurs feuilles sont opposées. La Clématite des haies (*Clematis vitalba*) est la plus répandue.

4° Les *Hellébores*, à corolle souvent réduite à de petits cornets remplis de nectar, se reconnaissent surtout à leurs fruits, constitués par des follicules renfermant plusieurs graines et s'ouvrant en cornet.

A côté de plantes à fleurs régulières, comme l'Hellébore

et la Nigelle des champs, cette tribu renferme des plantes à fleurs irrégulières, comme les Pieds-d'alouette, ayant un éperon formé par un sépale et deux pétales, l'Ancolie (*Aquilegia vulgaris*) à pétales transformés en cornets terminés par un éperon (fig. 297) et surtout l'Aconit. La fleur d'Aconit Napel (*Aconitum Napellus*) est formée par un calice coloré

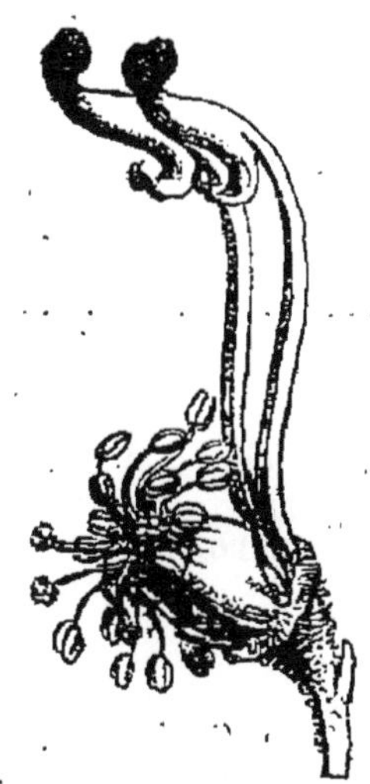

Fig. 296. — Fleur d'Aconit entière et dépouillée de son calice; cette dernière montre deux des pétales transformés en nectaires.

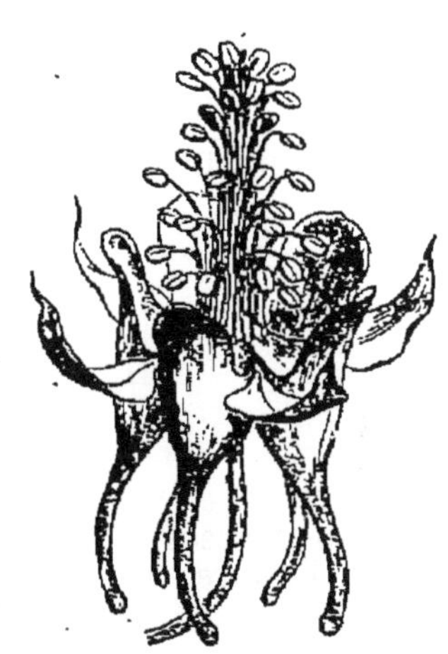

Fig. 297. — Fleur d'Ancolie. Chaque pétale est transformé en cornet.

en bleu, irrégulier (fig. 296); le sépale supérieur forme une sorte de capuchon recouvrant deux pétales transformés en nectaires, tandis que les trois pétales inférieurs sont très étroits et souvent transformés en étamines.

5° Enfin les *Pivoines*, si fréquentes dans les jardins, ont la corolle formée de pétales parfois très développés; leurs fruits sont des follicules souvent charnus.

Les Renonculacées sont surtout des plantes d'ornement; on cultive notamment les Ancolies, les Pieds-d'alouette, les Anémones, les Clématites, les Pivoines. Toutes les Renonculacées sont dangereuses par les principes âcres qu'elles renferment, et quelques-unes, comme l'Aconit, doivent à ces substances leur emploi en médecine.

Tableau des principales familles de Dialypétales.

Ovaire adhérent. Étamines fixées sur l'ovaire.	Étamines et pistil séparés.			*Cucurbitacées*
	Étamines et pistil réunis.	Fleurs en grappe ou en cyme.	Herbes, fruit sec, capsule.	*Saxifragées.*
			Arbustes, fruit charnu. Baie.	*Ribésiacées.*
		Fleurs en ombelles	Fruit sec.	*Ombellifères*
			Baie.	*Araliacées.*
Ovaire tantôt libre, tantôt adhérent. Étamines fixées sur le calice.				*Rosacées.*
Ovaire libre. Étamines fixées sous l'ovaire.	Fruit à une loge. Graines attachées aux parois.		Gousse.	*Papilionacées.*
			Capsule en trois valves.	*Violariées.*
			Capsule s'ouvrant par des trous. Nombreuses étamines.	*Papavéracées.*
			Silique.	*Crucifères.*
	Fruit à une loge. Graines fixées au centre.			*Caryophyllées*
	Fruit à plusieurs loges.		Étamines libres.	*Géraniées.*
			Étamines soudées.	*Malvacées.*
	Fruit multiple. Akènes ou follicules.			*Renonculacées.*

CHAPITRE IV

DICOTYLEDONES APÉTALES.

Plantes à fleurs petites, dépourvues de périanthe, ou n'ayant ordinairement qu'une seule enveloppe florale.

Exemples : *Chêne*, *Oseille*, *Ortie*.

Parmi ces plantes, les unes, comme le Chêne, le Chanvre, ont des étamines et des pistils séparés dans des fleurs différentes ; d'autres, comme l'Oseille, ont ordinairement les fleurs complètes ; les étamines et le pistil sont réunis dans la même enveloppe.

Fig. 298. — Fleurs à étamines du Chêne disposées en chatons.

Parmi les premières, il en est, comme le Chêne, le Noisetier, dont les fleurs à étamines sont groupées en grand nombre et forment des épis appelés *chatons* (fig. 298). Les graines de ces plantes sont dépourvues d'albumen, l'embryon remplissant toute la graine. Le périanthe est toujours réduit à des bractées.

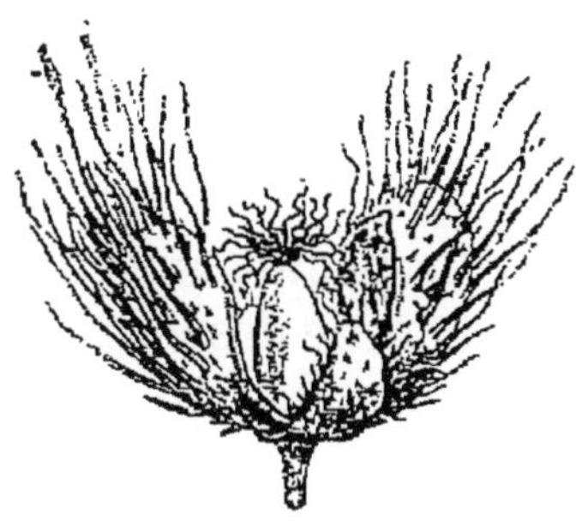

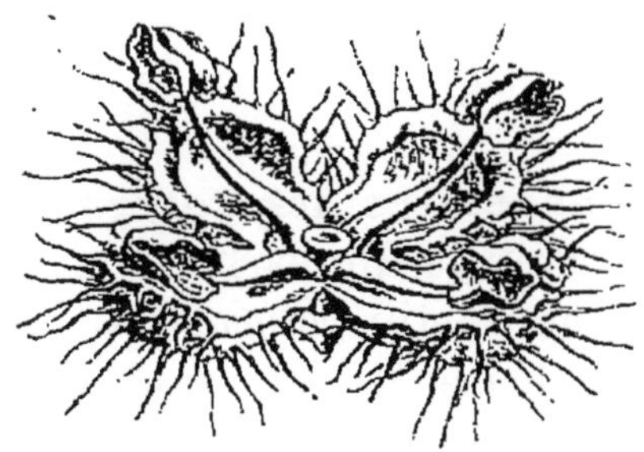

Fig. 299. — Fleurs de l'Ortie : à gauche, fleur à pistil ; à droite, fleur à étamines.

Au contraire, dans l'Ortie les fleurs à étamines et à pistil sont entourées d'un périanthe, et les graines sont pourvues d'un albumen (fig. 299).

On peut alors, d'après cela, grouper les familles les plus importantes de la série des Apétales de la manière suivante :

Fleurs à étamines et à pistil réunis ...		Oseille.	*Polygonées.*
		Épinard.	*Chénopodées.*
Fleurs à étamines et fleurs à pistils séparés.	Avec périanthe.	Ortie.	*Urticées.*
		Mercuriale.	*Euphorbiacées.*
	Sans périanthe.	Chêne.	*Amentacées.*

Oseille.

Type de la famille des *Polygonées*.

Examinons les fleurs de l'Oseille commune. Elles sont petites, vertes, et très nombreuses, disposées en épis sur des rameaux grêles (fig. 300). Chaque fleur se compose d'un périanthe, formé de six écailles disposées trois par trois ; ces écailles entourent les étamines, au nombre de six. Au centre se trouve l'ovaire, piriforme, portant à son sommet trois stigmates étoilés (fig. 301). Quand l'ovaire se transforme en fruit, il prend une forme pyramidale, et trois des pièces du périanthe s'ouvrent et développent des lames saillantes qui favorisent la dissémination de la graine qu'il contient. Ces lames sont généralement colorées en rouge à la maturité.

L'Oseille a des feuilles dépourvues de pétiole et dont la base élargie embrasse la tige.

Caractères des Polygonées. — Cette plante, ainsi que le Sarrasin, la Rhubarbe, appartient à la famille des *Polygonées* (du nom latin *polygonum*, donné au Sarrasin), qu'on peut caractériser de la manière suivante :

Plantes ayant un périanthe à quatre ou six pièces; fleurs contenant ordinairement à la fois les étamines et le pistil. Pistil formé d'un ovaire libre, à une seule loge, terminée par deux ou trois stigmates. Fruit à trois angles.

Les Polygonées fournissent des plantes alimentaires. Ainsi les feuilles des Rumex (Oseille), des Patiences, les graines du Sarrasin, sont employées dans l'alimentation. Les rhi-

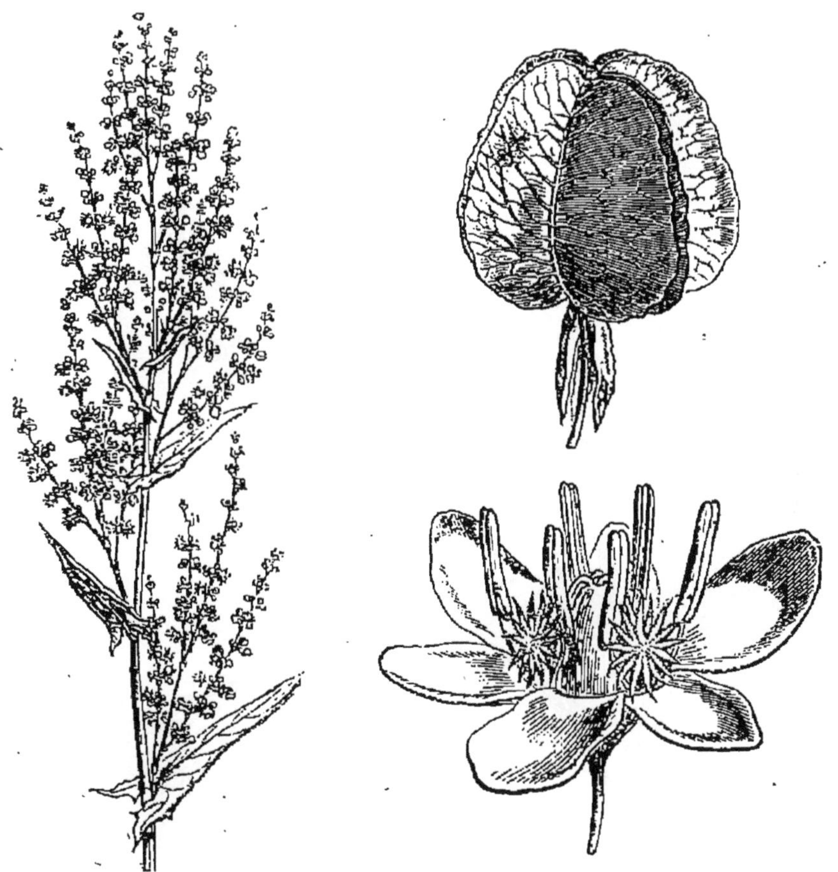

Fig. 300. — Branche fleurie d'Oseille : la partie supérieure porte des fleurs ; la partie inférieure porte des fruits.

Fig. 301. — Fleur et fruit *très grossis* de l'Oseille. Le fruit est enveloppé par trois pièces du périanthe.

zomes de la Rhubarbe ou Patience sont employés en médecine.

On reconnaît le Sarrasin à son fruit non ailé et à son périanthe à cinq folioles (fig. 302, 303). Le Sarrasin est souvent appelé Blé noir, quoiqu'il n'ait aucune ressemblance avec le Blé.

Les feuilles de beaucoup de Rumex contiennent une

grande quantité d'acide oxalique combiné à la potasse et formant ce qu'on appelle l'oxalate de potasse ou sel d'oseille. Outre l'emploi de ses feuilles dans l'alimentation,

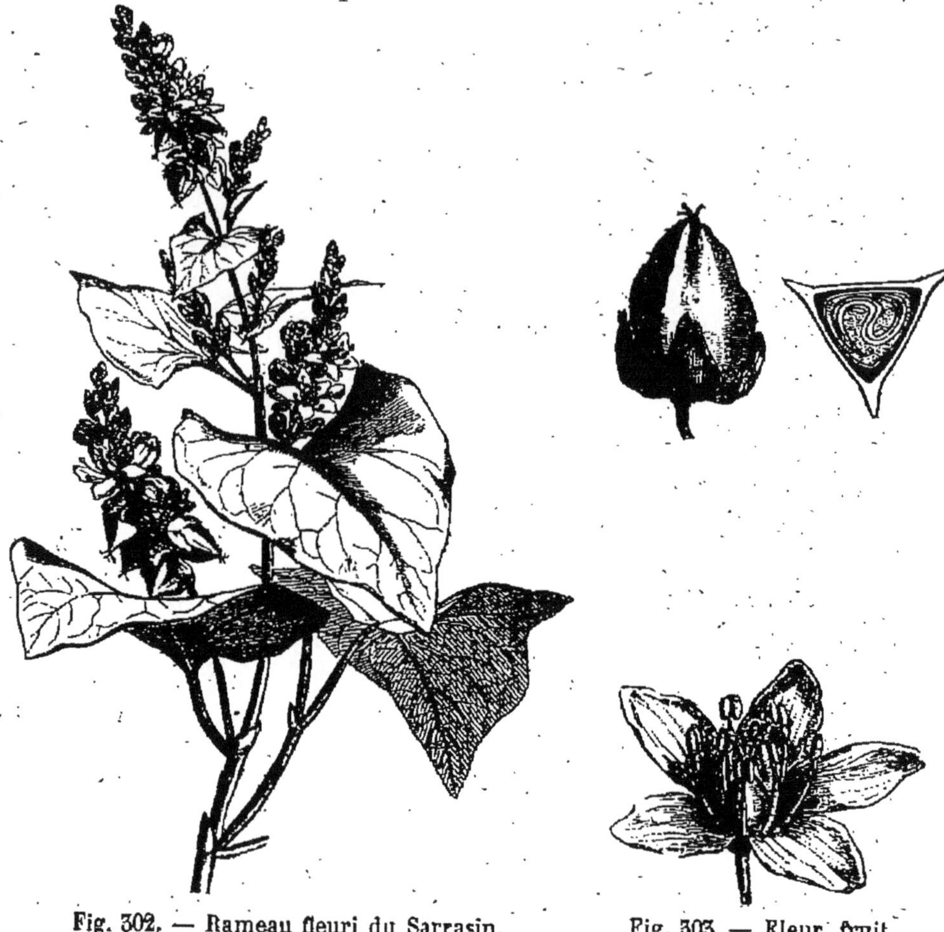

Fig. 302. — Rameau fleuri du Sarrasin.

Fig. 303. — Fleur, fruit et graine du Sarrasin.

l'Oseille peut servir à préparer le sel d'oseille, employé pour enlever les taches d'encre.

Les graines broyées du Sarrasin (*Polygonum fagopyrum*) donnent une farine employée dans quelques contrées pour l'alimentation de l'homme. Cette plante vient bien dans les régions où le climat est uniforme et réussit dans tous les terrains médiocres où il est impossible de cultiver le Blé. Aussi est-elle d'une grande ressource en Bretagne, dans le Morvan, en Flandre.

Famille voisine des Polygonées. — Chénopodées. — On rapproche de la famille précédente celle des *Chénopodées*, dont le type est la Betterave.

Les Chénopodées sont des herbes à feuilles dépourvues

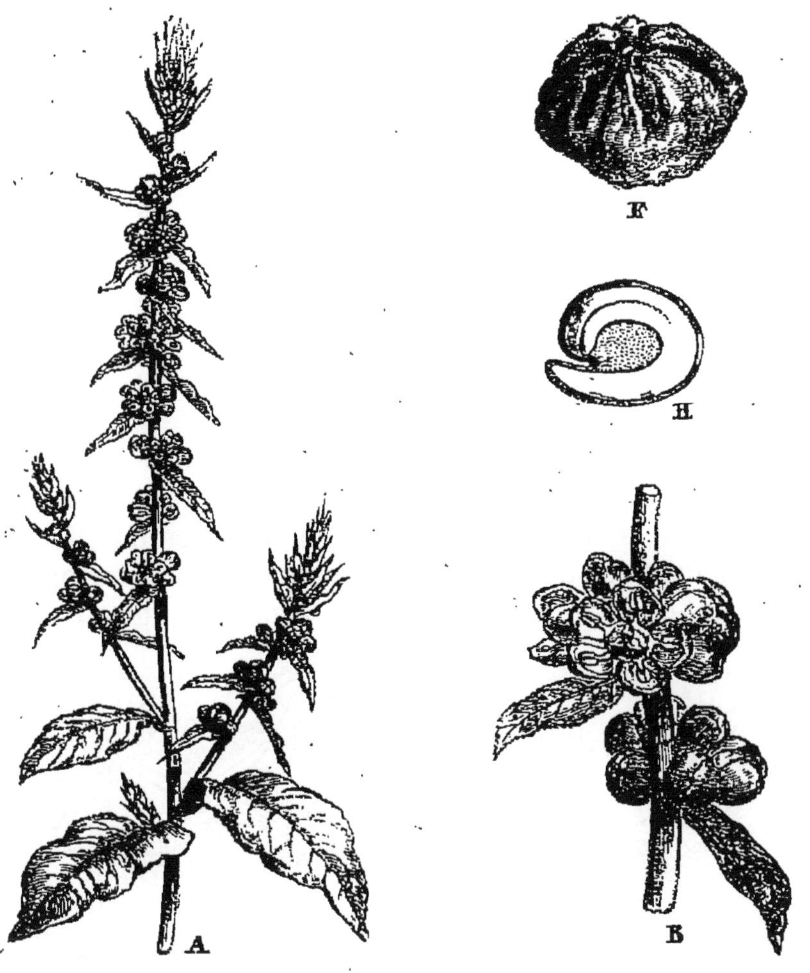

Fig. 304. — Rameau fleuri de la Betterave.

Fig. 305. — Fleur, fruit et graine de Betterave; le fruit est globuleux.

de stipules, à périanthe possédant cinq divisions, ayant cinq étamines. Le fruit se distingue de celui des Polygonées en ce qu'il est globuleux (fig. 305) au lieu d'être à trois angles

La *Betterave* est cultivée pour sa racine, dans laquelle s'accumulent, à l'état de sucre, les aliments destinés à nourrir la plante pendant la seconde année de son développement; c'est de la racine devenue charnue que l'on extrait le sucre ordinaire. On cultive la Betterave surtout dans le nord de la France.

A la famille des Chénopodées appartiennent les Épinards, dont les feuilles sont comestibles après la cuisson, et un certain nombre de plantes vivant habituellement dans les régions de salines ou au bord de la mer, telles que les Salicornes, les Atriplex, etc. Les feuilles de Salicorne confites dans le vinaigre sont comestibles.

Ortie.

Type de la famille des *Urticées*.

Ces plantes, si communes au voisinage des habitations, sont des herbes qui peuvent atteindre 1 mètre et 1^{m},50 de hauteur. Elles ont des fleurs extrêmement petites, les unes ne contenant que des étamines, les autres ne renfermant que le pistil. Le périanthe est toujours formé de quatre écailles;

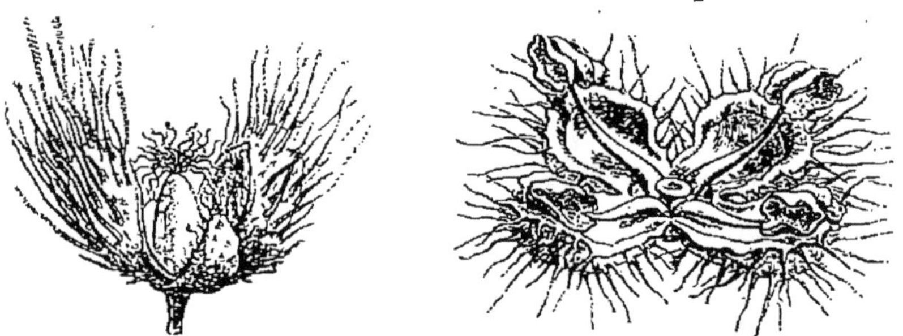

Fig. 306. — Fleurs de l'Ortie : à gauche, fleur à pistil; à droite, fleur à étamines.

dans les premières il enveloppe quatre étamines, et contient dans les secondes un pistil dont l'ovaire renferme un seul ovule (fig. 306).

Les Orties sont en outre caractérisées par les poils dont leurs feuilles sont munies; ces poils contiennent un liquide irritant, et leur piqûre provoque l'apparition de boutons.

Caractères des Urticées. — Elles forment la famille des *Urticées* (du nom latin *urtica*, donné à l'Ortie), dont on peut résumer ainsi les caractères :

Plantes pourvues d'un périanthe, à fleurs dont les étamines et le pistil sont souvent séparés, non disposées en chatons; ovaire à une loge, à une seule graine.

C'est à cette famille qu'appartient la Pariétaire, commune dans nos pays sur les murs (fig. 307). Elle est reconnaissable

Fig. 307. — Rameau fleuri de Pariétaire et fleur isolée montrant son étamine qui vient de s'ouvrir.

à ses glomérules de petites fleurs placées à l'aisselle des feuilles, dans lesquelles on voit les étamines s'ouvrir en se détendant brusquement comme un ressort et en projetant le pollen sous l'aspect d'un petit nuage; les étamines et le pistil sont réunis dans les fleurs.

Les Orties sont souvent encore employées comme plantes textiles, à cause des fibres que renferme leur tige. Mais à ce point de vue c'est une Urticée de Chine, le Ramié (*Bœhmeria nivea*, fig. 307), qui jouit maintenant d'une grande renommée en Europe, dans l'Inde et en Amérique. Cette plante, introduite depuis une trentaine d'années dans le midi de la France, était connue depuis un certain temps comme une importante plante textile, car ses fibres sont plus résistantes que celles du Chanvre et possèdent souvent la flexibilité de la soie. A cause de leurs poils irritants les Orties sont parfois employées en médecine; on prétend que la piqûre

Fig. 308. — Rameau fleuri d'Ortie de Chine ou Ramié.

de certaines espèces des pays chauds peut produire des douleurs qui durent plusieurs jours, qu'elle provoque de la fièvre et même la mort.

Familles voisines des Urticées. — Cannabinées. —

C'est du groupe des Urticées que l'on rapproche le Chanvre et le Houblon, qui constituent la petite famille des *Cannabinées*. Le Chanvre (*Cannabis sativa*, fig. 309) est cultivé dans beaucoup de contrées de la France. Dans un champ de Chanvre on peut, au commencement d'août, distinguer des pieds portant les fleurs à étamines, et d'autres portant des fleurs à pistil. Les premières (fig. 310) sont composées d'un périanthe à cinq divisions entourant cinq étamines; les

Fig. 309. — Pieds de Chanvre ayant à gauche les fleurs à étamines; à droite, les fleurs à pistil.

fleurs à pistil (fig. 309, 310) sont enveloppées de bractées et présentent un ovaire à une seule loge, renfermant un ovule, et terminé par deux stigmates.

Le Chanvre est cultivé pour sa graine, qui constitue le Chènevis, dont on retire une huile industrielle, et surtout pour sa tige, qui contient des fibres susceptibles d'être tissées.

Le Houblon (*Humulus lupulus*, fig. 311), caractérisé par sa tige grimpante qui s'enroule autour des perches que l'on plante dans les houblonnières, est cultivé pour les *cônes* que forment les fleurs à pistil quand elles sont transformées en fruits. Ces cônes sont couverts d'une poussière jaune odorante, avec laquelle on aromatise la *bière*.

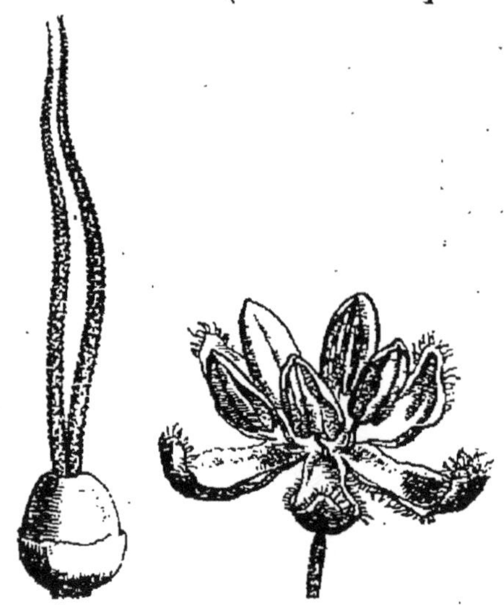

Fig. 310. — Chanvre; fleur à étamine et fleur à pistil.

Ulmacées. — C'est encore aux Urticées que se rattache la famille des *Ulmacées*, qui comprend les Ormes, arbres de nos promenades, à feuilles alternes,

Fig. 311. — Branche de Houblon portant des cônes.

distiques, dont les fleurs apparaissent avant les feuilles (fig. 312) et dont les fruits sont ailés.

Il existe plusieurs espèces d'Ormes : la plus importante est l'Orme champêtre, planté sur les routes et les promenades. Le bois de l'Orme, coloré en rouge, est très estimé à cause de sa dureté et de sa facile conservation ; on l'emploie pour les constructions qui doivent résister à l'humidité et dans le charronnage.

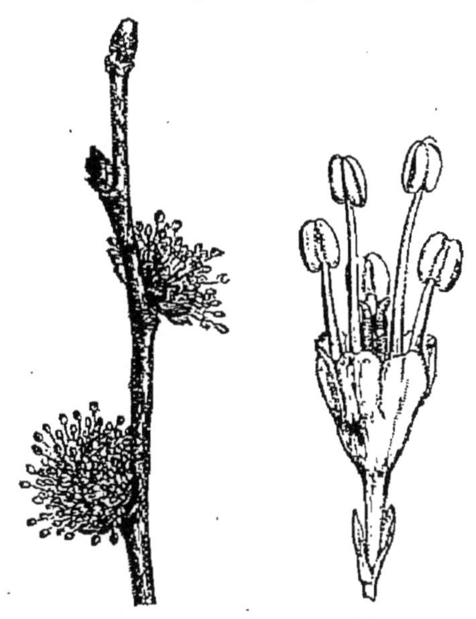

Fig. 312. — Rameau fleuri d'Orme et fleur isolée.

Morées. — Enfin, la famille des *Morées* se rapproche des Urticées. Elle contient le Mûrier blanc, originaire de Chine, cultivé en Europe depuis le quinzième siècle, parce que ses feuilles servent de nourriture aux vers à soie. Le bois de Mûrier blanc, semblable à celui de l'Acacia, est fort employé en ébénisterie. Le Figuier (*Ficus carica*), cultivé pour ses fruits, appartient aussi à cette famille.

Mercuriale.

Type de la famille des *Euphorbiacées.*

La Mercuriale annuelle (*Mercurialis annua*) est une mauvaise herbe, très commune dans les terrains incultes, qui fleurit pendant tout l'été.

Si nous examinons en été un pied de cette plante (fig. 314), nous voyons qu'à l'aisselle des feuilles opposées se trouvent des rameaux grêles portant sur toute leur longueur des bouquets de fleurs à étamines ; chacune d'elles se compose de trois petites lames entourant un certain nombre d'étamines (fig. 315). On ne trouve pas d'autres fleurs que les fleurs à étamines, car la Mercuriale est une plante dioïque; les fleurs à pistil se rencontrent sur d'autres pieds (fig. 313). Chacune d'elles (fig. 315) se compose de trois lames entourant un ovaire à deux loges, terminé par un stigmate bifurqué. A la maturité, le fruit se fend en quatre parties et met en liberté les graines. Dans une coupe en long de celle-ci, on aperçoit l'embryon entouré d'un albumen.

Les Euphorbes, plantes à suc laiteux, communes dans les

Fig. 313. — Pied de Mercuriale annuelle portant des fleurs à pistil.

bois ou les champs, se distinguent de la Mercuriale par leurs fleurs monoïques, disposées en groupes formés d'une fleur à pistil portée par un pédoncule assez long, entourée d'un certain nombre de fleurs à étamines. Le pistil présente (fig. 316) un ovaire à trois loges, terminé par trois stigmates.

Caractères des Euphorbiacées. — Les Mercuriales, les Euphorbes forment la famille des *Euphorbiacées*, dont les caractères sont :

Plantes à fleurs non disposées en chatons, pourvues d'un périanthe; ovaire à deux ou trois loges.

Les Euphorbiacées sont des herbes annuelles ou vivaces dans nos pays, telles que les Mercuriales, les Euphorbes et les Callitriches, ces dernières communes dans les mares; mais dans les pays chauds les Euphorbiacées constituent des arbres.

Les Euphorbes, qui se distinguent par leur fruit à trois

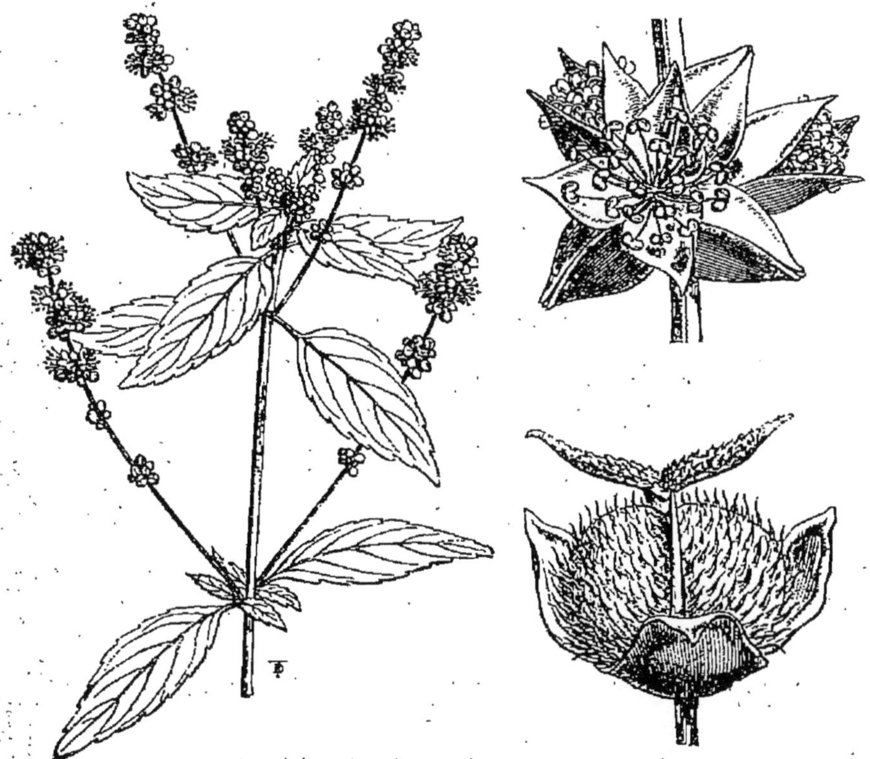

Fig. 314. — Pied de Mercuriale annuelle portant des fleurs à étamines.

Fig. 315. — Fleurs de Mercuriale isolées: en haut, fleur à étamines; en bas, fleur à pistil

loges, laissent échapper, quand on coupe une feuille, une tige ou une racine, un liquide blanc, appelé *latex* ou *lait*, très irritant, et constituant un poison violent.

Le latex de certaines Euphorbes des pays chauds, telles que le Mancenillier, est assez irritant pour provoquer sur la peau des brûlures et des ulcères; il sert à empoisonner les flèches de chasse. Le fruit des Euphorbes constitue aussi un poison violent.

Le Ricin, cultivé chez nous comme plante d'ornement, appartient aussi à cette famille. C'est une plante annuelle dans notre climat, mais elle devient vivace et même ligneuse dans certaines régions chaudes. Elle est reconnaissable à ses feuilles palmées, à ses fleurs formées par des étamines à filets

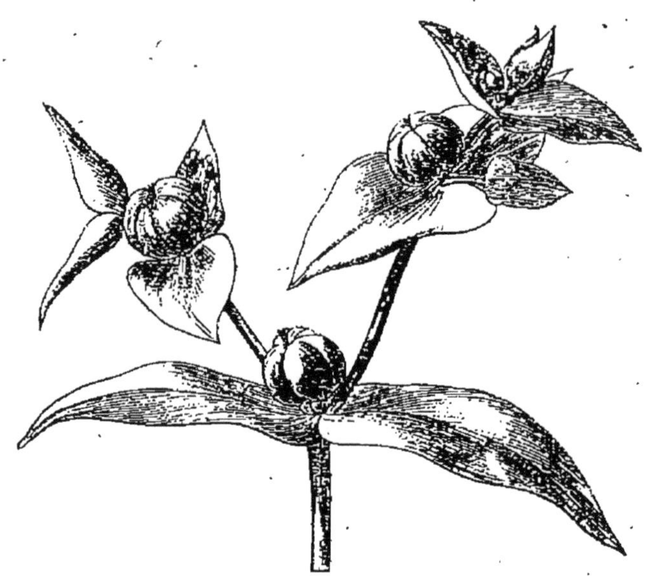

Fig. 316. — Euphorbe montrant ses fruits à trois loges.

ramifiés. La graine du Ricin fournit l'*huile de ricin*, employée comme purgatif.

Le latex solidifié de certaines Euphorbiacées, notamment de l'*Hevea guianensis*, fournit la plus grande partie du caoutchouc employé dans le commerce. Cette matière s'obtient en produisant des incisions sur la tige ; le latex blanc qui s'échappe est solidifié par une douce chaleur. Il est ordinairement coloré en noir par la fumée et forme le caoutchouc brut.

On consomme sous le nom de Tapioca la fécule retirée des rhizomes de certaines Euphorbiacées du Brésil, telles que les Maniocs (Manihot), après qu'on a enlevé le principe vénéneux qu'ils renferment.

On rapproche des Euphorbiacées, les *Bixées*, comprenant le Buis, cultivé en bordure dans les jardins et fournissant un bois compact et très fin, employé pour la gravure sur bois.

Chêne.

Type du groupe des *Amentacées*.

Examinons un Chêne au printemps : nous verrons sur cer-

Fig. 317. — Rameau de Chêne pédonculé portant des chatons de fleurs à étamines qui s'épanouissent en même temps que les feuilles.

taines branches, au milieu des bourgeons à moitié ouverts, des filaments très grêles portant sur leur longueur des fleurs à étamines (fig. 317).

Ces fleurs s'ouvrent graduellement à partir de la base du filament, et chacune d'elles se compose d'un certain nombre de petites écailles (six ou huit), contenant six à dix étamines à filet très grêle; ces filaments constituent ce qu'on appelle des chatons. Les fleurs à étamines sont placées le long des rameaux et apparaissent les premières quand les bourgeons s'épanouissent.

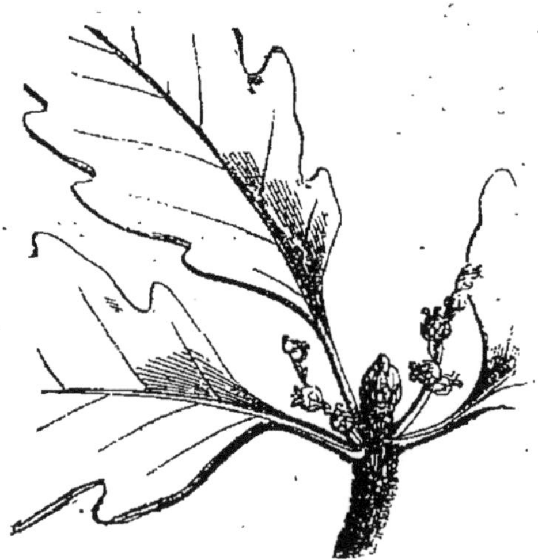

Fig. 318. — Rameau de Chêne pédonculé portant des fleurs à pistil qui apparaissent quand les feuilles sont épanouies.

Quelques jours plus tard on aperçoit au sommet des rameaux et à l'aisselle des feuilles une deuxième sorte de fleurs: ce sont les fleurs à pistil (fig. 318). Ces fleurs sont disposées en épis plus ou moins allongés; chacune d'elles est enveloppée d'un grand nombre d'écailles, formant ce qu'on appelle la *cupule* (fig. 319).

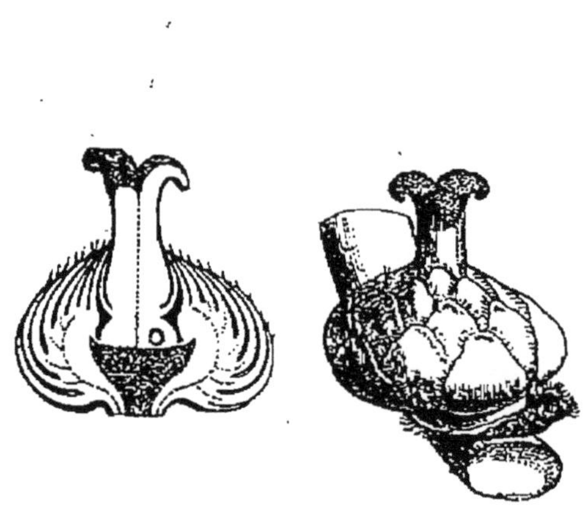

Fig. 319. — Chêne; fleurs à pistil, l'une entière, l'autre coupée en long; ces fleurs sont entourées d'écailles formant la cupule.

Fig. 320. — Fruit du Chêne, ou gland, entouré à la base par la cupule.

Au centre se trouve le pistil, constitué par un ovaire à trois loges, contenant chacune deux ovules; cet ovaire est terminé par un style surmonté de trois stigmates.

Au bout de peu de temps, quand le pollen est déposé sur les fleurs à pistil, les chatons se dessèchent et tombent, et le pistil se transforme en un fruit sec contenant une seule graine, car tous les ovules avortent, sauf un. Le fruit, entouré à la base par la cupule des fleurs, qui grossit en même temps que lui, constitue le *gland* (fig. 320).

La graine est exactement remplie par l'embryon, dont les deux cotylédons sont charnus.

Les feuilles du Chêne sont alternes, lobées ou crénelées et pourvues de stipules; le tronc peut acquérir une épaisseur considérable et une hauteur de 40 à 50 mètres.

Par ses fleurs à étamines disposées en chatons, le Chêne est le type d'un groupe de plantes qu'on appelle *Amentacées* (du nom latin *amentum*, donné au chaton).

Caractères des Amentacées. — Ce groupe est caractérisé de la manière suivante :

Apétales dont les fleurs à étamines sont disposées en chatons, toujours arborescents.

Division des Amentacées en familles. — Les Amentacées renferment des plantes assez différentes pour qu'on puisse y distinguer plusieurs familles :

Cupulifères, type : Chêne;
Juglandées, type : Noyer;
Bétulinées, type : Bouleau;
Salicinées, type : Saule.

Chêne. — Type de la famille des *Cupulifères*. — La description du Chêne, que nous avons donnée plus haut, nous permet d'indiquer de la manière suivante les caractères des Cupulifères.

Feuilles alternes avec stipules. Fleurs à pistil entourées d'écailles formant la cupule; ovaire à trois loges, contenant chacune deux ovules. Une seule graine par avortement. Fruit entouré par la cupule.

Cette famille renferme, avec le Chêne, un certain nombre d'arbres de nos forêts, tels que le Châtaignier, le Noisetier, le Charme, le Hêtre.

Le Chêne est un arbre de haute taille qui, dans les forêts

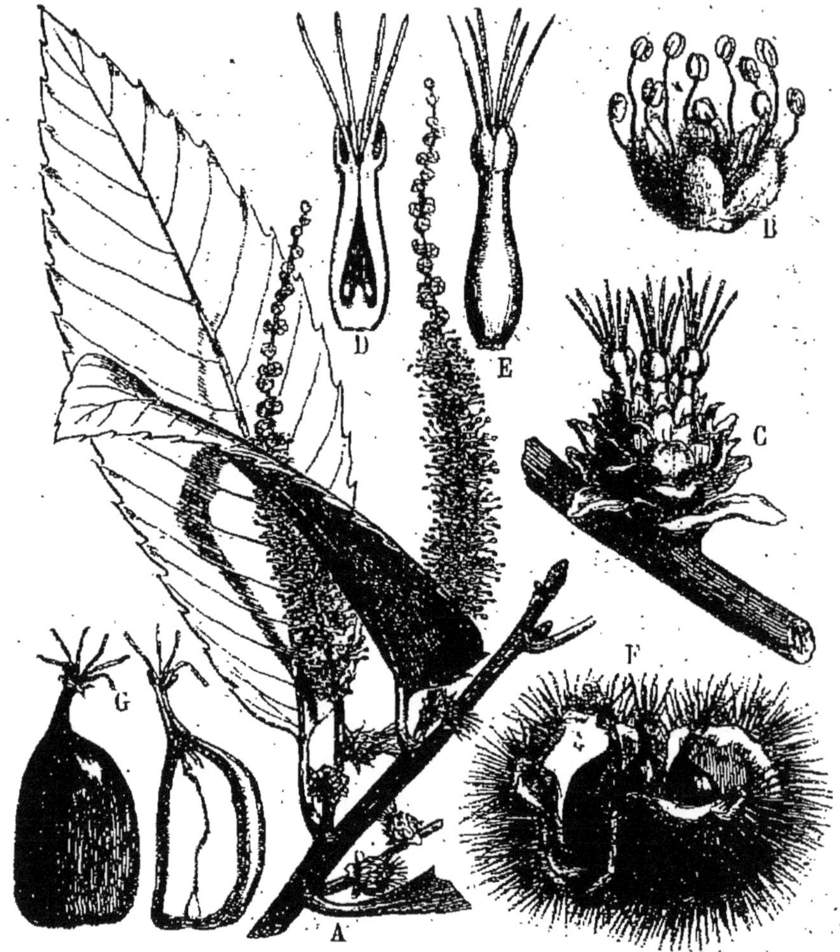

Fig. 321.— Châtaignier (*Castanea*) : A, rameau feuillé portant des épis de fleurs; les fleurs à étamines occupent presque toute la longueur de l'épi ; les fleurs à pistil sont peu nombreuses; B, fleur à étamine isolée ; C, groupe de trois fleurs à pistil entourées de bractées formant la cupule ; D, E, fleur à pistil isolée ; F, fruits enveloppés par la cupule couverte d'épines; G, fruit isolé entier et coupé en long.

exploitées en futaies, peut atteindre 35 à 40 mètres de hauteur. Les deux espèces qu'on rencontre habituellement en

France sont le Chêne pédonculé (*Quercus pedunculata*), dont les fleurs à pistil sont pédonculées, à feuilles presque sessiles, et le Chêne rouvre (*Quercus sessiliflora*), dont les fleurs à pistil sont portées par un très court pédoncule, et dont les feuilles sont pétiolées. Le Chêne fournit l'un des bois de construction et de chauffage les plus estimés; on enlève souvent son écorce pour faire du tannin qui sert à la préparation des peaux

Dans le midi de la France et en Algérie, il existe une variété de Chêne appelée Chêne-liège (*Quercus suber*), dont

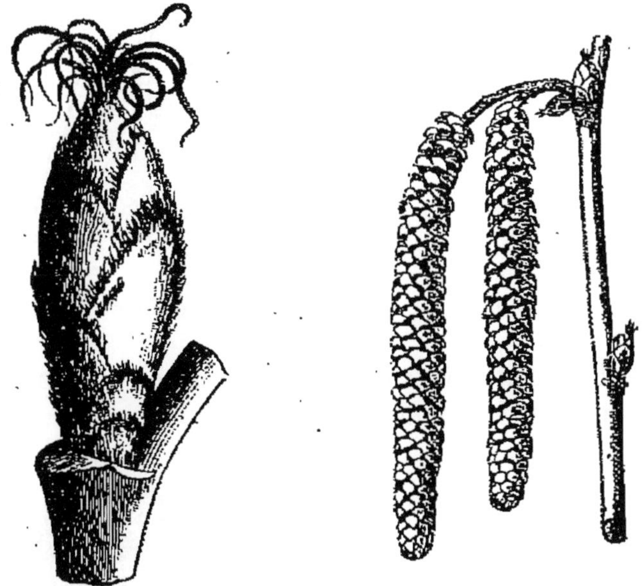

Fig. 322. — Chatons de Noisetier formant à droite les fleurs à étamines ; à gauche la fleur à pistil.

l'écorce, atteignant une grande épaisseur, est exploitée sous le nom de Liège.

Le Châtaignier (*Castanea vulgaris*) est un grand arbre, d'une hauteur de 30 mètres environ, qui vient dans les terrains siliceux de l'Europe méridionale (fig. 321); il a des feuilles longues, lancéolées, et porte des chatons de fleurs à étamines très longs, chaque fleur portant cinq à dix étamines entourées d'un périanthe à six divisions. Les fleurs à pistil sont peu nombreuses, groupées par trois; chaque fleur est formée par un ovaire à six ou huit loges biovulées, mais ne développe qu'un fruit. Les bractées qui enveloppent chaque groupe se couvrent de piquants, pendant que l'ovaire se transforme en un fruit constituant la *châtaigne;*

Fig. 323. — Branche de Hêtre portant des fleurs à étamines.

il y a ordinairement trois châtaignes enveloppées dans la même cupule hérissée de piquants.

Fig. 324. — Hêtre : fleur à pistil isolée et fruits enveloppés par la cupule hérissée de piquants.

Le Châtaignier est commun en Provence, dans le plateau central de l'Auvergne; on cultive dans ces pays une variété de cet arbre pour son fruit, appelé *marron*, qui est isolé dans la cupule.

Le Noisetier ou Coudrier (*Corylus avellana*) fleurit le premier au printemps, avant que ses feuilles soient développées. Les fleurs forment des chatons pendants (fig. 322); chacune d'elles est formée par une bractée portant plusieurs étamines. Les fleurs à étamines, isolées, sont situées au sommet de petits bourgeons dont les écailles laissent échapper un bouquet de stigmates rouges.

Le Hêtre (*Fagus sylvatica*, fig. 323, 324) est aussi un grand

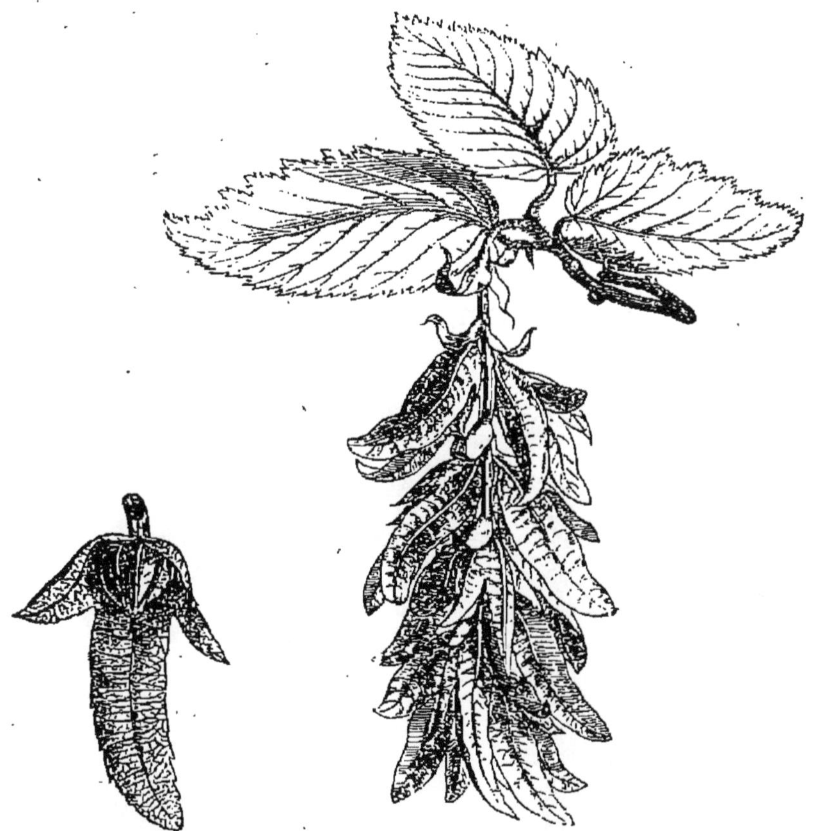

Fig. 325. — Charme. Rameau portant une grappe de fruits et fruit isolé montrant la cupule trilobée qui l'enveloppe.

arbre de nos forêts, reconnaissable à son écorce lisse, à ses fleurs à étamines formant des chatons globuleux pendants, à ses fruits appelés *faînes* ayant trois angles.

Le Charme (*Carpinus betulus*, fig. 325) est un arbre de

moyenne grandeur, commun dans les bois taillis; on le reconnaît à ses feuilles plissées, à ses grappes de fruits, entourés d'une cupule membraneuse verte. Il fournit un bois de chauffage très estimé.

Les Cupulifères habitent les régions tempérées et froides. Le Hêtre et le Chêne montent à une altitude de 1100 mètres et résistent le mieux au froid.

Ces arbres fournissent les matériaux de construction les plus estimés, tels que le Chêne, le Hêtre, ou le bois de chauffage, Chêne, Charme. Le Châtaignier, qui repousse bien de souche, est exploité en taillis surtout pour la fabrication des échalas et des cercles de tonneaux. Beaucoup de Cupulifères sont utiles pour leurs graines alimentaires soit par la fécule qu'elles contiennent (Châtaignier), ou par l'huile qu'on en extrait (Hêtre, Noisetier).

Noyer. — Type de la famille des *Juglandées*. Le Noyer est un arbre à feuilles composées, luisantes, exhalant une

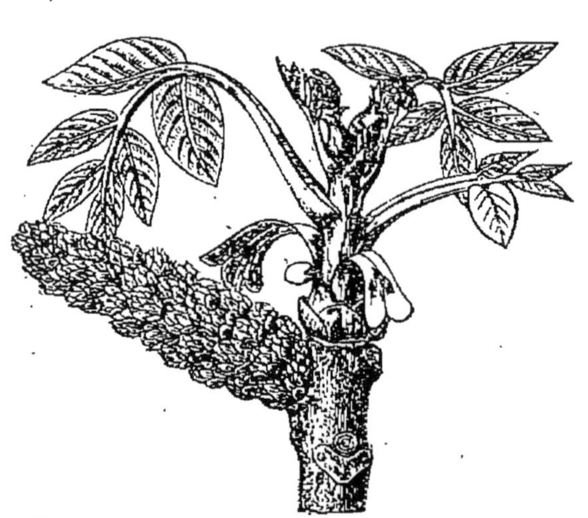

Fig. 326. — Rameau de Noyer portant un chaton de fleurs à étamines et au sommet deux fleurs à pistil.

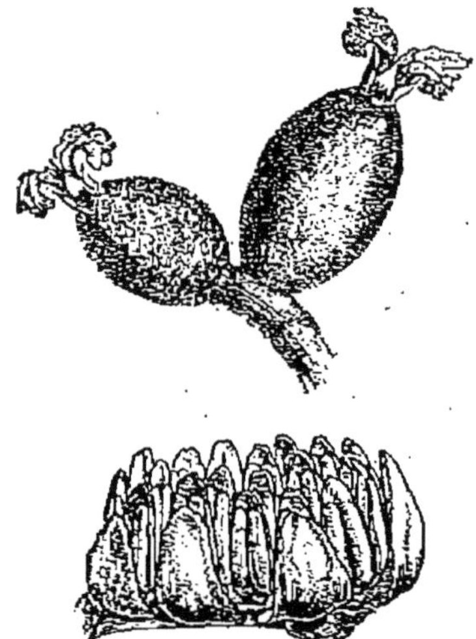

Fig. 327. — Noyer : deux fleurs à pistil et une fleur à étamines isolée.

forte odeur quand on les froisse. Les fleurs à étamines (fig. 326, 327) sont disposées en chatons, chaque fleur renfermant beaucoup d'étamines; les fleurs à pistil sont disposées en épis de trois à quatre fleurs. L'ovaire à une seule loge est surmonté de deux stigmates.

Le Noyer (*Juglans regia*) est cultivé en Europe pour son bois, très recherché en ébénisterie, et pour son fruit constituant la *noix*. La noix est un fruit dont la paroi est formée d'une couche externe charnue, appelée *brou de noix*, et d'une couche interne dure formant la coquille. A l'intérieur se trouve la graine, dont l'amande est entièrement formée par l'embryon; c'est dans les cotylédons que se trouve accumulée la nourriture nécessaire à son développement sous forme de matières grasses et de matière azotées. On extrait de la noix une huile comestible très estimée.

Le Noyer forme la famille des Juglandées, qu'on rapproche des Cupulifères et dont les caractères sont les suivants :

Arbres à feuilles composées, aromatiques, fruit charnu.

Fig. 328. — Rameau de fleurs de Bouleau. Il présente des chatons de fleurs à étamines au sommet et des épis de fleurs à pistil sur les côtés.

Bouleau. — Type de la famille des *Bétulacées*. Le Bouleau est un arbre de taille moyenne, à écorce blanche se déchirant en feuilles minces comme du papier.

Les fleurs apparaissent au printemps et sont disposées en chatons (fig. 328). Les fleurs à étamines sont disposées par groupes de trois à la base d'une écaille (fig. 329); chaque fleur, entourée d'un périanthe à quatre pièces inégales, renferme quatre étamines. Les fleurs à pistil sont aussi groupées par trois, mais elles n'ont pas de périanthe.

Le fruit qui succède à ces fleurs est ailé et renferme une graine.

D'après cette description, on peut caractériser les Bétulacées de la manière suivante :

Arbres à feuilles simples, dentées, stipulées. Fleurs à étamines et à pistil en chatons, réunies sur le même pied ; fleurs à quatre étamines, fleurs à pistil sans périanthe, les unes et les autres groupées par deux ou trois. Fruits ailés.

Outre le Bouleau (*Betula*), que nous avons pris comme type, cette famille referme l'Aulne (*Alnus glutinosa*, fig. 330).

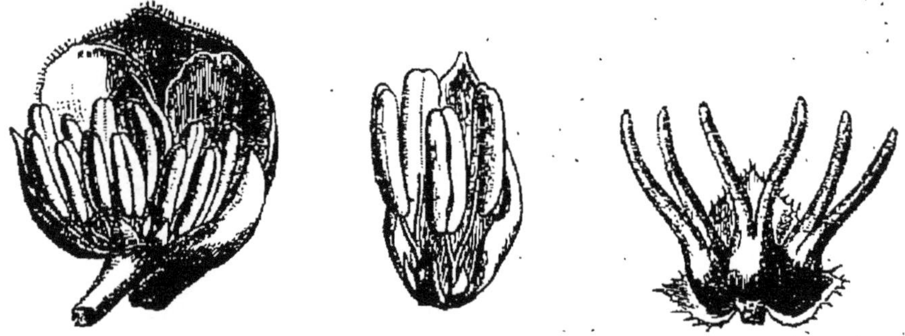

329. — Bouleau. Groupe de fleurs à pistil à droite. Groupe de fleurs à étamines à gauche; au milieu, une fleur à étamines isolées.

qui se distingue du Bouleau parce que chaque écaille des cônes ne contient que deux fruits ailés. Ces arbres habitent

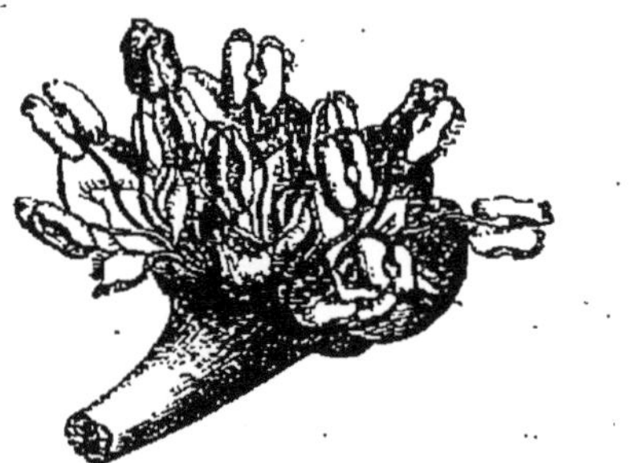

Fig. 330. — Fleurs à étamines et à pistil de l'Aulne.

les régions tempérées, et le Bouleau se plaît même dans les pays froids.

Le bois de Bouleau n'est pas utilisé dans les constructions, parce qu'il pourrit rapidement; on l'emploie en menuiserie, au charronnage. L'écorce du Bouleau est remarquable par son imperméabilité et par l'odeur caractéristique qu'elle communique au cuir de Russie. En Suède et en Norvège, la sève sucrée que laisse échapper le Bouleau est employée pour fabriquer une boisson fermentée.

L'Aulne durcit beaucoup sous l'eau, et son bois est employé pour fabriquer les charpentes exposées à l'humidité.

Saule. — Type de la famille des *Salicinées*. Les Saules (*Salix*) sont des arbres à feuilles alternes, simples, qui se distinguent des autres Amentacées en ce qu'ils sont dioïques; les fleurs

Fig. 331. — Fleurs de Saule. A gauche, chaton de fleurs à étamines; à droite, chaton de fleurs à pistil.

à étamines et à pistil sont portées par des pieds différents.

Ils ont des fleurs disposées en chatons. Les chatons contenant les étamines sont jaunes; les chatons contenant les pistils sont verts (fig. 331). Les fleurs des premiers (fig. 332) présentent une écaille supportant ordinairement deux ou plus rarement cinq étamines; les fleurs à pistil sont constituées par un ovaire à une seule loge, terminé par deux stigmates (fig. 332). Les ovules sont fixés sur deux rangées contre les parois de l'ovaire.

A la maturité, le fruit forme une capsule qui s'ouvre en deux valves comme une urne et laisse échapper de nombreuses graines enveloppées de poils.

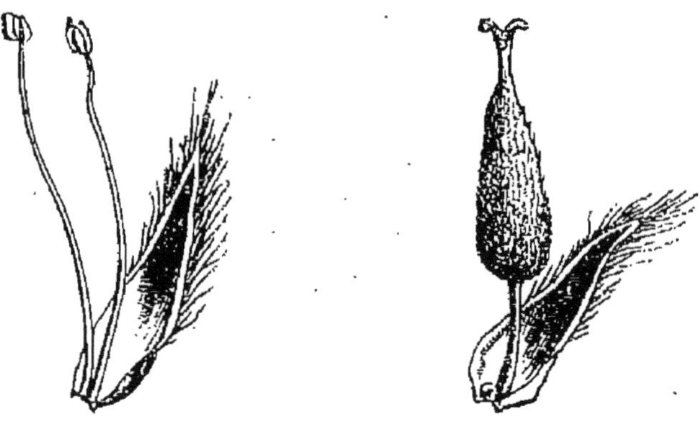

Fig. 332. — Saule : fleur à pistil et fleur à étamines isolées.

Les Salicinées ont, d'après cela, les caractères suivants :

Arbres dioïques à feuilles simples, fruit formé par une capsule renfermant des graines recouvertes de duvet.

A cette famille appartient aussi le Peuplier (*Populus*). Les Peupliers se distinguent des Saules par leurs chatons pendants, par leurs fleurs contenant de nombreuses étamines (8 à 30) (fig. 333). Ces arbres croissent dans les lieux humides des régions tempérées et froides ; les Saules sont plantés au bord des cours d'eau et servent, à cause de la rapidité de leur croissance, à fixer les alluvions que ceux-ci déposent ; les Peupliers exigent beaucoup de lumière et d'espace : on

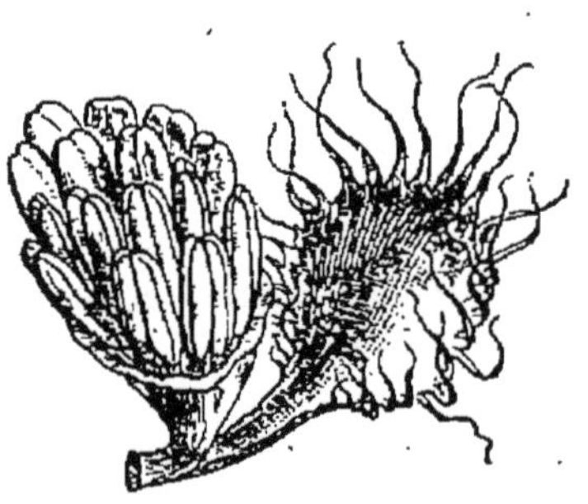

Fig. 333. — Fleur à étamines du Peuplier ; elle contient un grand nombre d'étamines.

les plante au bord des routes. Ces divers arbres fournissent un bois très léger, peu résistant, employé sous le nom de *bois blanc*. C'est le Saule blanc qui constitue les *oseraies;* ses branches flexibles fournissent l'osier, employé dans la vannerie. Le Peuplier Tremble convient surtout pour la fabrication des allumettes chimiques.

Tableau des principales familles d'Apétales.

Fleurs à étamines et à pistil réunis.	Fruit à trois angles.				*Polygonées.*
	Fruit arrondi.				*Chénopodées*
Fleurs à étamines et à pistil souvent séparés.	Un périanthe.	Ovaire à une loge. Fruit	charnu, suc laiteux.		*Morées.*
			ailé.		*Ulmacées.*
			non ailé. Périanthe à	cinq pièces.	*Cannabinées.*
				quatre pièces.	*Urticées.*
		Ovaire à deux ou trois loges. Plantes souvent à suc laiteux.			*Euphorbiacées.*
	Pas de périanthe. (*Amentacées.*)	Plantes dioïques. Capsule. Graine couverte de poils.			*Salicinées.*
		Plantes monoïques.	Graines ailées. Feuilles simples.		*Bétulacées.*
			Drupe. Feuilles composées.		*Juglandées.*
			Cupule autour du fruit. Feuilles simples.		*Cupulifères.*

CHAPITRE V

MONOCOTYLÉDONES.

Plantes à graines pourvues d'un embryon à un seul cotylédon, à fleurs dont les pièces sont souvent disposées par trois ou par six, à feuilles dont les nervures sont ordinairement parallèles.

Les Monocotylédones de nos pays sont des plantes ordinairement herbacées. Leur graine développe en germant une plante, dont la racine principale disparaît de très bonne heure. Cette racine est remplacée par des racines adventives nées sur la tige, à sa base ou sur toute son étendue. Généralement la tige ne s'accroît pas en épaisseur : les vaisseaux qu'elle contient sont disséminés au sein du tissu mou qui la compose. Les feuilles ont leurs nervures parallèles dans le limbe ; elles sont souvent dépourvues de pétiole, le limbe se continuant directement par une gaine.

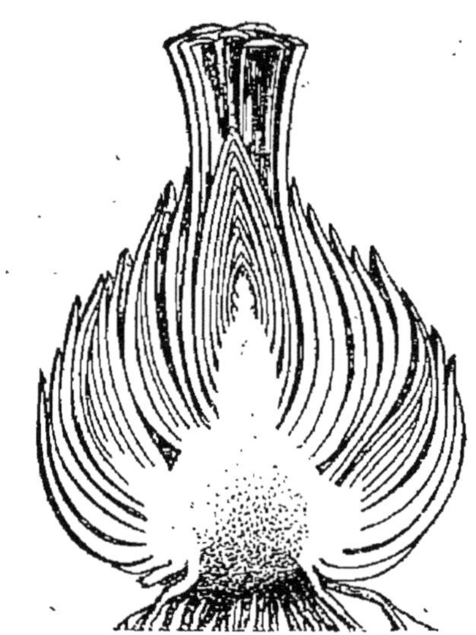

Fig. 334. — Oignon du Lis coupé en long.

Les fleurs, ordinairement complètes, ne présentent qu'une seule enveloppe appelée *périanthe*, formée de six pièces, comme on le voit dans la fleur du Lis ; les étamines sont au nombre de *six* ou de *trois* ; le pistil est constitué par un seul ovaire présentant trois loges, terminé par un style pourvu de trois stigmates.

Examinons le Lis, que nous prendrons comme type ; il

nous sera facile de retrouver sur cette plante les caractères généraux des Monocotylédones.

Quand on déterre un pied de Lis, on trouve à une certaine profondeur du sol un oignon jaune, qui offre la même disposition que l'oignon de Jacinthe (fig. 334).

Il présente à sa base une couronne de racines, et sa plus grande partie est formée par de petites écailles jaunes, épaissies, renfermant la réserve de nourriture.

Quand on coupe ce bulbe en long, on voit que sa partie centrale est occupée par la tige, très courte, de forme conique. C'est sur les côtés de la tige que sont attachées les écailles; mais on remarque que celles-ci ne sont fixées que sur la moitié inférieure de la tige; la partie supérieure est couverte par des feuilles très petites, et se termine par une grappe représentant les jeunes fleurs.

On voit ainsi que l'oignon du Lis est une plante entière, et ses feuilles sont des organes de réserve. Cet oignon est la seule partie vivace de la plante, c'est celle qui persiste quand les fleurs ainsi que les feuilles ont disparu.

Suivons le développement de cet oignon : au printemps, nous verrons sortir du milieu des écailles supérieures le sommet de la tige qui était déjà formée dans l'oignon, et les feuilles qui le recouvraient s'épanouissent et s'allongent sous la forme de lanières vertes. La tige s'accroît très rapidement à son tour et atteint environ 1 mètre de hauteur, puis les fleurs s'épanouissent, et comme elles sont au sommet, la tige ou les rameaux cessent leur croissance dès que les fleurs du sommet sont ouvertes.

Examinons l'une de ces fleurs (fig. 335). Elle est formée par six lames blanches, disposées sur deux rangées de trois chacune et qui forment l'unique enveloppe de la fleur; on la nomme *périanthe*. On appelle souvent *calice* la réunion des trois pièces extérieures du périanthe, et *corolle* la réunion des trois pièces intérieures.

Enlevons successivement les différentes pièces du périanthe, nous trouvons à l'intérieur six étamines égales; puis au centre même de la fleur se trouve le pistil, constitué à sa base par l'ovaire globuleux. L'ovaire est surmonté d'un style très long, terminé à son tour par un stigmate renflé, divisé en trois parties; si nous coupons l'ovaire en travers, nous distinguons trois cavités ou loges renfermant les ovules.

Quand le pollen est déposé sur le stigmate, la fleur se flétrit et l'ovaire seul persiste.

Le fruit qui provient de sa transformation est une capsule qui s'ouvre par trois fentes longitudinales.

Nous pouvons vérifier sur le Lis les caractères généraux

Fig. 335. — Fleur de Lis à périanthe coloré, à six étamines. Le pistil est formé par un ovaire à trois loges ; il est terminé par un stigmate trilobé.

des Monocotylédones : 1° la graine contient un embryon pourvu d'un seul cotylédon; 2° les feuilles, dépourvues souvent de pétiole, ont les nervures parallèles; 3° la fleur est formée de différentes pièces disposées au nombre de six ou de trois.

En partant du Lis considéré comme type, nous pouvons donner une idée des caractères des principales familles de Monocotylédones.

Différents groupes de Monocotylédones. — Le Lis a, comme nous l'avons vu, une fleur régulière, à périanthe coloré, emprisonnant à la fois les étamines et le pistil.

Quelques Monocotylédones, comme l'Iris, l'Amaryllis (fig. 336), ont les fleurs semblables à celles du Lis; elles n'en diffèrent que par la situation de l'ovaire, qui est adhérent dans l'Amaryllis, ou par le nombre des étamines, réduit à trois dans l'Iris.

Il existe des Monocotylédones à périanthe irrégulier, dont

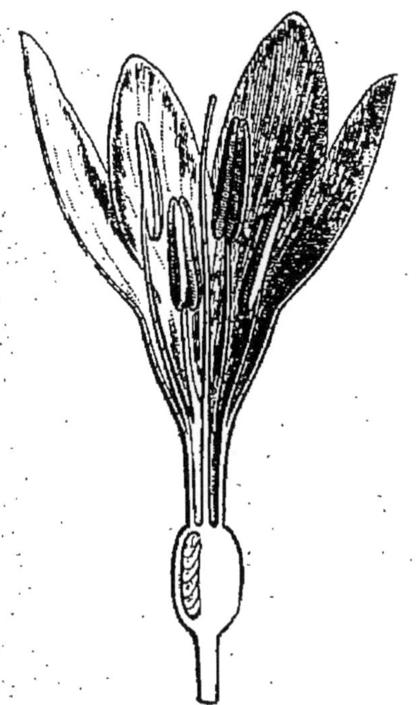

Fig 336. — Fleur d'Amaryllis ; elle ne diffère de celle du Lis que par l'ovaire placé au-dessous de la corolle.

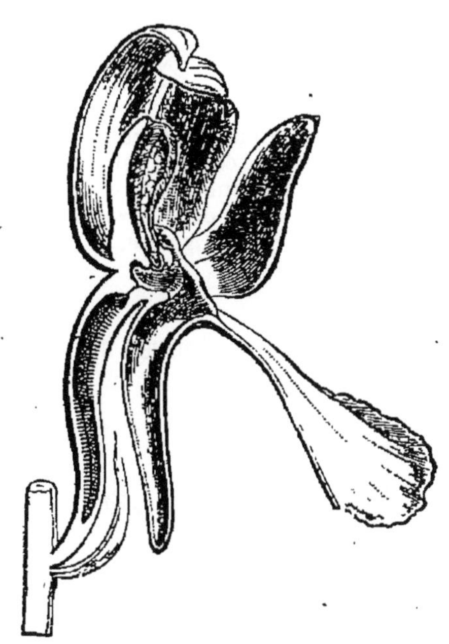

Fig. 337. — Fleur d'Orchis à périanthe irrégulier ; l'une des pièces du périanthe présente un tube très développé, appelé *éperon*; cette pièce est le labelle.

la fleur possède une droite et une gauche, par exemple l'Orchis (fig. 337), tandis que d'autres plantes, comme les Luzules (fig. 338), les Joncs ou les Palmiers (fig. 339), ont la fleur régulière, semblable à celle du Lis; on les distingue cependant des précédentes, en ce que le périanthe n'est jamais très développé, ses pièces sont colorées en

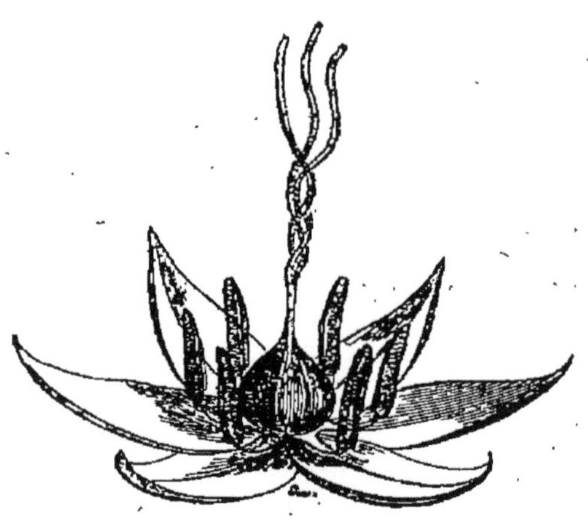

Fig. 338. — Fleur de Luzule, formée d'un périanthe à six écailles petites, vertes; elle contient six étamines et un pistil à trois carpelles soudés dans l'ovaire, mais pourvus chacun d'un stigmate.

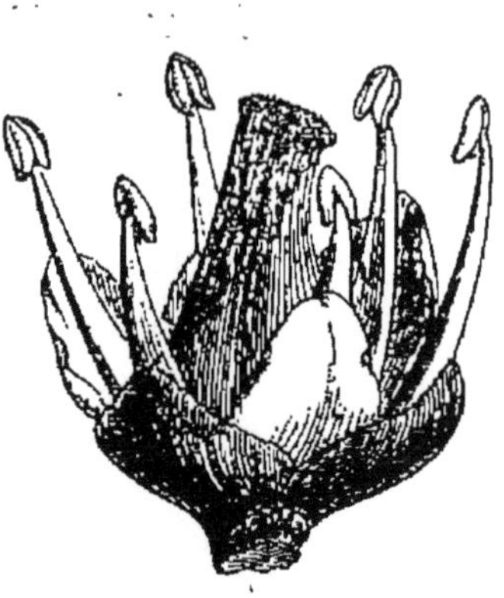

Fig. 339. — Fleur de Palmier, présentant un périanthe à six divisions, six étamines et un ovaire à trois loges.

vert et les fleurs sont très petites. Ces fleurs sont toujours complètes dans les Joncs, les Luzules; elles sont parfois incomplètes chez les Palmiers.

Fig. 340. — Fleur isolée du Blé. Elle est dépourvue de périanthe. Deux écailles ou glumelles la protègent.

Enfin il existe des Monocotylédones, telles que le Blé (fig. 340), le Carex, dont les fleurs sont souvent dépourvues de périanthe, ou, s'il existe, il n'est représenté que par de petites écailles difficiles à voir. Ces fleurs sans périanthe ont dans le Blé les étamines et les pistils réunis, tandis que dans les Carex les étamines et les pistils sont séparés.

Nous pouvons, d'après ce qui précède, résumer dans

le tableau suivant les principales familles de Monocotylédones :

Fleurs ayant un périanthe coloré.	Fleurs régulières........	Lis.	*Liliacées.*
		Narcisse.	*Amaryllidées.*
		Iris.	*Iridées.*
	Fleurs irrégulières........	Orchis.	*Orchidées.*
Fleur à périanthe régulier non coloré...		Luzule.	*Joncées.*
		Palmier éventail.	*Palmiers.*
Fleurs dépourvues de périanthe.	Pistil et étamines réunis...	Blé.	*Graminées.*
	Pistil et étamines séparés..............	Carex.	*Cypéracées.*

PRINCIPALES FAMILLES DE MONOCOTYLÉDONES

Lis ou Jacinthe.

Types de la famille des *Liliacées.*

L'examen du Lis, de la Jacinthe, que nous avons déjà fait, celui du Colchique, de l'Asperge, montrent que ces plantes ont une fleur pourvue d'un périanthe à six divisions, possédant six étamines et un ovaire libre à trois loges.

La présence de ces caractères communs a permis de réunir les plantes qui précèdent dans la famille des *Liliacées.*

Caractères des Liliacées. — On peut résumer les caractères des Liliacées de la manière suivante :

Plante à tige bulbeuse ou à rhizome. Fleurs pétaloïdes à six divisions, à six étamines, ayant un ovaire libre à trois loges. Graines renfermant un albumen.

Les Liliacées, qui dans nos pays ont une tige souterraine, bulbe ou rhizome, deviennent parfois arborescentes dans les pays chauds. Ces plantes sont très nombreuses, et l'on peut distinguer différents groupes de Liliacées d'après la disposition du pistil et la constitution du fruit.

Divisions des Liliacées. — Liliacées vraies. — Un premier groupe est constitué par les *Liliacées vraies*, dont le fruit est une capsule qui s'ouvre par trois fentes situées au milieu de chaque loge (fig. 341). La fleur ne possède qu'un seul style.

Ce groupe renferme des espèces d'ornement, telles que les Lis, les Tulipes, les Jacinthes, les Fritillaires, répandues dans tous les jardins.

Il contient aussi des Liliacées alimentaires, telles

Fig. 341. — Fruit de la Jacinthe des bois s'ouvrant; chaque loge se fend au milieu, et les trois valves sont formées chacune par deux moitiés de loge.

Pied fleuri d'Aloès

que les plantes du genre Allium, comprenant l'Ail (*Allium sativum*), l'Oignon (*A. cepa*), le Poireau (*A. porrum*), l'Échalote (*A. ascalonicum*). Ces plantes sont comestibles par leur oignon, dont les écailles contiennent une quantité considérable de sucre mêlé à des substances aromatiques à saveur piquante. Elles ont les fleurs disposées en ombelle, et celle-ci est enveloppée d'une feuille métamorphosée qu'on appelle *spathe*. Les Liliacées médicinales sont représentées par les diverses espèces d'Aloès, plantes arborescentes (fig. 342), à feuilles épaisses, charnues, hérissées de piquants sur les bords; ces feuilles laissent échap-

Fig. 343. — Fruit du Colchique s'ouvrant; chaque valve est formée par une seule loge.

Fig. 344. — Fleur et fruit d'Asperge. Le fruit est une baie.

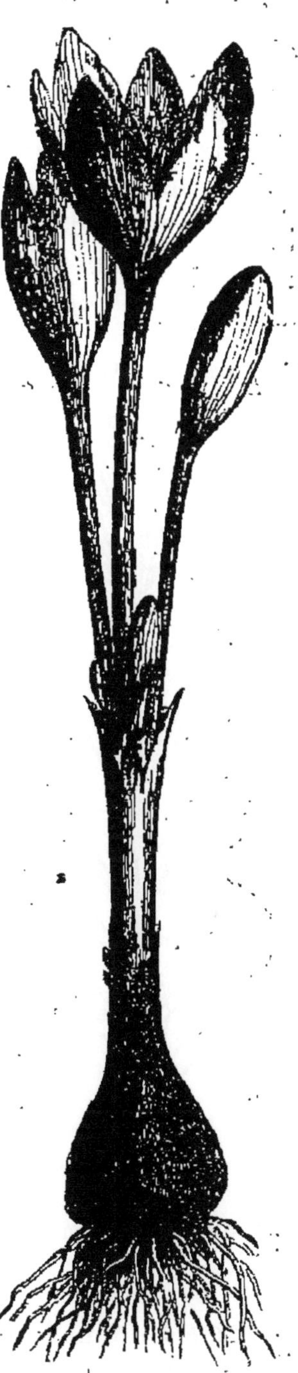

Fig. 345. — Pied fleuri du Colchique officinal.

per, quand on les coupe, un suc amer qui se solidifie et constitue l'*aloès* des pharmaciens.

Colchicées. — Un deuxième groupe

est formé par les *Colchicées*, dont le type est le Colchique d'automne (*Colchicum autumnale*). Les Colchiques (fig. 345) se distinguent des Liliacées précédentes en ce qu'ils possèdent trois styles, et leur fruit est une capsule qui s'ouvre par la séparation des trois loges (fig. 343). Ces plantes développent leurs fleurs roses ou lilas en automne dans les prairies, et les feuilles ainsi que les fruits n'apparaissent qu'au printemps suivant. Leur tige est un oignon assez semblable à celui de la Jacinthe; il est vénéneux.

Asparagées. — Le troisième groupe est formé par les

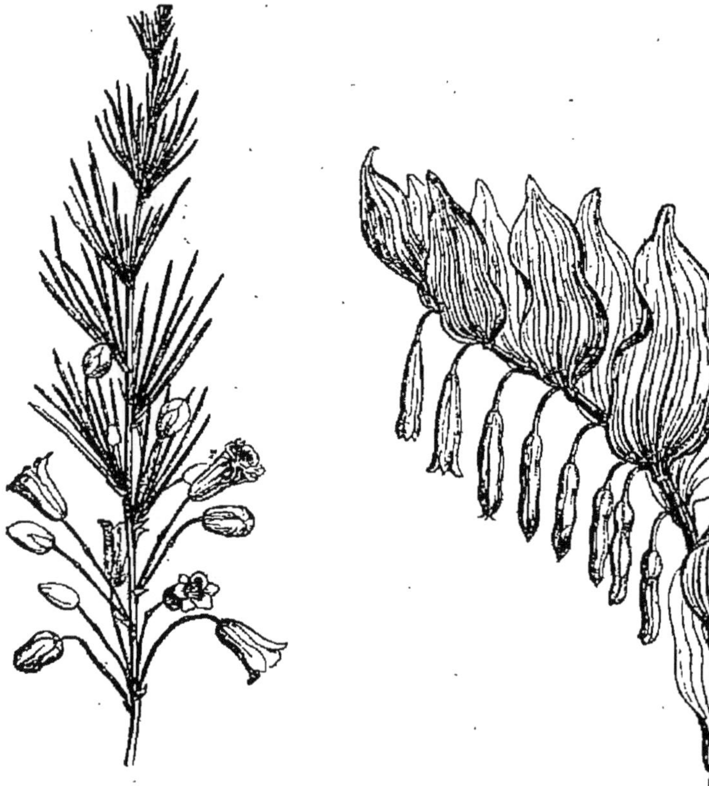

Fig. 346. — Branche fleurie d'Asperge.

Fig. 347 — Tige fleurie du Sceau de Salomon.

Asparagées, dont le type est l'Asperge. L'Asperge (*Asparagus officinalis*, fig. 346) se distingue du Colchique et du Lis par ses fruits charnus, constituant de petites baies rouges, (fig. 344) et par un style unique. L'Asperge a un rhizome appelé *griffe*, qui développe des tiges aériennes dont les feuilles sont réduites à de petites écailles placées à la base des branches. On mange les jeunes pousses aériennes de cette plante au moment où elles se développent sur le rhizome ; la partie verte, tendre, couverte de petites écailles, forme l'extrémité de ces pousses.

Ce groupe contient des plantes d'ornement. Les unes appartiennent à nos contrées : ce sont le Muguet (*Convallaria maialis*), le Sceau de Salomon (*Polygonatum vulgare*, fig. 347) ; d'autres sont exotiques, telles que les Dragoniers (*Dracæna, Cordyline*), et constituent des arbres.

Iris.

Type de la famille des *Iridées*.

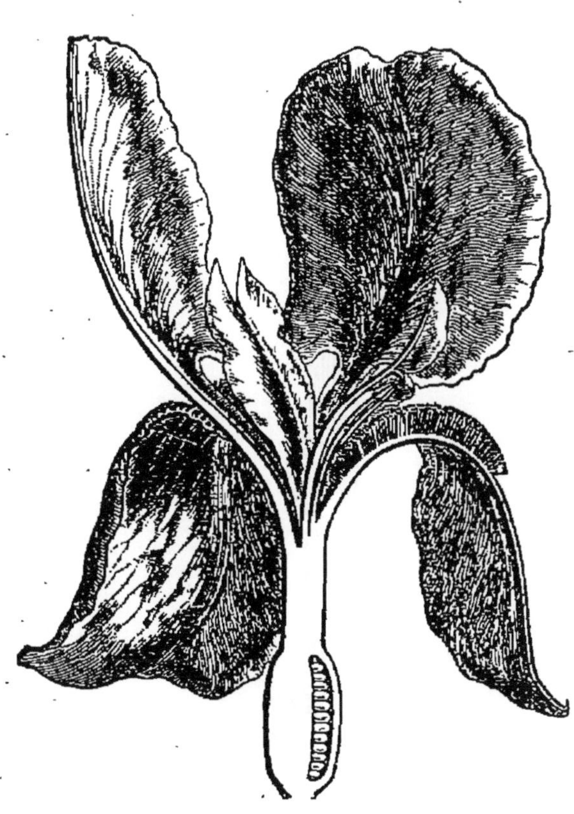

Fig. 348. — Fleur d'Iris coupée en long. Les pièces du périanthe sont au nombre de six, trois renversées, trois dressées. L'ovaire est adhérent et les stigmates sont larges et colorés.

Le périanthe de la fleur d'Iris (fig. 348) a six divisions, parmi lesquelles il y en a trois qui sont dressées, et trois autres recourbées. En fendant le périanthe, on aperçoit seulement trois étamines correspondant à la rangée externe des étamines de la fleur des Liliacées : les trois étamines intérieures n'existent pas. Au centre de la fleur se trouve le pistil, dont l'ovaire à trois loges est soudé au périanthe. Les stigmates seuls sont libres et forment trois lames assez larges, de la même couleur que les pièces du périanthe.

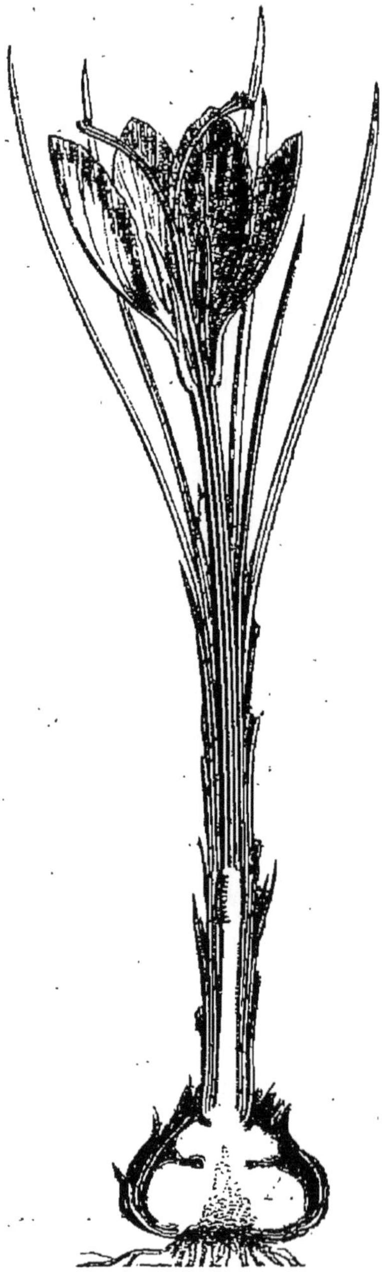

La tige d'Iris est un rhizome (fig. 31, page 42) qui se développe au niveau du sol; ce rhizome est formé d'un certain nombre de pousses annuelles renflées, séparées par des étranglements. Les bourgeons, tous aériens, portent des feuilles affectant la forme de glaives. Ces feuilles, où il est difficile de distinguer le limbe et la gaine, sont situées alternativement à droite et à gauche des pousses aériennes et occupent le même plan; ce sont des feuilles distiques.

Si nous examinons un Glaïeul ou un Crocus (fig. 349), nous trouverons un bulbe formé par la tige épaissie, mais les fleurs ont la même disposition, c'est-à-dire qu'elles offrent un ovaire adhérent et trois étamines seulement.

Fig. 349. — Crocus ou Safran. Plante entière coupée en long. La base de la tige enfouie dans le sol est renflée et forme un bulbe. Les fleurs présentent 3 étamines, un ovaire adhérent surmonté de 3 styles.

Caractères des Iridées. — Ces plantes forment la famille des *Iridées*, dont on peut résumer les caractères ainsi :

Plantes ayant un périanthe à six divisions, trois étamines et un ovaire infère à trois loges.

Les Iridées sont presque toutes des plantes d'ornement, telles que les Iris à rhizome, les Glaïeuls, les Crocus à bulbes solides, les *Ixia*, etc.

Les Crocus ou Safrans (fig. 349) sont cultivés dans certaines régions de la France pour la couleur jaune qu'on extrait des stigmates de leur fleur. Le rhizome de certains Iris, desséché et pulvérisé, donne la poudre d'Iris, qui possède l'odeur de violette. Les *Ixia* sont des plantes des pays chauds, cultivées pour leur parfum.

Familles voisines des Iridées. — On peut rapprocher des Iridées la famille des *Amaryllidées*, représentée dans nos pays par des plantes bulbeuses, les Narcisses, les Perce-neige. Dans les pays chauds, les Amaryllidées sont bulbeuses (*Amaryllis, Crinum*) ou arborescentes (*Agave*). Les plantes de cette famille se distinguent des Iridées en ce qu'elles ont six étamines.

Ce sont des plantes d'ornement.

Orchis.

Type de la famille des *Orchidées*.

Les Orchis sont communs dans les bois au printemps; on les reconnaît à leurs grappes de fleurs roses ou pourpres qui partent d'une rosette de feuilles appliquée sur la terre (fig. 350). Arrachons l'une des fleurs (fig. 351) : elle présente un périanthe à six divisions; trois de ces divisions sont rapprochées au sommet de la fleur, et forment une sorte de casque recouvrant l'anthère; deux autres, étalées, sont situées sur les côtés, et enfin la sixième constitue une lame très large, en forme de tablier : on l'appelle *labelle;* ce labelle est pourvu d'un prolongement creux, nommé *éperon* (fig. 351).

Fig. 350. — Grappe fleurie d'Orchis tacheté.

Les étamines sont réduites à une seule, représentée par

l'anthère ; cette anthère possède deux loges, elle est

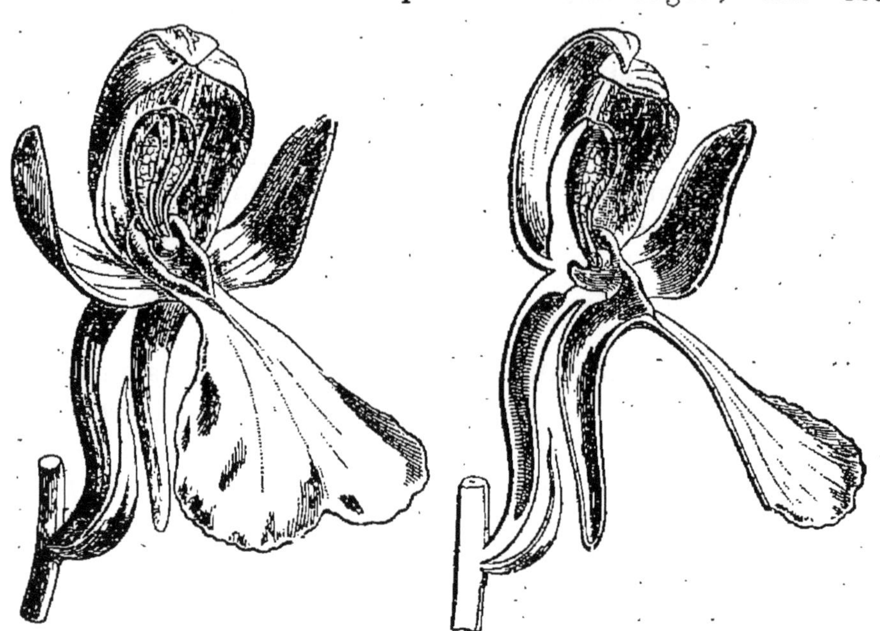

Fig. 351. — Fleur entière et coupée en long de l'Orchis tacheté ; on voit que l'unique étamine est soudée au sommet du pistil. Le périanthe, composé de six pièces, est irrégulier ; l'une des pièces, nommée *labelle*, s'étale au-devant de la fleur ; elle est creusée d'un tube formant l'éperon.

placée en avant du stigmate et soudée à une colonne formée par le style.

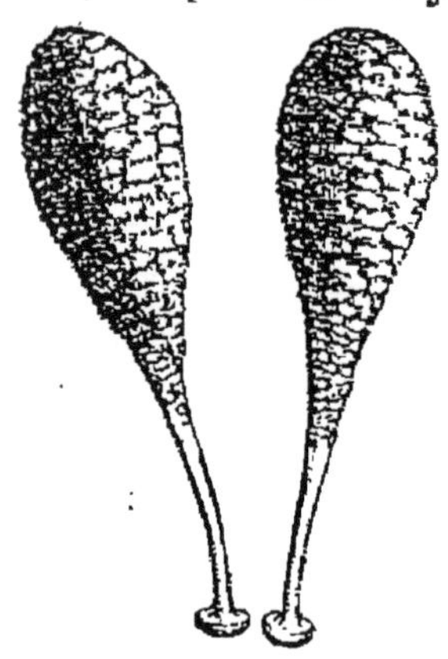

Fig. 352. — Pollen d'une fleur d'Orchis dont les grains sont soudés entre eux et forment une pollinie.

Le pistil est constitué par l'ovaire, qui est infère, le style supportant l'anthère et le stigmate. Celui-ci est seul apparent dans la fleur au-dessous de l'anthère. L'ovaire forme tout le pédoncule de la fleur ; il est tordu sur lui-même, de sorte que la fleur de l'Orchis est toujours renversée ; la partie qui est placée au bas de la fleur correspond toujours à la région supérieure.

Un dernier caractère de la fleur d'Orchis est fourni par le pollen, qui n'est jamais en poussière : tous les grains sont soudés par une gelée en une seule partie, et

Fig. 353. — Ophrys abeille montrant la grappe fleurie et la base de la tige portant les bulbes formés par des racines soudées. L'un d'eux, brun, ridé, nourrit la plante pendant l'année où on la cueille ; l'autre, dur, jaunâtre, est destiné à nourrir celle de l'année suivante.

Fig. 354. — Ophrys mouche. Grappe fleurie.

au moment où l'anthère s'ouvre, il en sort deux petites

massues, unies à leur base et formant la totalité du pollen : on appelle ces massues des *pollinies* (fig. 352). Pour que les graines se forment, il faut que le pollen soit transporté sur le stigmate. Ce transport du pollen ne peut, dans la plupart des Orchidées, s'effectuer qu'avec le secours des insectes. Les pollinies se collent sur la tête ou le thorax des insectes quand ceux-ci vont chercher le nectar contenu dans l'éperon du labelle, et le pollen est transporté ainsi de fleur en fleur.

On voit que la fleur de l'Orchis est bien différente de celle des autres Monocotylédones.

Le mode de végétation de l'Orchis est intéressant à étudier. Quand on arrache un pied de cette plante, on trouve à la base de la tige, au milieu des racines adventives, deux masses renflées constituant les bulbes de l'Orchis ; ils sont formés par des racines soudées. L'un des bulbes est ridé, mou, un peu brun ; l'autre, plus gros, est très dur. Le bulbe à moitié vide est celui qui donnait la nourriture à la plante au moment où on l'a cueillie ; le second se remplit de fécule et il est destiné à nourrir la plante pendant l'année suivante. Chaque année, pendant que le bulbe plus âgé se vide, il s'en forme un nouveau, destiné à le remplacer.

Caractères des Orchidées. — L'Orchis est le type de la famille des *Orchidées*, dont on peut donner les caractères suivants, au moins pour les Orchidées de nos pays :

Plantes herbacées à périanthe irrégulier ; l'étamine, ordinairement unique, est soudée au pistil ; à ovaire adhérent à une loge ; à graines petites, sans albumen, fixées sur les parois suivant trois rangées.

La famille des Orchidées est, par le nombre des espèces, la plus importante parmi les Monocotylédones ; ce sont des plantes d'ornement, très recherchées à cause de la singularité de leurs fleurs. Les espèces indigènes sont les Orchis, les Ophrys, dont quelques-unes, désignées sous le nom d'Ophrys mouche (fig. 354), d'Ophrys abeille (fig. 353), ressemblent aux insectes dont elles portent le nom.

Les plus curieuses appartiennent aux pays chauds et sont maintenant très répandues dans les serres.

Les bulbes des Orchidées contiennent de la fécule, employée dans l'alimentation sous le nom de *salep*. La Vanille, plante grimpante utilisée pour ses fruits aromatiques, est aussi une Orchidée.

Familles voisines des Orchidées. — On peut rapprocher des Orchidées, pour l'irrégularité de la fleur et la disposition des étamines, la famille des *Scitaminées*, renfermant des plantes originaires des régions tropicales, très répandues dans les serres, les parcs et les jardins, comme plantes d'ornement. Citons notamment les Bananiers (*Musa*, *Strelitzia*, *Heliconia*) à larges feuilles, dont les fruits comestibles, appelés *bananes*, sont très importants au point de vue alimentaire, et les Balisiers (*Canna*), cultivés comme plantes d'ornement.

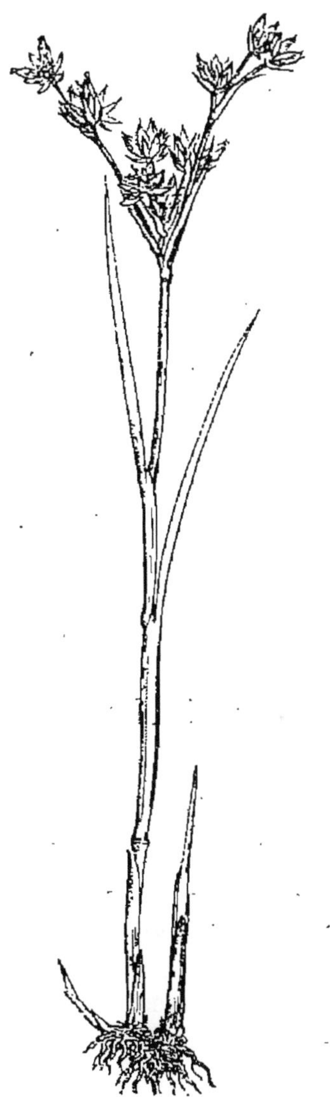

Fig. 355. — Pied fleuri de Jonc.

Jonc.

Type de la famille des *Joncées*.

Les Joncs sont des plantes herbacées qui vivent dans les lieux humides, au bord des cours d'eau, des étangs ou dans les marécages.

Les Joncs présentent une tige souterraine ou rhizome qui supporte des tiges aériennes vertes (fig. 355) et souvent des feuilles très étroites, engainantes.

Les fleurs, très petites et assez nombreuses, apparaissent en été; chacune d'elles se compose (fig. 356) d'un périanthe à six divisions vertes ou brunes emprisonnant six étamines disposées sur deux rangs. Au centre se trouve le pistil, formé par un ovaire globuleux à trois loges, terminé par trois stigmates étroits et allongés. Le fruit est formé par une capsule à trois loges.

Par la constitution de la fleur et la forme du fruit, les Joncs ressemblent aux Liliacées; ils ne s'en distinguent que

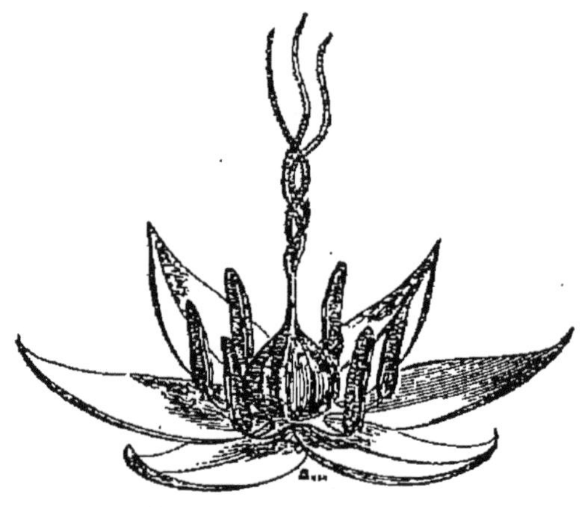

Fig. 356. — Fleur de Luzule.

par le périanthe vert ou brun, formé de pièces très petites.

Si nous comparons aux Joncs les Luzules qui fleurissent au printemps dans les bois, nous trouverons une grande analogie entre ces plantes.

Caractères des Joncées. — On les réunit dans la même famille, les *Joncées*, dont les caractères sont :

Plantes vivaces, à fleurs petites, pourvues d'un périanthe vert ou brun, à six étamines, ovaire à une ou trois loges terminé par trois styles.

Les Joncées sont représentées dans nos pays par les Joncs et les Luzules. Ces dernières, qui poussent dans les bois, fleurissent avant les Joncs et s'en distinguent par leurs feuilles à limbe aplati. Ces plantes sont peu utiles. On n'emploie les Joncs que pour faire des nattes, des corbeilles; dans les prairies marécageuses, la présence des Joncs déprécie la qualité des fourrages.

Palmier éventail.

Type de la famille des *Palmiers*.

Les fleurs du Palmier éventail (fig. 357) ont un périanthe à six divisions, contenant six étamines et, au centre, le pistil à trois carpelles soudés; l'ovaire est à trois loges; ces fleurs sont donc complètes. Dans d'autres Palmiers, le Palmier nain par exemple (fig. 358), les fleurs sont incomplètes : les unes ne contiennent que six étamines, d'autres ne contiennent que le pistil, et le périanthe est toujours à six divisions.

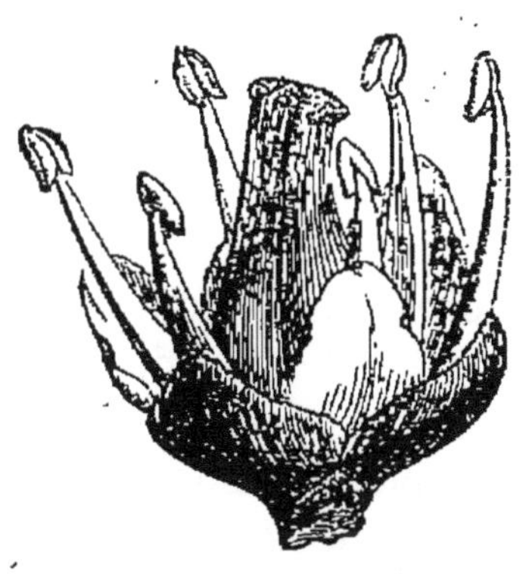

Fig. 357. — Fleur de Palmier éventail; le périanthe a six divisions; il y a six étamines et un ovaire à trois loges.

Les feuilles des Palmiers sont formées d'un limbe et d'un pétiole

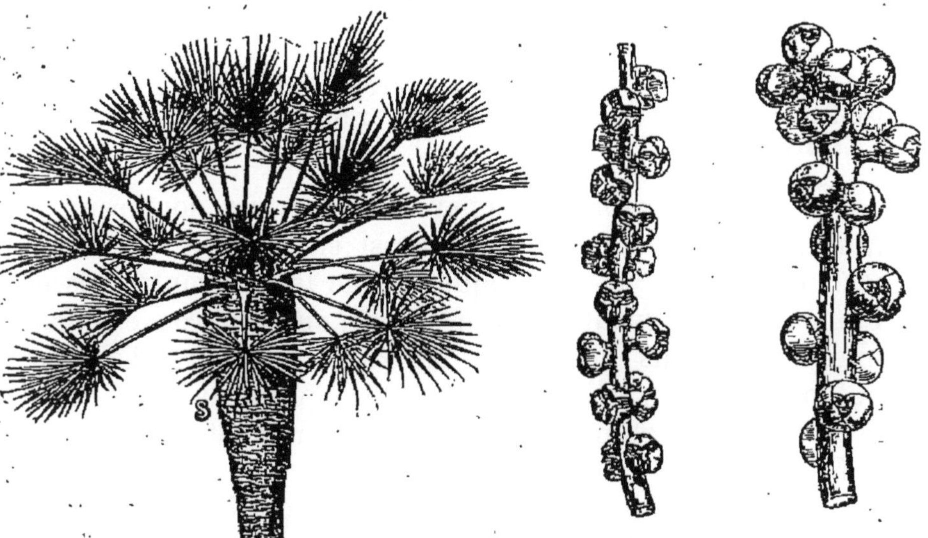

Fig. 358. — Palmier nain, sommet de la tige couvert de feuilles en éventail. Fleurs à étamines et fleurs à pistil séparées.

élargi à la base. Le limbe est d'abord entier, mais en grandissant il se déchire. Dans le Dattier et le Cocotier (fig. 359) les déchirures sont parallèles et se produisent de chaque côté d'une côte principale prolongeant le pétiole; les feuilles sont pennées. Dans le Palmier nain (*Chamærops*), le Sabal, les déchirures rayonnent en tous sens; le limbe a la forme d'un éventail et les feuilles sont palmées (fig. 358). La tige des Palmiers (fig. 359), cylindrique, quelquefois en forme de fuseau, est dépourvue de ramifications; sa surface est couverte par les restes des feuilles : on l'appelle *stipe;* c'est une tige ligneuse. La consistance du bois de Palmier est plus grande que celle du bois de la plupart de nos arbres; mais la croissance de ces tiges est très différente, car il n'y a pas de zone génératrice, et le bois n'est pas disposé en couches concentriques. Sur un tronc de Palmier on aperçoit une écorce très étroite entourant le bois, qui est beaucoup plus compact au voisinage de l'écorce que dans la région centrale.

Caractères des Palmiers. — Les plantes que nous venons de choisir comme exemples nous permettent de caractériser de la manière suivante la famille des Palmiers :

Arbres de grande taille, à tige cylindrique non ramifiée, garnie de feuilles au sommet. Fleurs petites, vertes, très nombreuses, à périanthe à six divisions.

Les Palmiers habitent les pays chauds : très nombreux en Amérique, ils se rencontrent aussi en Asie, en Australie, mais ils sont rares en Afrique. On ne les rencontre pas en France à l'état spontané, sauf à Nice, où l'on trouve le Palmier nain; mais on cultive un certain nombre d'espèces qui ornent les jardins publics et les promenades. Ce sont notamment le Palmier nain et le Palmier éventail.

Les Palmiers atteignent souvent des dimensions considérables. Leur stipe peut s'élever jusqu'à 50 et même à 80 mètres de hauteur. Certains Palmiers à tige grimpante, les Rotangs, s'attachent aux arbres au moyen d'épines, et leur tige peut atteindre 300 mètres de longueur.

Fig. 359. — Palmiers cultivés aux Antilles (Cocotiers).

Importance des Palmiers. — Les Palmiers sont d'une grande utilité pour les habitants des régions tropicales : leur bois est employé aux mêmes usages que nos bois communs ; leurs feuilles sont utilisées pour fabriquer des nattes, des paniers, des cordes. Les jeunes pousses du sommet sont mangées sous le nom de *choux palmistes*, mais la suppression de ces pousses occasionne toujours la mort de l'arbre ; enfin les fruits ou les graines d'un grand nombre de Palmiers sont comestibles : telles sont les Dattes, fruits du *Phœnix dactylifera*, les noix de Coco, graines du Cocotier (*Cocos nucifera*, fig. 359).

On extrait de la moelle des Sagoutiers une fécule désignée dans le commerce sous le nom de *sagou*. Certains Palmiers, notamment l'*Arenga saccharifera*, fournissent, quand on perce la tige, un liquide très riche en sucre, employé pour la fabrication de ce produit ; cette sève sert aussi à fabriquer du vin et de l'eau-de-vie.

D'autres Palmiers fournissent de la cire, qui se développe sur les feuilles, comme l'Arbre à Cire (*Ceroxylon andicola*), ou de l'huile, l'huile de Palme, fournie par l'*Elæis Guineensis* de la Guinée. Enfin la graine du *Phitelephas* est si dure, qu'on l'emploie, sous le nom d'*ivoire végétal*, aux mêmes usages que l'ivoire ordinaire.

Blé.

Type de la famille des *Graminées.*

Examinons un épi de Blé au moment de la floraison (fig. 360). Il est formé par un certain nombre de groupes de fleurs qui sont attachés alternativement sur deux faces opposées de l'axe de l'épi (fig. 361) au moyen d'un pédoncule très court. Chaque groupe de fleurs est un *épillet*. Arrachons l'un de ces épillets : nous trouvons à sa base deux lames vertes ou peu colorées, en forme de carène, qui constituent la *glume :* ce sont les bractées, situées à la base de l'épillet (fig. 362). A l'intérieur de l'espace laissé entre les deux parties de la glume se trouvent trois ou quatre fleurs; la dernière est ordinairement stérile.

Chaque fleur présente à la base deux lames en forme de

carène, semblables aux glumes : on les appelle *glumelles* (fig. 363); l'une d'elles, extérieure à l'axe de l'épillet, est ordinairement plus grande que l'autre et présente une nervure médiane, tandis que la seconde possède deux nervures. Dans certaines espèces de Blé, le Blé barbu, la plus grande des glumelles se continue par une longue arête.

A l'intérieur des glumelles on trouve trois étamines, dont les anthères sont fixées par leur milieu sur le filet, et présentent un mouvement de bascule. Au centre même de la fleur se trouve le pistil. Il est formé par un ovaire globuleux à une seule loge, terminé par deux stigmates couverts de poils (fig. 363, 364).

Fig. 360. — Épi de Blé.

A

Fig. 361. — Fragment d'un épi de Blé dégarni de ses épillets. On voit que ceux-ci sont attachés alternativement sur les deux faces de l'axe de l'épi.

Les glumes qui se trouvent à la base de chaque épillet et la glumelle inférieure de chaque fleur ne sont que des bractées; le périanthe est représenté, à la base des étamines, par deux petites lames opposées à la glumelle interne, très difficiles à voir et qu'on désigne sous le nom de *glumellules.* On les aperçoit sur la fleur (fig. 364), collées contre la base, lorsqu'on a enlevé les glumelles.

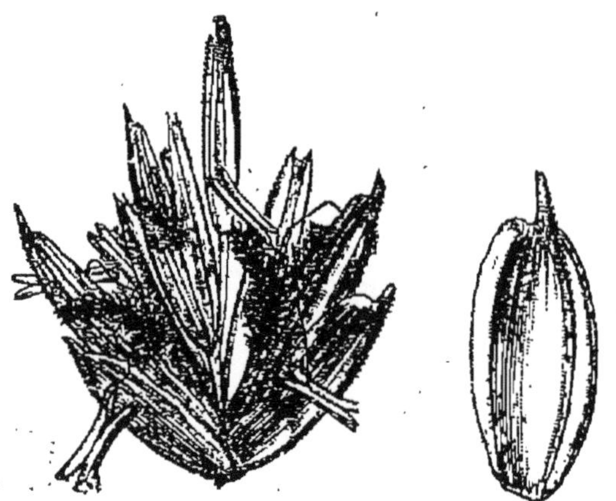

Fig. 362. — Épillet du Blé ; il contient quatre fleurs, dont une stérile. Il est enveloppé par deux bractées appelées *glumes.* A côté de l'épillet on voit une glume isolée.

Quand le pollen s'est déposé sur le stigmate, l'ovaire se transforme en un fruit qui remplit, à la maturité, tout l'intervalle laissé entre les glumelles. Ce fruit ne contient qu'une graine, et les parois du fruit sont adhérentes à la graine. Ce qu'on appelle le grain de Blé est donc le fruit tout entier.

En coupant le grain de Blé suivant sa longueur (fig. 365), on aperçoit l'amande à l'intérieur des enveloppes du fruit

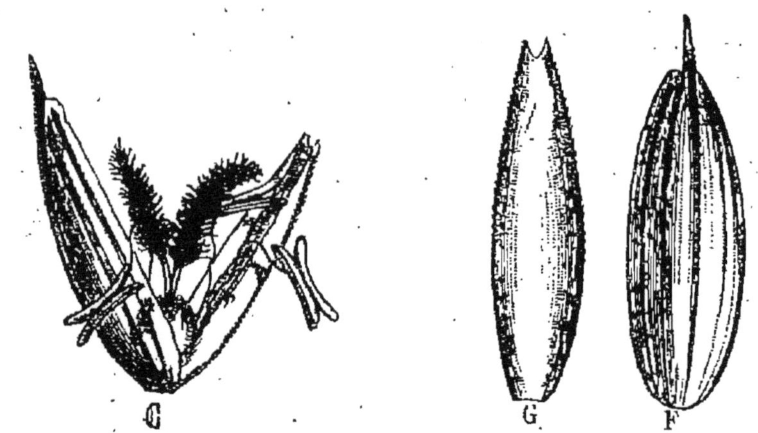

Fig. 363. — Fleur de Blé isolée; elle est enveloppée en C de deux bractées appelées *glumelles.* On voit en F la glumelle externe, en G la glumelle interne.

et de la graine. Celle-ci est formée par l'embryon et, à côté de lui, par la réserve de nourriture appelée *albumen.*

Quand le Blé est mûr, on détache les grains des épis par

le battage, au moyen de fléaux ou de machines. Mais les grains sont encore accompagnés des glumelles. On sépare les grains des glumelles par l'opération du vannage ; les glumelles forment alors ce qu'on appelle la *balle*.

La tige du Blé est cylindrique ; elle présente de distance en distance des renflements pleins formant les nœuds, et elle est souvent creuse dans l'intervalle des nœuds. Comme la tige de toutes les Graminées ressemble à celle du Blé, on lui donne un nom particulier : c'est un *chaume* (fig. 365).

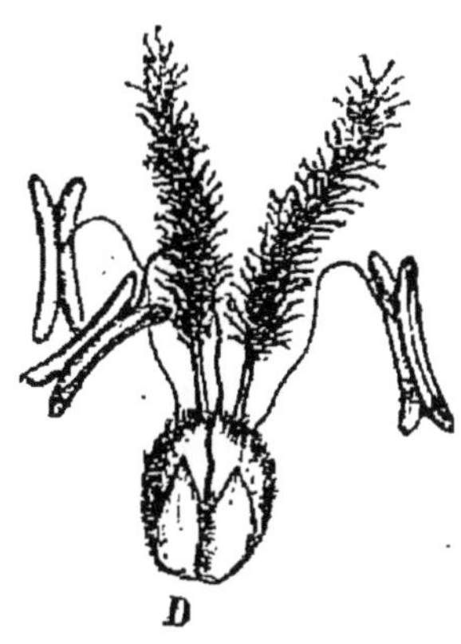

Fig. 364. — Fleur de Blé dépouillée des glumelles, montrant les trois étamines et l'ovaire globuleux surmonté de deux stigmates plumeux. A la base de l'ovaire on voit les deux glumellules.

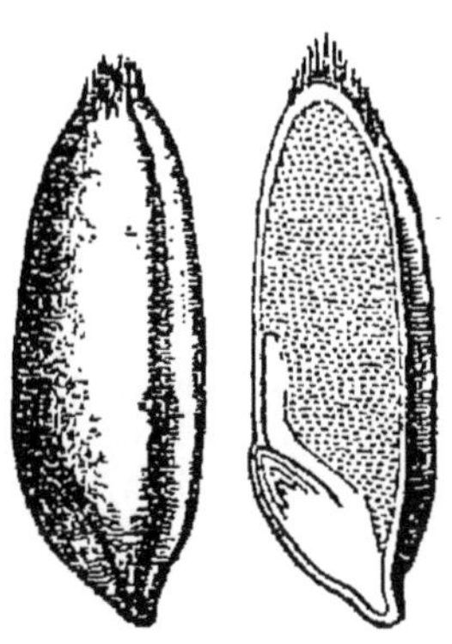

Fig. 365. — Grain de Blé entier et coupé en long. Dans ce dernier on aperçoit l'embryon et l'albumen.

Les feuilles du Blé sont formées d'un limbe aplati ; très longues et étroites, souvent pliées en deux, dépourvues de pétiole, elles présentent à leur base une gaine fendue qui enveloppe la tige sur une grande étendue.

Caractères des Graminées. — Si nous comparons au Blé d'autres plantes, le Seigle, l'Orge, nous verrons qu'elles possèdent la même conformation ; aussi ont-elles été rangées dans la famille des *Graminées*, dont on peut résumer les caractères, sur le Blé pris comme type, de la manière suivante :

Plantes à fleurs disposées en épis ou en grappes d'épis à périanthe peu visible. Tige aérienne ordinairement creuse, présentant des nœuds pleins; feuilles engainantes à gaine fendue, sans pétiole. Fruit constitué par un akène à enveloppes soudées avec la graine.

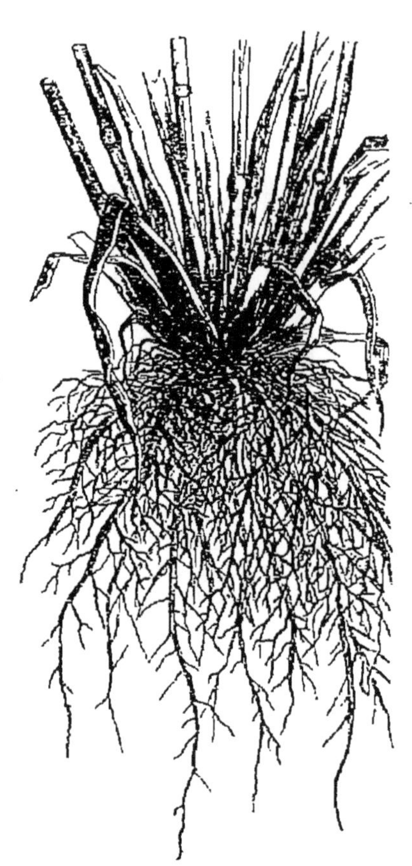

Fig. 366. — Tiges et racines fibreuses du Blé.

La famille des Graminées est, après celle des Orchidées, la plus importante parmi les Monocotylédones; elle a des représentants dans tous les climats. Elle occupe le premier rang avec les Légumineuses à cause de son importance dans l'alimentation de l'homme et des animaux.

Comme les espèces qui composent cette grande famille se ressemblent beaucoup, les tribus sont nombreuses et difficiles à distinguer. Nous mentionnerons seulement les espèces utiles.

Graminées alimentaires. — Parmi les Graminées alimentaires, citons d'abord la tribu des *Triticées*, dont le type est le Blé. C'est la plus importante, car elle fournit à l'homme ses graines alimentaires. Elle comprend notamment, outre le Blé (*Triticum*), le Seigle (*Secale*) et l'Orge (*Hordeum*).

Seigle. — Les épis du Seigle (fig. 367) sont formés, comme ceux du Blé, par des épillets solitaires sur les parties latérales de l'épi ; mais chaque épillet de Seigle ne contient que deux fleurs fertiles, tandis que celui du Blé en

Fig. 567. — Seigle)*Secale cereale*); 1, épi; 3, épillet renfermant deux fleurs fertiles; 4, fleur isolée.

Fig. 568. — Orge (*Hordeum vulgare*); 2, épi; 3, épillet contenant une fleur.

contient trois ou cinq; en outre, les glumelles sont toujours pourvues d'arêtes. Le Seigle est semé en automne et récolté au printemps. Son fruit est moins nourrissant que celui du Blé; on associe souvent sa farine à celle du Blé, et l'on obtient du pain bis de bonne qualité. Le Seigle est préféré au Blé dans certaines contrées, parce qu'il donne de bonnes récoltes dans les terrains où le Blé ne fournirait qu'une récolte insuffisante. Il résiste mieux au froid.

Orge. — L'Orge (fig. 368) diffère des deux plantes précédentes en ce que les épillets sont disposés par groupes de trois sur l'axe de l'épi; ils contiennent chacun une fleur, et la glumelle inférieure présente une très longue arête.

Quand les fleurs sont toutes fertiles, les épis d'Orge sont à six rangées; dans l'Orge commune, il est à quatre fleurs fertiles; enfin dans l'Orge à deux rangs, qui existe seule à l'état sauvage, l'épi est à deux rangs.

L'Orge sert surtout à fabriquer la bière, boisson fermentée en usage dans les pays du Nord.

D'autres tribus fournissent encore des Graminées alimentaires.

Maïs. — Le Maïs (*Zea maïs*), surtout cultivé dans le midi de la France, se distingue des autres Graminées en ce que les étamines et le pistil sont situés dans des fleurs séparées. Les fleurs à étamines forment des grappes composées d'épis au sommet de la tige. Chaque épillet contient deux fleurs à étamines (fig. 369).

Les fleurs à pistil forment des épis situés sur des branches latérales le long de la tige; chaque fleur est constituée par un ovaire globuleux surmonté d'un stigmate filiforme très long. Toutes ces fleurs, étroitement appliquées les unes contre les autres, forment un épi enveloppé complètement par des feuilles spéciales, appelées *bractées*. On n'aperçoit à l'extérieur que les stigmates, qui forment, à l'extrémité de l'épi, un bouquet de filaments roses.

A la maturité, l'épi de fleurs à pistil devient un épi de grains de Maïs, et chaque grain représente un fruit.

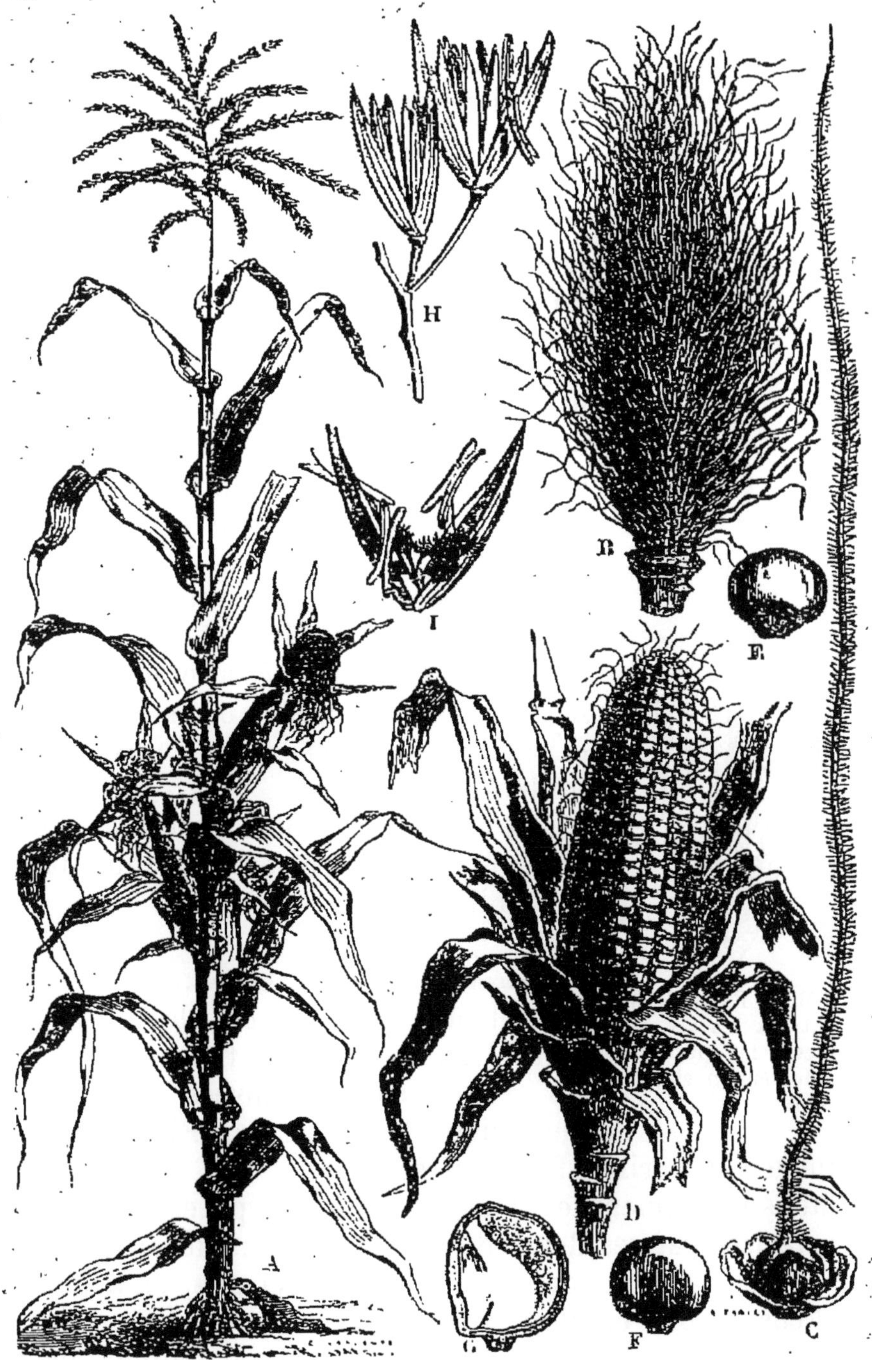

Fig. 369. — Maïs (*Zea maïs*); A, plante entière montrant les fleurs à étamines au sommet, deux épis de fleurs contenant le pistil à la base; B, épi de fleurs à pistil dépouillé des feuilles qui l'enveloppent; C, fleur à pistil; H, I fleurs à étamines.

Le grain de Maïs est très nourrissant : il contient une grande proportion de matière grasse, mais la pâte obtenue avec sa farine lève mal, et le pain qu'on en fabrique est indigeste.

Riz. — Le Riz (*Oryza sativa*), originaire de la Chine et de l'Inde, se distingue des plantes précédentes en ce que ses fleurs possèdent six étamines (fig. 370). Il est cultivé pour ses graines, qui fournissent une farine employée dans l'alimentation des habitants des pays chauds, quoiqu'elle soit moins nutritive que celle du Blé, car elle est pauvre en matières azotées. La culture du Riz est malsaine, parce que cette Graminée pousse dans des terrains bas et marécageux qui peuvent être inondés à volonté ; aussi les habitants des régions où cette culture existe sont-ils sujets aux fièvres intermittentes.

Fig. 370. — Fleur de Riz montrant les six étamines et les glumelles qui doivent envelopper le fruit.

Les cultures les plus importantes du Riz sont en Italie, et en Amérique dans la Caroline.

Graminées fourragères. — Ce sont des plantes qui forment les prairies naturelles, et dont les tiges jeunes ou les graines sont employées dans l'alimentation des animaux. Elles appartiennent à des tribus fort diverses.

Citons notamment les *Avénées*, dont le type est l'Avoine, caractérisée par ses fleurs disposées en panicule ou grappe composée. Dans quelques contrées, en Bretagne, en Irlande, en Ecosse, on emploie dans l'alimentation les graines d'Avoine concassées, sous le nom de gruau d'Avoine ; mais cette plante est surtout cultivée pour nourrir les chevaux.

Les *Festucées*, dont le type est la Fétuque des prés, à fleurs en épis ou en panicule, renferment le plus grand nombre de

Fig. 371. — Tige fleurie de Paturin des prés (*Poa pratensis*)

Fig. 572. — Tige fleurie de Brome des prés (*Bromus pratensis*).

Fig. 573. — Tige fleurie du Dactyle pelotonné (*Dactylis glomerata*).

Graminées fourragères. Citons notamment les Paturins (*Poa*), à épillets petits, groupés en grappe composée à rameaux nombreux, tels que le Paturin des prés (*Poa pratensis*, fig. 371), le Paturin commun (*Poa trivialis*) qui forme, avec l'Ivraie, l'herbe des chemins; les Fétuques (*Festuca*), telles que la Fétuque des prés (*Festuca pratensis*), la Fétuque élevée (*F. elatior*), à épillets petits disposés en grappe, comme dans les Paturins; les Bromes (*Bromus*), tels que le Brome des prés (*Bromus pratensis*, fig. 372), à épillets gros, à glumelle inférieure munie d'une arête; le Dactyle pelotonné (*Dactylis glomerata*, fig. 373), etc.

Les *Agrostidées*, dont le type est l'Agrostide (*Agrostis*), à épillets disposés en grappe lâche renfermant une seule fleur fertile, l'Agrostide traçante (*A. alba*, fig. 374), et l'Agrostide vulgaire (*A. vulgaris*) sont les plus importantes.

Les *Phléinées*, dont le type est la Fléole des prés (*Phleum pratense*, fig. 375), à épillets à une seule fleur, disposés en épis cylindriques. Avec la Fléole des prés nous pouvons citer le Vulpin des prés (*Alopecurus pratensis*, fig. 376).

Enfin, dans la tribu des *Triticées*, nous citerons les Ivraies (*Lolium*), reconnaissables à leurs épillets aplatis, s'enfonçant un peu dans la tige; elles sont communes dans les champs, au bord des chemins. L'Ivraie vivace ou Ray-grass (*Lolium perenne*, fig. 377) est employée dans les jardins et les parcs pour former des gazons ou des pelouses.

Ces diverses Graminées forment, seules ou associées aux Légumineuses, les prairies naturelles ou artificielles. Elles sont toutes vivaces et repoussent après avoir été fauchées. C'est en été, au moment où elles fleurissent, que l'on fauche les prairies; les tiges et les feuilles séchées constituent le foin.

Graminées industrielles. — Il existe aussi des Graminées industrielles. La plus importante est la Canne à sucre, cultivée dans l'Amérique tropicale. La tige de cette plante est, au moment de la floraison, gorgée d'un liquide sucré, d'où l'on extrait le sucre de canne. Le Sorgho sucré

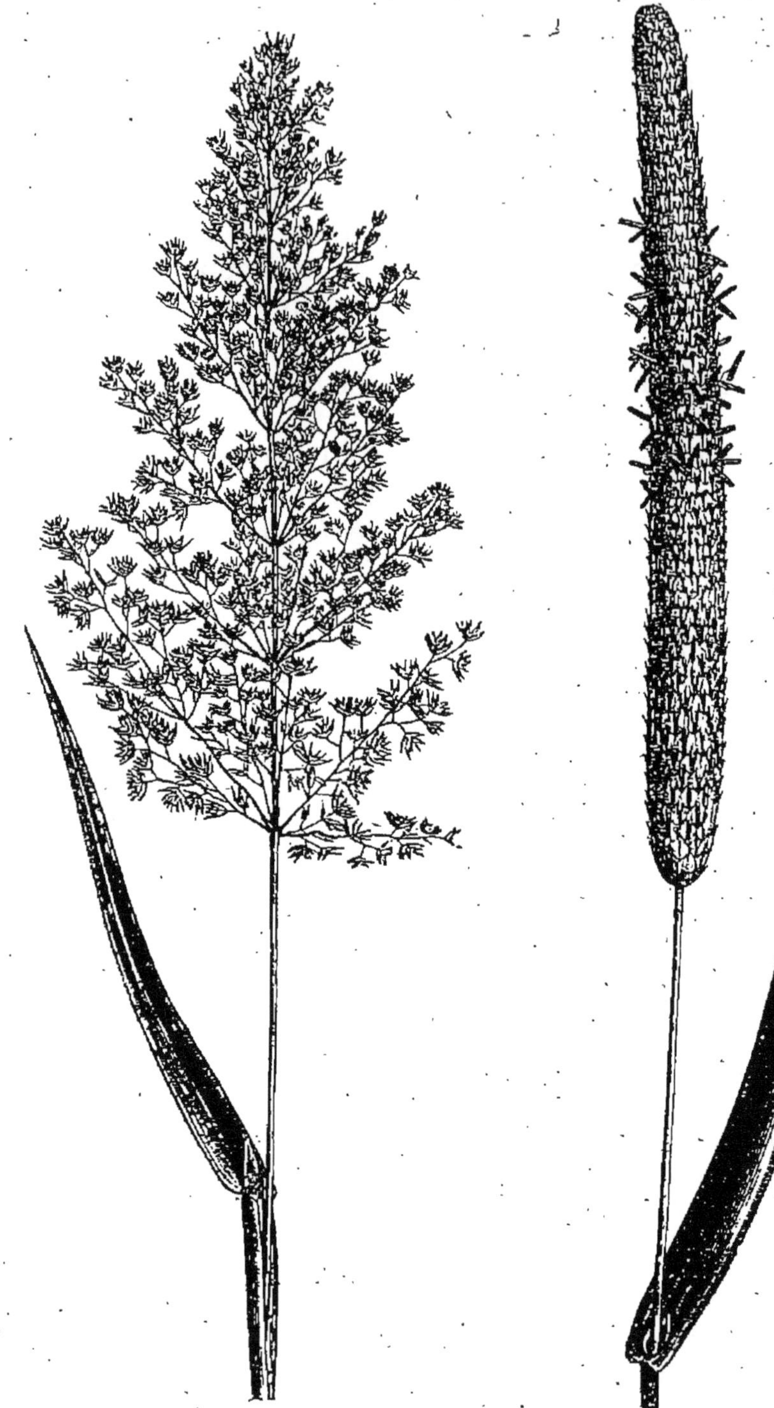

Fig. 374. — Tige fleurie de l'Agrostide blanche (*Agrostis alba*).

Fig. 375. — Fléole des prés (*Phleum pratense*).

Fig. 376. — Vulpin des prés (*Alopecurus pratensis*).

Fig. 377. — Ivraie vivace ou Ray-grass (*Lolium perenne*).

peut servir au même usage; on le cultive dans ce but en Chine et en Afrique.

On peut citer encore l'Alfa (*Stipa tenacissima*) comme exemple de Graminée industrielle; cette plante, cultivée sur de grandes étendues en Algérie, est employée pour la fabrication du papier.

Certaines Graminées sont odorantes et leurs tiges ou leurs feuilles sont employées à parfumer le linge : tels sont les Flouves (*Anthoxanthum odoratum*, fig. 378, 379), communes

Fig. 378. — Flouve odorante (*Anthoxanthum odoratum*)

Fig. 379.— Fleur de Flouve odorante; elle n'a que deux étamines.

dans nos prairies, et les Andropogon, Graminées exotiques dont les racines fournissent le *vétiver*, employé pour préserver les étoffes des insectes.

Les Graminées de nos pays sont toutes herbacées, mais dans les pays chauds il en est qui atteignent une grande dimension et dont la tige prend la consistance du bois : tels sont les Bambous, employés dans les contrées chaudes pour les constructions; leur tige, souvent très ramifiée, atteint jusqu'à 30 mètres de hauteur.

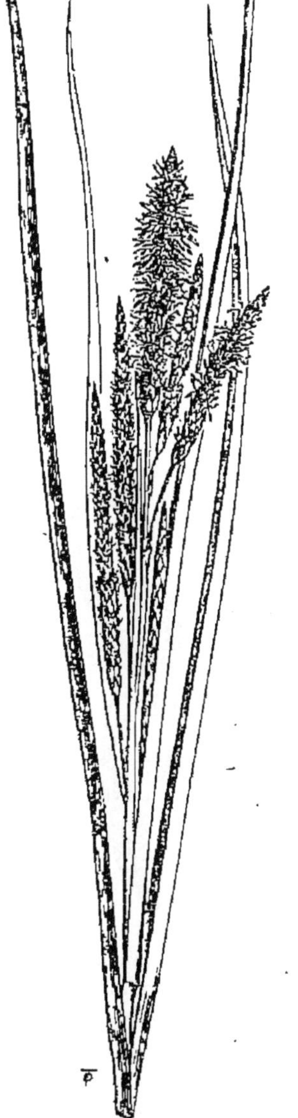

Fig. 380. — Branche fleurie de Laîche. Elle présente au sommet 5 épis de fleurs à étamines et, à la base, des épis de fleurs à pistil qui commencent à s'épanouir.

Laîches ou Carex.

Types de la famille des *Cypéracées*.

Les *Carex* (fig. 29) sont des plantes très communes dans les prairies humides, au bord des ruisseaux et des étangs. Nous prendrons comme exemple la Laiche des sables (*Carex arenaria*). Ces plantes ont une tige souterraine qui émet de distance en distance des tiges aériennes portant les feuilles et les fleurs. Les tiges sont à trois angles et portent des feuilles à limbe plié en deux et pourvues d'une gaine non fendue. Les feuilles présentent, sur les bords et au milieu, de petites dents imprégnées d'une matière minérale qui les rend très dures et coupantes : c'est pourquoi les feuilles des Carex coupent les doigts quand on cherche à arracher ces plantes. Les fleurs (fig. 380), enveloppées par des bractées, forment des épillets ou des épis, les uns composés de fleurs à pistil, les autres de fleurs à étamines; ces épillets sont attachés en nombre variable sur la tige. Les fleurs à étamines sont composées d'une écaille présentant deux ou trois étamines à sa base (fig. 381). Les fleurs à pistil sont formées d'une petite bourse (*utricule*), enveloppant l'ovaire et le style et percée d'un trou qui laisse passer deux ou trois stigmates.

Le fruit est un akène, qui diffère de celui du Blé en ce que la graine n'est pas soudée aux enveloppes du fruit.

Caractères des Cypéracées. — Les Laîches sont le type de la famille des Cypéracées, que l'on caractérise ainsi :

Plantes ordinairement vivaces, souvent à rhizomes; tige aérienne trigone, feuilles à gaine non fendue. Fleurs souvent incomplètes (à pistil et à étamines séparés), à périanthe ordinairement nul.

Les *Carex* vivent ordinairement dans les prairies humides, au bord des ruisseaux. Ces plantes déprécient la

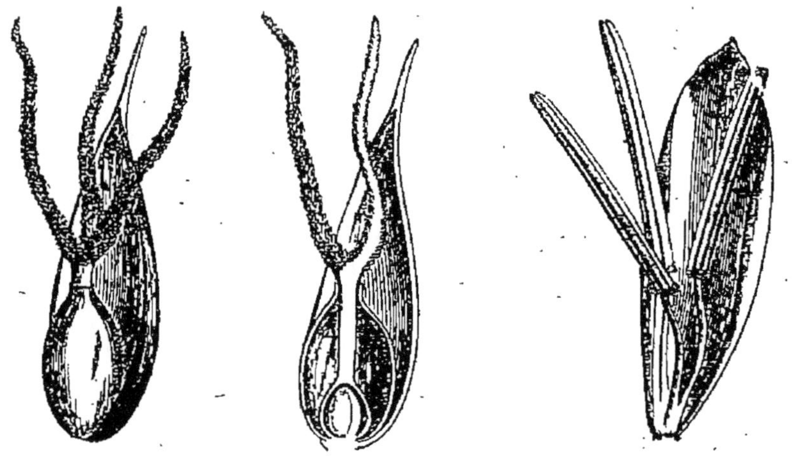

Fig. 381. — Fleurs isolées du Carex. Une fleur à étamine à droite; deux fleurs à pistil à gauche, dont l'une coupée pour montrer l'ovaire emprisonné dans l'utricule.

qualité des fourrages avec lesquels elles se trouvent mélangées; elles n'ont aucune utilité.

Les Scirpes, les Linaigrettes, les Souchets (*Cyperus*) sont aussi des Cypéracées. Les Scirpes sont employés au rempaillage des chaises. C'est au genre Souchet (*C. papyrus*) qu'appartient l'espèce dont la moelle servait aux Égyptiens pour fabriquer les apyrus. On cultive aussi en Afrique et dans le midi de l'Europe une variété de Souchet dont le rhizome est comestible.

Tableau des principales familles de Monocotylédones.

Fleurs pourvues d'un périanthe.	Coloré.	Régulier.	Ovaire libre.	Six étamines.	*Liliacées.*
			Ovaire adhérent.	Six étamines.	*Amaryllidées.*
				Trois étamines.	*Iridées.*
		Irrégulier. Une ou deux étamines soudées au pistil......			*Orchidées.*
	Vert.	Herbes vivaces. Fleurs complètes.			*Joncées.*
		Arbres dressés ou grimpants. Fleurs souvent incomplètes....			*Palmiers.*
Fleurs sans périanthe.	Fleurs souvent complètes. Tige arrondie, feuille à gaine fendue.................				*Graminées.*
	Fleurs incomplètes. Tige souvent à trois angles, feuilles à gaine non fendue.....				*Cypéracées.*

CHAPITRE VI

GYMNOSPERMES.

Phanérogames à graines nues. Arbres à feuilles persistant un certain nombre d'années.

Pin, If, Genévrier.

Types de la famille des *Conifères*.

Examinons un bois de Pins ou de Sapins au printemps :

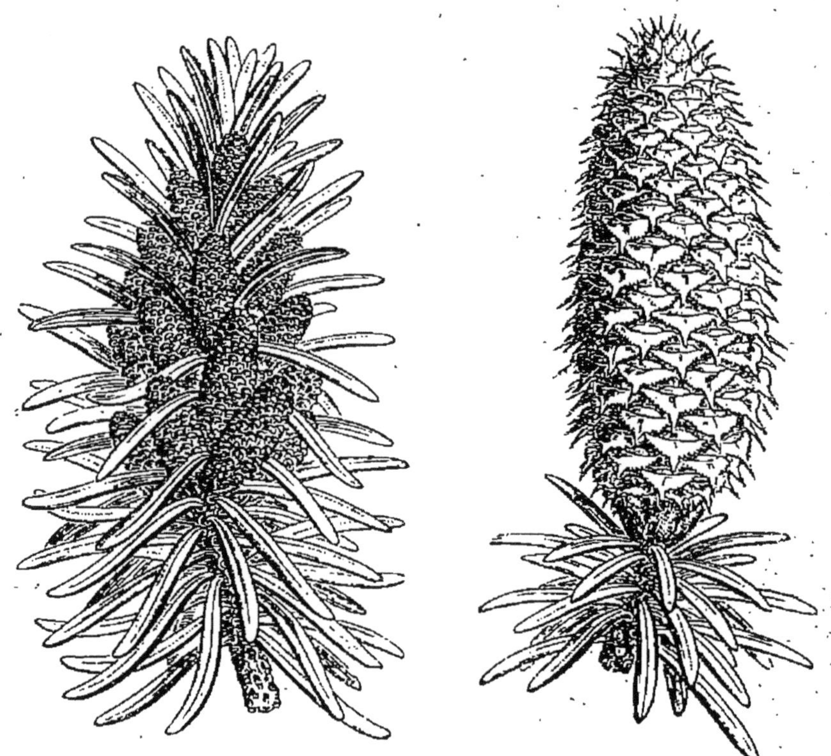

Fig. 382. — A gauche, un rameau de Sapin chargé de cônes à fleurs à étamines; à droite, un cône de fleurs à pistil du Sapin.

nous verrons, sur les rameaux les plus jeunes, de petites

masses ovoïdes, jaunes ou rouges, appelées *cônes :* ce sont les fleurs (fig. 382, 383).

Ces cônes sont formés par un grand nombre d'écailles fixées sur un axe commun. Les uns portent, à la face inférieure des écailles, deux petits sacs représentant les anthères, qui crèvent en laissant échapper le pollen (fig. 383); ces cônes constituent les fleurs à étamines. Les autres cônes, contenant les fleurs à pistil, sont formés par des lames appelées *bractées*, qui présentent à leur face supérieure d'autres lames plus minces, qu'on nomme *écailles ;* c'est sur

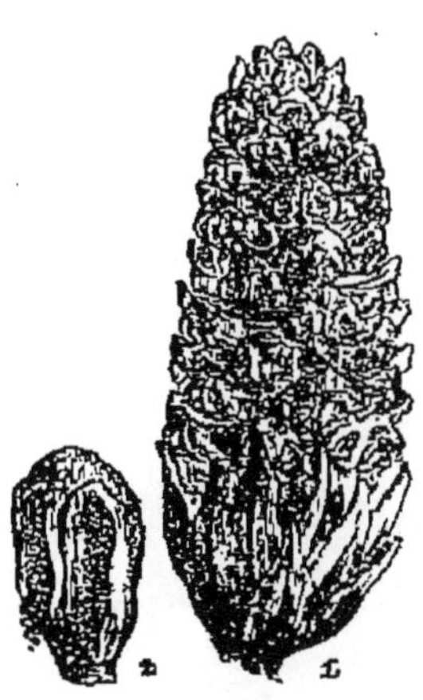

Fig. 383. — A gauche, cône de fleurs à pistil avec l'une des fleurs isolée, montrant les ovules; à droite, cône de fleurs à étamines; l'une des écailles isolée laisse échapper le pollen.

ces écailles que se trouvent deux corps sphériques, en forme de gourde, constituant les ovules (fig. 383).

Quand les étamines sont mûres, les anthères se rompent, et le pollen, emporté par le vent, est amené sur les cônes femelles; les grains de pollen introduits entre les écailles pénètrent jusqu'aux ovules et déterminent leur transformation en graines.

A partir de ce moment, les fleurs à étamines se flétrissent et tombent, tandis que les fleurs à pistil grossissent et se transforment en un fruit qu'on appelle *cône de Pin.* Les écailles, qui étaient minces dans les fleurs femelles, s'épaississent beaucoup à leur sommet, et se pressent les unes contre les autres, de façon à protéger les jeunes graines pendant leur développement (fig. 384).

Quand celles-ci sont mûres, les écailles du cône s'écartent et les graines tombent sur le sol.

La conformation du fruit du Pin a fait donner le nom de *Conifères* à la principale famille des Gymnospermes.

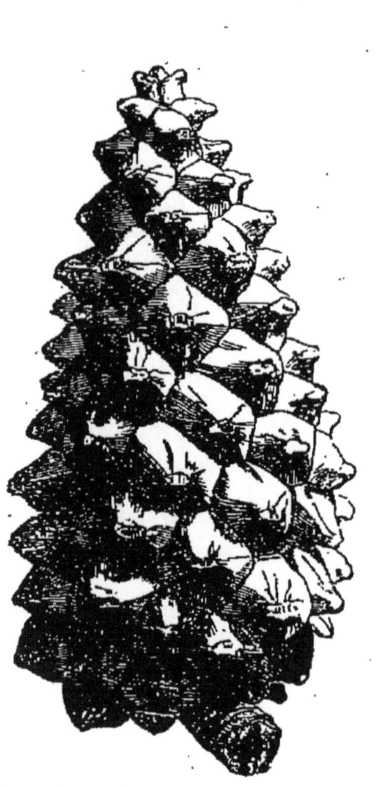

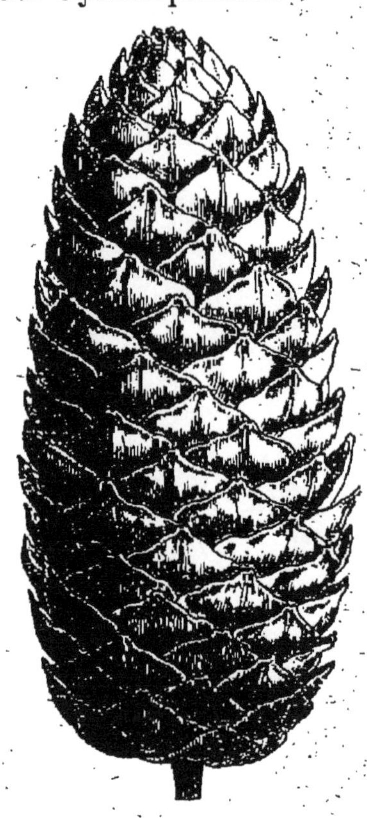

Fig. 384. — A gauche fruit du Pin, à droite fruit de l'Épicéa : ce sont des cônes Le cône du Pin a les écailles épaissies au sommet; celui de l'Épicéa a les écailles minces.

Les Conifères sont toujours des arbres. Si on examine la coupe en travers d'une bûche de Sapin, on distingue une écorce mince qui entoure le bois très développé. Le bois est divisé en couches concentriques, indiquant les formations de chaque année.

Les feuilles des Conifères sont généralement longues, étroites et piquantes : on les appelle des *aiguilles*. Ces feuilles persistent pendant l'hiver; les plus âgées tombent une à une et sont remplacées par de nouvelles feuilles. Aussi les Conifères conservent-ils pendant l'hiver la coloration verte de leur feuillage.

Les diverses parties du corps des Conifères contiennent des canaux particuliers dans lesquels s'amasse une matière résineuse, de sorte que si on coupe l'écorce, ou si l'on casse des branches ou des feuilles, la plaie laisse échapper des gouttelettes de résine, qui durcissent à l'air.

Caractères des Conifères. — D'après ce que nous venons de dire, on peut caractériser la famille des Conifères de la manière suivante :

Arbres à tige ramifiée, à feuilles simples, petites, souvent en forme d'aiguilles; graines souvent ailées, à enveloppe mince.

Ces caractères généraux peuvent être vérifiés sur le Pin, le Genévrier et l'If, que nous avons cités comme types. Néanmoins ces arbres diffèrent entre eux par la constitution des fruits, et les différences qu'ils présentent ont servi à établir trois grandes divisions dans la famille des Conifères.

Ainsi les fleurs à étamines du Pin, du Genévrier ou du Cyprès sont assez nombreuses, et les fruits forment par leur réunion un cône, tandis que dans l'If il n'y a qu'une fleur et le fruit est entouré d'une cupule charnue; d'autre part, le cône est allongé ou pointu chez le Pin, tandis qu'il est globuleux dans le Cyprès, le Genévrier.

Le Pin est le type des *Abiétinées*.

Le Cyprès, le Genévrier sont les types des *Cupressinées*.

L'If enfin est le type des *Taxinées*.

Abiétinées. — Conifères à feuilles longues, linéaires, formant des arbres de haute taille, monoïques ou quelquefois dioïques; cônes des fleurs à étamines et des fleurs à pistil ayant des écailles nombreuses. Les principaux genres sont : les Pins, les Sapins, le Mélèze, le Cèdre.

Les Pins (*Pinus*) sont des arbres à feuilles groupées ordinairement deux par deux, plus rarement en groupes de trois

Fig. 385. — Port du Pin pignon.

ou cinq, dont les fruits sont à écailles épaissies au sommet. Les espèces les plus importantes sont : le Pin sylvestre (*Pinus sylvestris*), arbre des régions montagneuses, qui résiste aux températures très basses et aux étés chauds. Son bois est très estimé pour la mâture ; le Pin laricio (*Pinus laricio*) ; le Pin maritime (*Pinus pinaster*) ou Pin de Bordeaux, arbre habitant les bords de la mer dans les terrains sableux ou siliceux ; c'est lui qui constitue les forêts désignées en Gascogne sous le nom de *pignadas*, où il a servi à fixer les dunes dans les Landes : il fournit surtout la résine ; le Pin pignon (*Pinus pinea*), ou Pin parasol, qui vit dans l'Europe méridionale, en Italie, en Provence : il est caractérisé par sa cime aplatie et fournit des graines comestibles (fig. 385).

Les Sapins (*Abies*) sont des arbres à feuilles solitaires nombreuses, à fruits dont les écailles sont minces au sommet (fig. 382). On distingue : le Sapin des Vosges (*Abies pectinata*), dont la cime est aplatie et dont les feuilles sont étalées horizontalement de chaque côté des rameaux, et l'Épicéa commun ou Sapin du Nord (*Picea excelsa*), à cime toujours pointue, en rameaux retombant de chaque côté des branches ; ces deux arbres appartiennent aux régions montagneuses, mais l'Épicéa vit dans les régions les plus élevées et les plus septentrionales.

Fig. 386. — Branche de Mélèze garnie de fleurs à étamines et de fleurs à pistil.

Le Mélèze (*Larix europæa*) à feuilles non persistantes, disposées en bouquets ou solitaires (fig. 386) se rencontre çà et là dans les forêts et les parcs où il a été introduit. Il est spontané dans les Alpes, où il est exploité à cause des qualités de son bois.

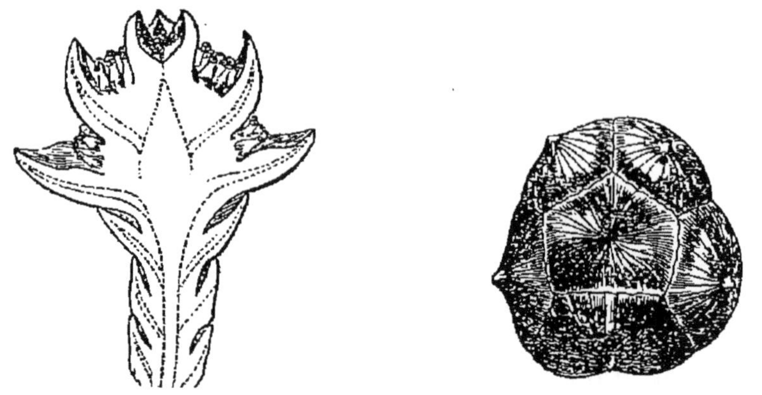

Fig. 387. — Inflorescence du Cyprès (*Cupressus*) coupée en long et fruit globuleux constitué par un petit nombre d'écailles.

Le Cèdre (*Cedrus Libani*), qui forme d'immenses forêts dans

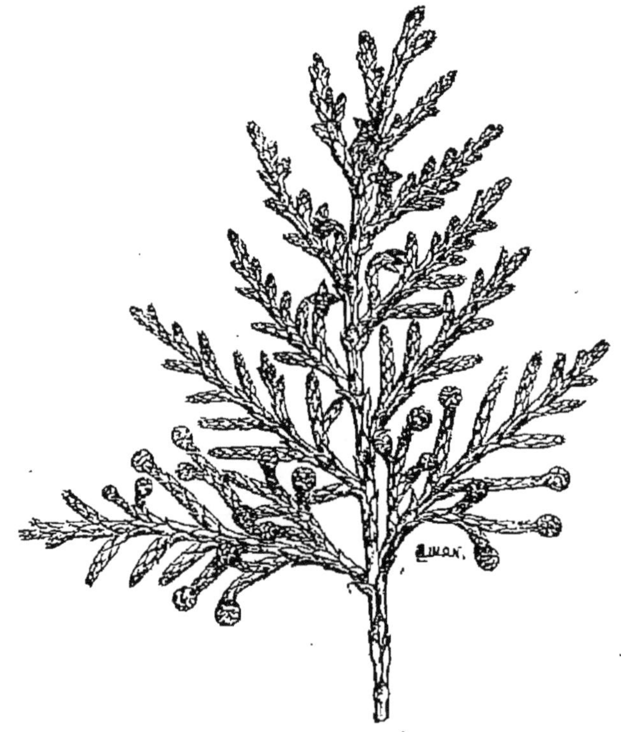

Fig. 388. — Rameau de Thuya.

l'Asie, dans l'Afrique, en Algérie, a été introduit en France par

B. de Jussieu (1736). Il est très répandu dans les parcs. Les branches horizontales portent des feuilles étroites, piquantes, disposées en bouquets ou solitaires ; les cônes sont oblongs.

Les Abiétinées sont des arbres répandus sur toute la surface du globe ; ils habitent de préférence les climats tempérés et froids, surtout les régions montagneuses.

Cupressinées. — Arbres de petite taille ou arbrisseaux à feuilles persistantes très petites, appliquées sur les branches ou raides. Les fleurs à étamines sont nombreuses ; les écailles des fleurs à pistil sont en petit nombre et les fruits forment un cône globuleux (fig. 387).

Le Cyprès (*Cupressus*), cultivé en France, très répandu dans les cimetières, le Genévrier (*Juniperus*), spontané dans les forêts (fig. 290), le Thuya (fig. 388), cultivé dans les jardins et

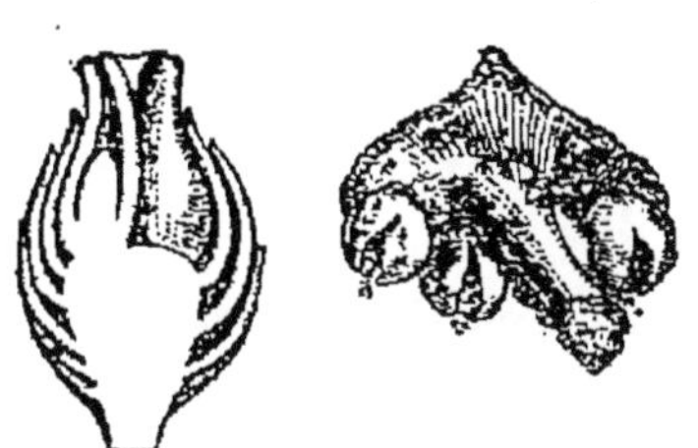

Fig. 389. — Fleur à étamine et fleur à pistil du Genévrier.

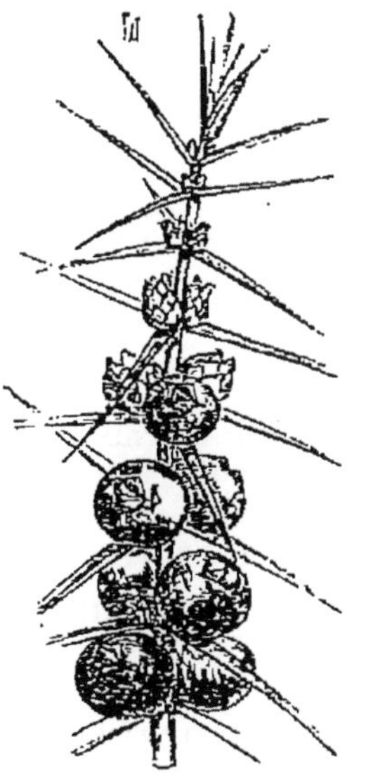

Fig. 390. — Branche de Genévrier avec des fruits.

les squares, très estimé en ébénisterie pour son bois, sont les représentants des Cupressinées.

Taxinées. — Arbres non résineux, presque toujours dioïques, à feuilles quelquefois larges ; fleurs à pistil solitaires, fruits formés par une graine entourée d'une cupule charnue (fig. 391). L'If (*Taxus baccata*), unique représentant de ce groupe, est fréquent dans les bois, à l'état de buisson ; mais il peut atteindre de grandes dimensions quand on ne coupe pas ses branches. Le bois de l'If est très compact et tenace ; il reçoit un beau poli, qu'il conserve longtemps ; coloré en noir, il ressemble beaucoup à l'Ébène. C'est un

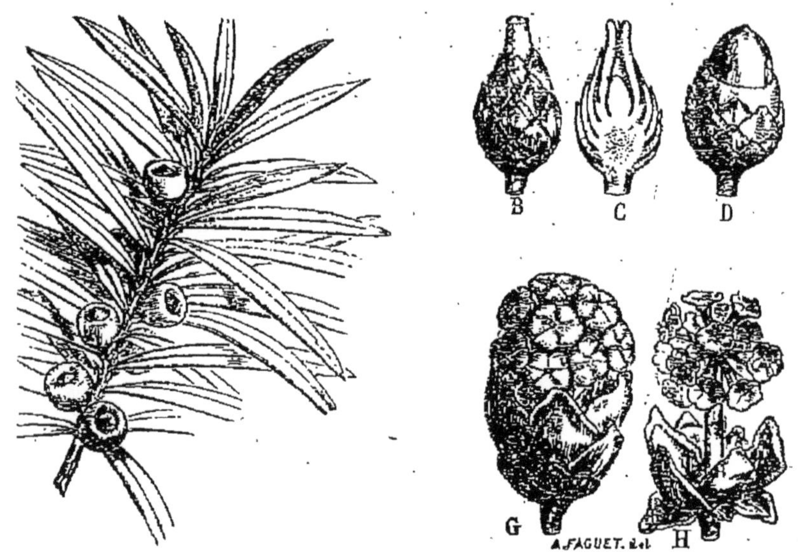

Fig. 391. — If (*Taxus baccata*). A, rameau chargé de fruits entourés d'une cupule charnue ; G, H, fleurs à étamines ; B, C, fleur à pistil ; D, fruit commençant à se former.

bois très recherché par les tourneurs et les sculpteurs ; malheureusement il est rare.

Usages des Conifères. — Les Conifères ont une grande importance dans l'industrie. Leur bois est employé en menuiserie sous le nom de *bois blanc ;* il se conserve très bien, à cause des substances résineuses dont il est imprégné. Leurs troncs, très droits et souvent d'une grande hauteur, sont employés à faire des mâts de navire, ainsi que les charpentes des échafaudages (Pin, Sapin). Quelques-uns sont même employés dans l'ébénisterie (Thuya).

Tous ces arbres fournissent, quand on incise leur écorce, une résine liquide, qui constitue la *térébenthine*. En distillant la térébenthine, on en extrait l'*essence de térébenthine* et une résine appelée *colophane*.

C'est surtout du Pin maritime qu'on extrait l'essence.

Familles voisines des Conifères : Cycadées. — Les *Cycadées* (fig. 392) sont représentées par des arbres habitant les régions chaudes de l'Afrique, de l'Australie et de l'Amérique ; on ne peut les cultiver que dans les terres chaudes, et ils sont maintenant assez répandus. Les *Cycas* sont les espèces les plus connues. Leur port rappelle un peu celui des Fou-

Fig. 392. — Port d'une Cycadée.

gères ; ils sont constitués par un tronc très gros et très court, terminé par un bouquet de feuilles très grandes, pennées et découpées, disposées en une large rosette ; le tronc est caché par d'autres feuilles très petites, brunes. Les graines sont pourvues d'une enveloppe charnue ; elles prennent chez les Cycas une belle couleur rouge.

Tableau des principales familles de Gymnospermes.

Arbres à tige ramifiée, feuilles simples souvent en forme d'aiguille. (*Conifères.*)	Fruit formé par un cône renfermant de nombreuses graines.	Cône oblong formé par des écailles nombreuses.	Pin.	*Abiétinées.*
		Cône globuleux formé par un petit nombre d'écailles.	Cyprès.	*Cupressinées.*
	Fruit formé par une seule graine, entourée d'une cupule charnue........... ..		If.	*Taxinées.*
Arbres à tige non ramifiée, à feuilles composées disposées en rosette...............			Cycas.	*Cycadées*

CHAPITRE VII

CRYPTOGAMES A RACINES.

Plantes pourvues de racines, de tiges et de feuilles; dépourvues de fleurs.

C'est à ce groupe qu'appartiennent les Fougères, les Prêles, les Lycopodes. Nous prendrons comme exemple les Fougères.

Dans nos pays les Fougères sont des plantes herbacées à tige souterraine. Examinons le Polystic, qui est commun dans les bois (fig. 393). Les feuilles de cette Fougère forment des bouquets terminant la partie souterraine de la tige; elles sont alternes. Vers la fin de l'été, leur face inférieure se couvre de taches brunes, régulièrement distribuées (fig. 394). Vues à la loupe, ces taches sont formées par le groupement d'un certain nombre de sacs appelés *sporanges*.

On appelle *sores* les amas formés par les sporanges ; dans la Fougère ils sont recouverts d'une membrane très mince qui donne aux sores l'apparence d'un Haricot. Quand les sporanges sont mûrs, ils se déchirent et laissent échapper une poussière brune formant les spores (fig. 395).

Semons les spores de Fougère sur de la terre de bruyère : elles germent au bout de quelques semaines et forment bientôt une petite lame verte, en forme de cœur, étalée sur la terre, et qui n'atteint pas plus d'un demi-centimètre de largeur. Cette lame se nourrit au moyen de poils absorbants fixés à sa face inférieure : on l'appelle *prothalle* (fig. 396). Il est assez difficile d'obtenir les prothalles par la germination des spores de Fougère, mais on peut s'en procurer facilement dans les serres, chez les horticulteurs, car la terre de bruyère, où l'on cultive les plantes d'orne-

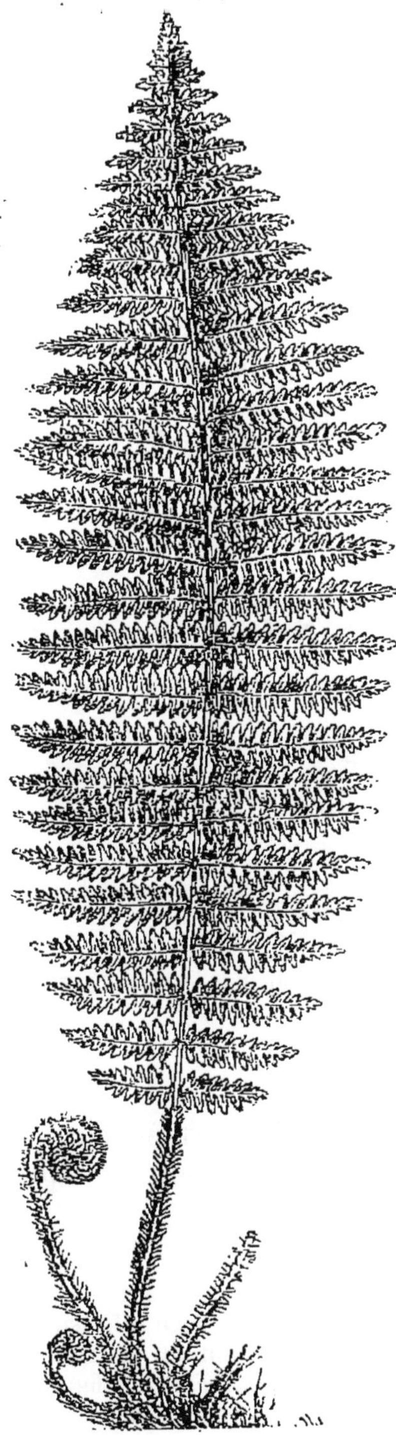

Fig. 393. — Polystic commun avec fragment de rhizome portant des racines adventives et des feuilles.

ment, contient beaucoup de spores de Fougère et développe au printemps un grand nombre de prothalles.

Au bout d'un certain temps, il se développe sur le pro-

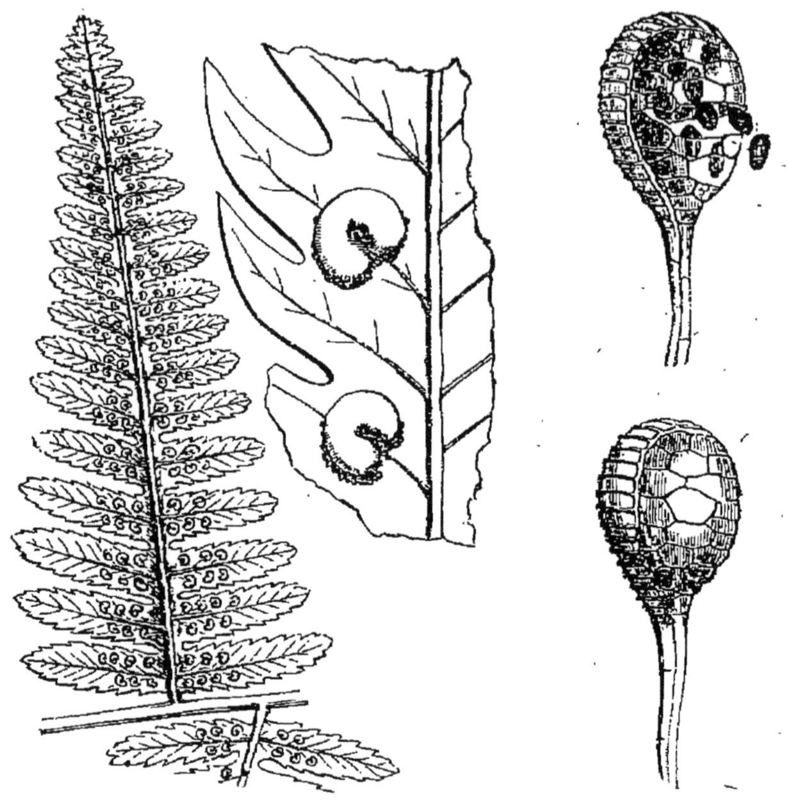

Fig. 394. — Fragment de feuille du Polystic montrant à la face inférieure les amas de sporanges appelés *sores*.

Fig. 395. — Deux sporanges de Fougère grossis; l'un d'eux laisse échapper les spores.

thalle une jeune Fougère, formée aux dépens d'organes extrêmement petits, qu'on ne peut voir qu'avec des instruments qui grossissent beaucoup[1].

1. Quand on peut examiner le prothalle d'une Fougère à l'aide d'un microscope, on aperçoit d'abord à la face inférieure des sacs arrondis, appelés *anthéridies*, qui se déchirent en mettant en liberté un grand nombre de cellules mobiles ou *anthérozoïdes* (fig. 397). A côté des anthéridies, il se forme des *archégones*, sortes de sacs contenant une petite masse ovoïde qui forme l'*œuf* de la Fougère. Les cavités des archégones communiquent à l'extérieur par un petit canal (fig. 597 à gauche). Quand

La jeune Fougère prend naissance à la face inférieure du prothalle et on ne l'aperçoit pas tout d'abord; mais bientôt une tige, des racines et des feuilles apparaissent, et la jeune Fougère dresse ses feuilles au-dessus du prothalle (fig. 396). Quand ses organes sont assez développés, le prothalle qui avait nourri cette jeune plante pendant son premier développement se dessèche et disparaît, et la Fougère se nourrit elle-même en développant de nouvelles tiges, feuilles et racines. Lorsqu'elle a atteint une certaine taille, les spores se forment sur la face inférieure des feuilles, comme nous venons de le voir.

Fig. 596. — Prothalles de Fougères dont l'un a déjà développé une jeune Fougère.

Ainsi le développement complet d'une Fougère se fait en deux phases, si l'on part de la spore pour retourner à la spore. Cette spore germe en donnant une plante qui vit très peu de

les archégones sont mûrs, les anthéridies crèvent, et les anthérozoïdes, mis en liberté, pénètrent dans la cavité des archégones et se mélangent à l'œuf.

C'est seulement à partir de ce moment que l'œuf peut se developper.

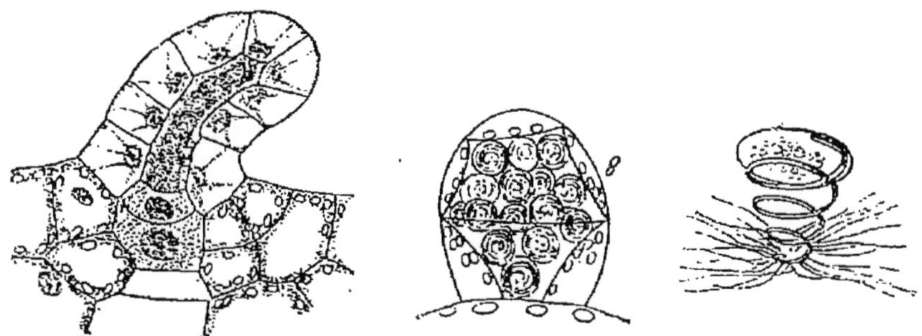

Fig. 597. — Un archégone de Fougère isolé à gauche; une anthéridie au milieu et un anthérozoïde grossi à droite.

L'œuf de la Fougère reste sur le prothalle où il a pris naissance, et se nourrit à ses dépens. Il forme une jeune Fougère, où l'on voit bientôt apparaître une tige, une feuille et une racine (fig. 306 à gauche).

temps, le *prothalle*. Sur ce prothalle apparaissent des organes destinés à former la Fougère telle que nous la connaissons, qui seule est vivace et qui atteint une grande taille.

Toutes les Cryptogames à racines, telles que la Prêle, le Lycopode, ont un développement analogue à celui que nous venons de décrire pour la Fougère commune.

Les principaux groupes de Cryptogames à racines correspondent à chacune des trois plantes que nous venons de citer ; ce sont : les *Fougères*, dont le type est le Polystic ; les *Équisétacées*, dont le type est la Prêle ; les *Lycopodiacées*, dont le type est le Lycopode.

Fougères. — Les *Fougères* se reconnaissent à leurs feuilles alternes, à leur limbe ordinairement très découpé et à leurs

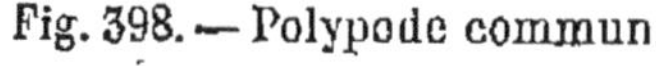

Fig. 398. — Polypode commun

Fig. 399. — Scolopendre officinale ; les sporanges sont groupés en rangées de chaque côté de la nervure de la feuille.

bourgeons, dans lesquels les jeunes feuilles sont toujours enroulées en crosse. Les Fougères de nos pays ont toutes leur tige souterraine celles des pays chauds sont dressées, arborescentes, et atteignent souvent une hauteur de 15 mètres.

Les Fougères les plus communes de nos pays sont, avec le Polystic que nous avons décrit, les Polypodes (fig. 398), les Scolopendres (fig. 399), les Asplénies, les Ptéris, les Osmondes.

Les Polypodes et les Asplénies se rencontrent fréquemment sur les murs; les premiers ont les sores arrondis, jaunes, dépourvus de membranes pour les protéger; les secondes, de petite taille, ont les sores formant des raies noires à la face inférieure des feuilles. Les Scolopendres ont les feuilles entières larges, et possèdent des sporanges groupés en bandes allongées; on les trouve souvent dans les puits. Les *Ptéris*, qui vivent dans les terrains sablonneux, sont les plus grandes de nos Fougères indigènes : leurs feuilles, très découpées, ont une longueur de 1 à 6 mètres et portent les sporanges sur leurs bords; ces feuilles se développent sur un rhizome enfoncé parfois à une grande profondeur.

L'Osmonde royale se distingue des Fougères précédentes en ce que les spores sont portées par des feuilles spéciales dont le limbe ne se développe pas.

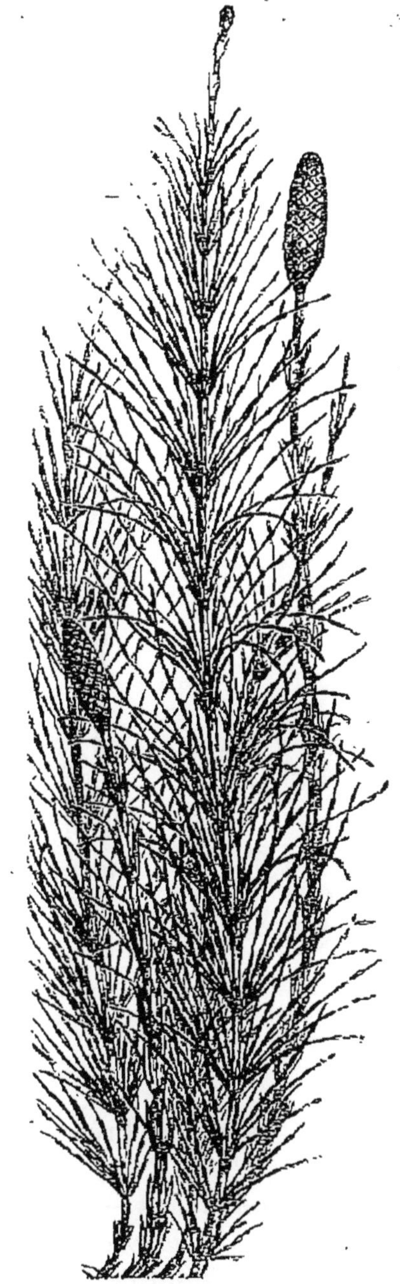

Fig. 400. — Pieds de Prêle des champs. Deux tiges portent des sporanges, les autres ne présentent que des feuilles et des rameaux.

Équisétacées. — Les Prêles (fig. 400), qui constituent le type de cette famille, sont des herbes qui vivent toujours dans les endroits humides, ruisseaux ou marécages. Leur tige, creuse, cannelée, est formée d'un grand nombre d'articles emboîtés les uns dans les autres. A la limite de séparation de ces articles, on aperçoit les feuilles, formant de petites languettes vertes ou brunes, soudées ensemble de façon à constituer une collerette autour de la tige. Les rameaux sont verticillés. Les sporanges sont placés à l'extrémité de certaines tiges, sur des écailles qui forment par leur réunion de petites massues (fig. 401).

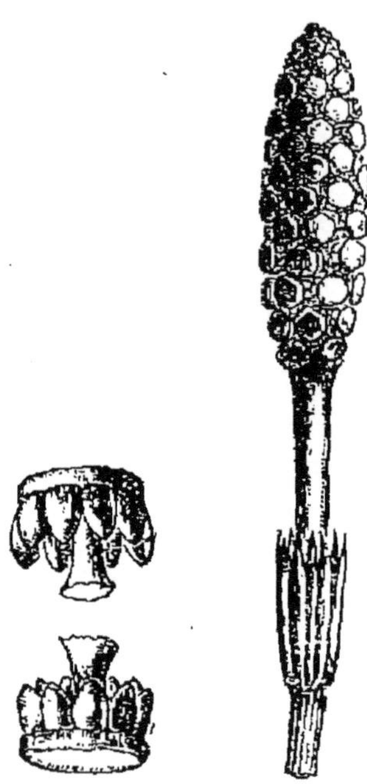

Fig. 401. — Extrémité d'une tige de Prêle montrant des sporanges. Sporanges isolés à gauche.

Ces plantes sont incrustées de silice, et à cause de cela elles sont employées pour polir le bois.

Les Prêles, qui vivent dans les ruisseaux, dans les champs ou les bois humides, se distinguent par la disposition des sporanges. Tantôt les sporanges sont placés à l'extrémité de tiges qui périssent après l'émission des spores : tel est le cas dans la Prêle des Champs, dont on aperçoit les sporanges dans les champs au mois de mars ; d'autres fois les sporanges sont placés à l'extrémité de toutes les tiges, comme on le voit dans la Prêle des Marais.

Lycopodiacées. — Les Lycopodes, qui appartiennent à la famille des *Lycopodiacées*, sont des plantes herbacées de petite taille, dont la tige est couverte par les feuilles appliquées contre la surface.

Les spores sont formées dans des sporanges constituant des épis au sommet des tiges.

La poudre vendue dans le commerce sous le nom de

poudre de lycopode est entièrement formée par des amas de spores.

C'est à la famille des Lycopodiacées qu'appartiennent les Sélaginelles, plantes herbacées qui vivent dans les forêts humides des régions tropicales et qu'on cultive fréquemment en bordure dans les serres et les jardins d'hiver. Ces plantes se reconnaissent à leurs feuilles et à leurs rameaux situés dans le même plan.

Tableau des principaux groupes de Cryptogames à racines.

Feuilles alternes, grandes, découpées, enroulées en crosse dans le jeune âge........................	*Fougères.*
Feuilles verticillées, très petites, soudées ensemble et formant une gaine autour de la tige.	*Equisétacées.*
Feuilles alternes, petites, nombreuses, appliquées sur la tige et la couvrant entièrement..........	*Lycopodiacées.*

CHAPITRE VIII

CRYPTOGAMES SANS RACINES.

Plantes dépourvues de fleurs et de racines. Elles se reproduisent par des corpuscules très petits, formés d'une seule cellule, et appelés *spores*.

Parmi les plantes qui composent ce groupe, il en existe dont le corps se divise généralement en tige et en feuilles : ce sont les *Muscinées* (Polytric). Les autres ne présentent ni tige ni feuilles : leur corps, semblable dans toutes ses parties, a reçu le nom de *thalle;* ces plantes s'appellent *Thallophytes*. On y distingue les *Algues*, les *Champignons* et les *Lichens*.

Les *Champignons* sont caractérisés par l'absence de chlorophylle dans leur corps ; les *Algues* contiennent généralement de la chlorophylle et sont pour la plupart aquatiques ; les *Lichens* sont formés par l'association d'une Algue et d'un Champignon.

On peut alors grouper de la manière suivante les Cryptogames sans racines :

Plantes pourvues de tiges et de feuilles..........		*Mousses.*
Plantes sans tiges ni feuilles, corps formé d'un thalle.	Avec chlorophylle.	*Algues.*
	Sans chlorophylle.	*Champignons.*

Mousses.

Cryptogames sans racines, à corps généralement pourvu de tiges et de feuilles.

Les Mousses sont des plantes très petites vivant sur la terre, les murs ou les arbres. Leur taille varie entre 1 millimètre et 15 centimètres.

Nous prendrons comme exemple une des Mousses de grande

taille, le Polytric, qu'on rencontre en abondance dans les terrains sablonneux. Cette Mousse présente (fig. 402) une tige couverte de feuilles orientées en tous sens, et sa base, enfoncée dans le sol, porte des poils absorbants bruns, qui jouent le rôle des racines. Pendant la plus grande partie de l'année, le Polytric est réduit à sa tige couverte de feuilles. Mais si on l'examine au printemps, on s'aperçoit qu'il se développe, au sommet de la tige, des rosettes, des feuilles régulièrement disposées, les unes vertes, les autres rouges. C'est au milieu de ces rosettes de feuilles que se trouvent des organes particuliers destinés à déterminer[1] la formation de l'appareil portant les spores. Cet appareil se présente sous l'aspect d'un filament grêle, très allongé, qui se renfle à son sommet pour former un sac. C'est dans ce sac, appelé *capsule*, que se forment les spores (fig. 405). Quand les capsules sont

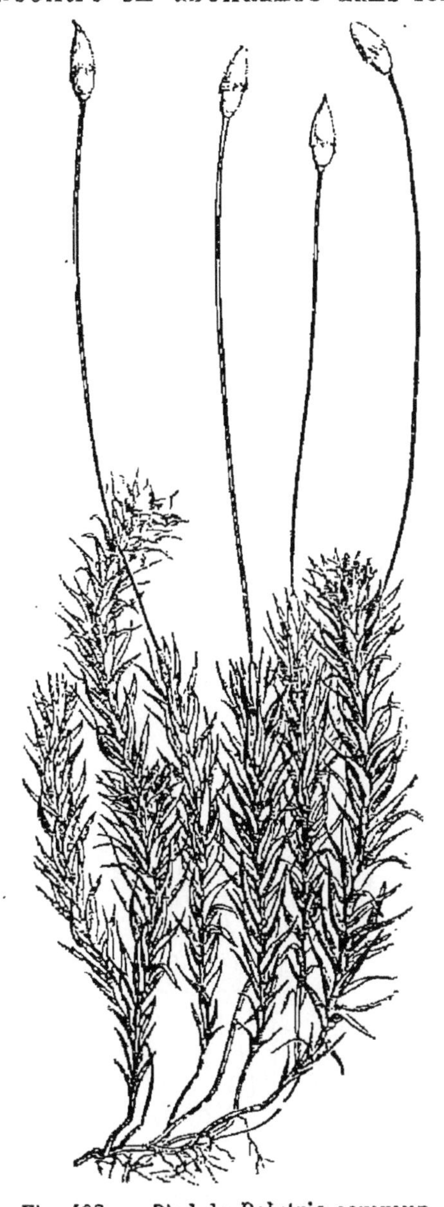

Fig. 402. — Pied de Polytric commun.

1. Lorsqu'on examine au microscope certaines rosettes de feuilles, on voit des groupes de petits sacs en forme de massue; ces sacs, appelés *anthéridies* (fig. 403, *an*), crèvent bientôt, en laissant échapper une gelée au milieu de laquelle se trouvent de petites cellules extrême-

mûres, elles s'ouvrent à leur sommet en se partageant en deux parties, l'*urne*, qui est remplie de spores, et l'*opercule*, sorte de couvercle qui en tombant permet aux spores de s'échapper. Dans le Polytric, l'urne est fermée par une membrane percée de trous sur les côtés. Dans d'autres Mousses, la Funaire hygrométrique (fig. 405), les bords de l'urne sont garnis d'une collerette de petites dents, qu'on désigne sous le nom de *péristome*. Un peu avant la maturité, la capsule est ordinairement recouverte par un capuchon appelé *coiffe* (fig. 404).

Les spores formées dans l'urne, mises en liberté, tombent sur la terre, germent et reproduisent une nouvelle Mousse.

En résumé, le développement complet d'une Mousse se

ment mobiles, appelées *anthérozoïdes*. Les pieds qui forment les anthéridies sont reconnaissables à leur couleur rouge. Sur d'autres pieds, on voit, au milieu des rosettes de feuilles (fig. 403, *ar*), de petits organes en forme de bouteille, appelés *archégones;* ces archégones contiennent au centre de leur partie renflée une petite boule qui constitue l'œuf de la

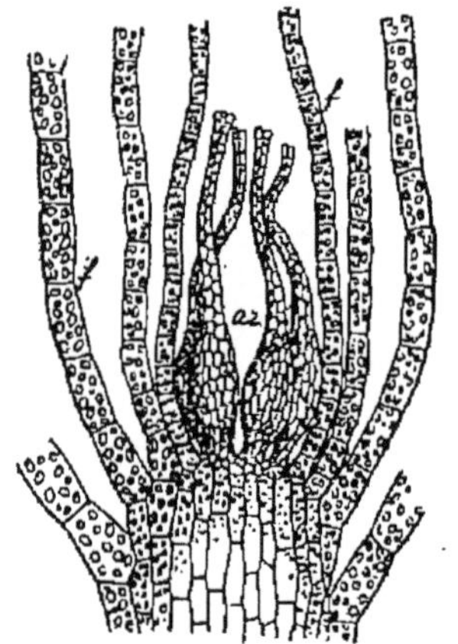

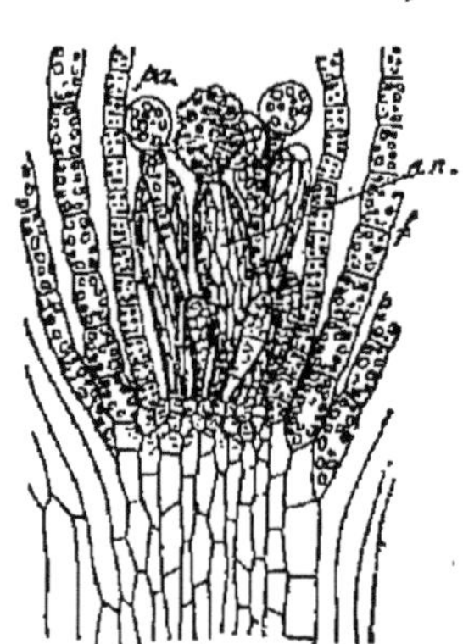

Fig. 403. — Funaire hygrométrique; à gauche, rosette de feuilles renfermant les archégones; à droite, rosette de feuilles entourant les anthéridies.

Mousse. Quand les anthérozoïdes sont mis en liberté, ils viennent se mélanger à l'œuf en pénétrant par le col de l'archégone, et à partir de ce moment l'œuf peut se développer.

L'œuf du Polytric germe à l'endroit où il a pris naissance et en grandissant développe ce que l'on appelle la *capsule*.

produit en deux phases : les spores renfermées dans la capsule germent sur la terre humide en développant une plante pourvue d'une tige et de feuilles, constituant ce qu'on appelle vulgairement la Mousse; au bout d'un certain temps, cette plante forme, au moyen d'organes très petits, la *capsule*, dans laquelle se produiront les spores.

On voit par cette description que le développement des Mousses présente beaucoup de ressemblance avec celui des Fougères.

Les Mousses sont très répandues; elles vivent sur la terre,

Fig. 404. — Capsule du Polytric montrant l'urne (2), l'opercule qui la recouvre (3) et la coiffe (5). C'est dans l'urne que se trouvent les spores.

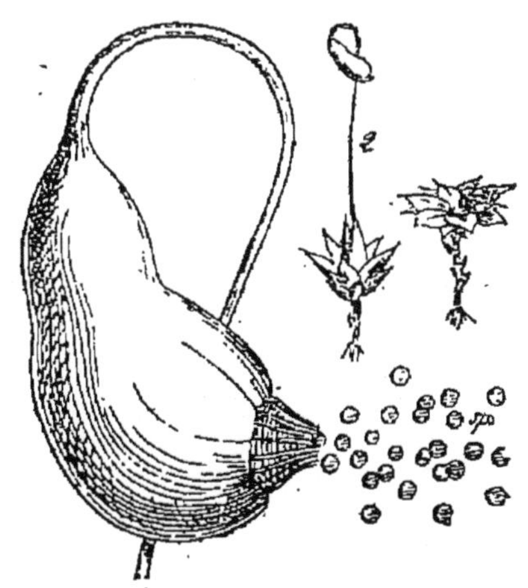

Fig. 405. — Funaire hygrométrique. 1, plante entière; 2, plante entière ayant développé une capsule, 3, capsule grossie laissant échapper les spores. L'orifice de la capsule est garni d'une couronne de petites dents formant le *péristome*.

sur l'écorce des arbres, sur les murs; on les rencontre ordinairement mélangées avec les Lichens; elles représentent, avec ces derniers, les premières plantes qui apparaissent sur la terre et sur les pierres.

Utilité des Mousses. — Les Mousses sont sans utilité. Cependant nous devons citer les Sphaignes (*Sphagnum*), Mousses décolorées qui vivent dans les lieux marécageux. Les Sphaignes constituent exclusivement le sol des tourbières, et ce sont leurs débris qui, en s'accumulant dans l'eau, se décomposent lentement et se transforment en tourbe.

Plantes voisines des Mousses. — C'est au groupe que forment les Mousses que l'on rattache les Hépatiques. Ces

Fig. 406. — Marchantia. Plante entière formée par un thalle aplati sur le sol, portant à droite des chapeaux qui contiennent des archégones, à gauche les chapeaux renfermant les anthéridies.

plantes, dont les *Marchantia* (fig. 406) et les *Jungermannes* (fig. 407) sont des exemples, diffèrent surtout des Mousses, parce que souvent leur corps est formé par un thalle (*Marchantia*), et parce que la capsule renfermant les spores s'ouvre ordinairement en quatre valves. Les *Marchantia* se trouvent dans les bois, sur la terre humide, fréquemment sur les places à charbon. Leur thalle est une lame verte étalée sur le sol, et sur cette lame on voit apparaître en été les organes destinés à former l'appareil à spores. Les Hépatiques renferment tous les exemples de transition entre les plantes à thalle et les plantes pourvues de tiges et de feuilles.

Fig. 407. — Rameau de Jungermanne avec une capsule s'ouvrant en quatre valves.

Algues.

Plantes constituées par un thalle : elles renferment de la chlorophylle.

Les Algues sont des plantes pourvues en général de chlorophylle; elles sont ordinairement aquatiques, ou se plaisent dans les lieux humides. La coloration verte des Algues est souvent masquée par des matières colorantes brunes, rouges, etc., et la présence de ces matières colorantes est assez constante pour servir à distinguer les principaux groupes d'Algues.

On distingue en effet les Algues vertes, qui contiennent seulement la chlorophylle que nous avons rencontrée dans les organes verts des plantes supérieures; les Algues brunes, renfermant en outre une matière colorante brune; et les Algues rouges, où la chlorophylle est mélangée avec une matière colorante rouge.

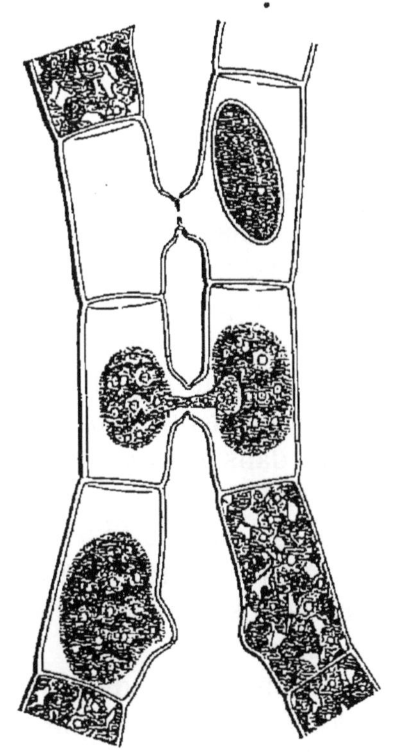

Fig. 408.—Rameaux de Spirogyre (Algue verte) au moment de la formation des œufs.

Algues vertes. — La plupart vivent dans l'eau douce et sur la terre, quelques-unes vivent dans la mer.

Les Algues vertes d'eau douce se présentent souvent sous l'aspect de filaments très fins qui flottent dans les ruisseaux ou les bassins des fontaines publiques, comme les Spirogyres (fig. 408), les Vauchériées, ou se fixent sur les plantes aquatiques, comme les Œdogonium; elles sont toujours de petite taille. Les Algues terrestres constituent parfois de petits globules verts, les *Protococcus*, qui donnent la couleur verte au bois, aux troncs d'arbres, aux rochers, dans les endroits humides.

Les Algues vertes marines sont de plus grande taille; citons notamment les Valonia (pl. I, fig. 3), qui forment des masses piriformes; les Caulerpa (pl. I, fig. 2), qui vivent dans les mers chaudes (on en trouve aussi dans la Méditerranée) ; elles ont une espèce de tige rampante fixée au fond de la mer par des crampons, et laissent échapper des branches vertes qui flottent dans la mer. Citons enfin les Acétabularia (pl. I, fig. 8), qui, par leur forme de parasols, ressemblent à des Champignons et sont imprégnées de calcaire, auquel elles doivent leur couleur blanchâtre.

C'est au voisinage des Algues vertes qu'on peut placer les Nostocs, algues gélatineuses qui vivent sur la terre dans les endroits humides, et les Bactéries, algues incolores qui vivent en parasites et causent des maladies graves (charbon, croup, etc.).

Algues brunes. — Les Algues brunes vivent pour la plupart dans la mer et elles atteignent des dimensions considérables. Ce sont d'abord les Laminaires, les *Macrocystis*, les *Nereocystis*, qui se fixent aux rochers au moyen de crampons et laissent flotter dans l'eau une lame très longue (Laminaire) ou une tige terminée par un flotteur et de nombreuses lames (*Nereocystis*, pl. I, fig. 9); ou enfin forment, comme dans le *Macrocystis*, un cordon dépassant parfois trois cents mètres et sur lequel sont fixées de petites lames.

Les *Macrocystis* vivent dans les grands océans de l'hémisphère austral; les Laminaires et les *Nereocystis* vivent dans notre hémisphère : on les trouve souvent dans l'Océan et la Méditerranée.

C'est au groupe des Algues brunes qu'appartiennent aussi les *Fucus* ou Varechs (fig. 409), ayant un thalle lamelliforme avec des flotteurs pour le maintenir dans l'eau; le Fucus vésiculeux vit sur nos côtes; citons aussi les Sargasses, qui occupent de grandes étendues dans la mer, mais, malgré ce qu'on a dit, elles ne gênent jamais la navigation.

Parmi les Algues brunes d'eau douce, citons les Diato-

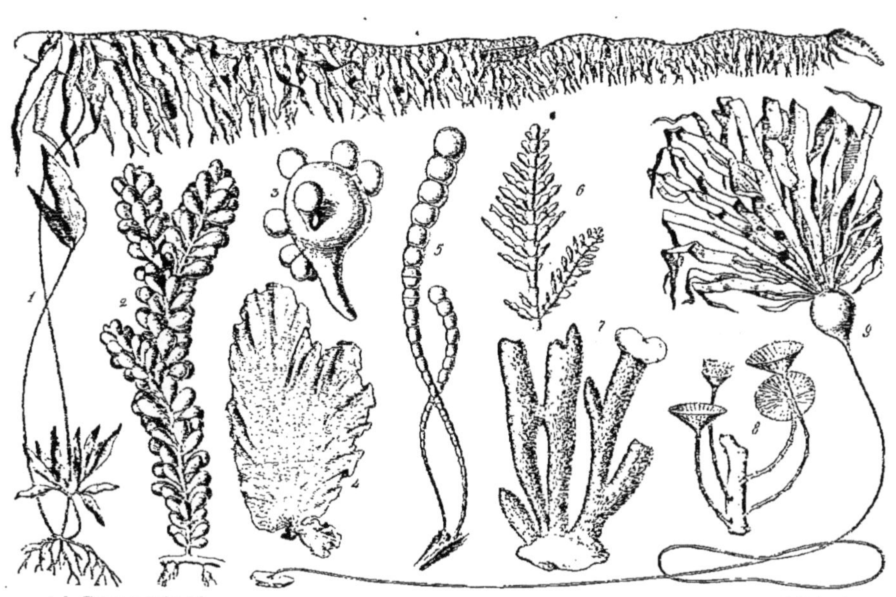

A. L. Clément et Millot, del. | S. Krakow imp.

Algues.

mées (fig. 410), algues à carapace siliceuse qui donnent aux mares et aux ruisseaux leur couleur de rouille. Les Dia-

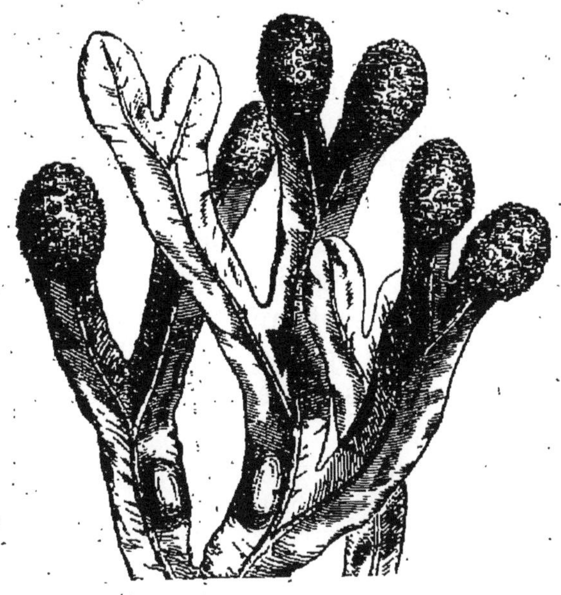

Fig. 409. — Fragment du thalle de Varech vésiculeux (*Fucus*); les massues qui sont au sommet renferment les organes reproducteurs.

tomées sont microscopiques, mais elles s'amassent parfois

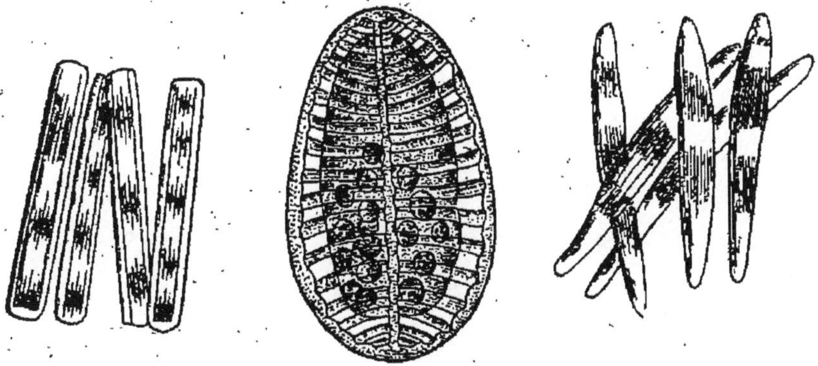

Fig. 410. — Différentes espèces de Diatomées, Algues à carapace siliceuse.

en si grand nombre, qu'elles forment d'importants dépôts de tripoli utilisé pour polir les métaux.

Algues rouges. — Les Algues rouges sont très communes sur nos côtes; elles peuvent vivre sans difficulté à une profondeur plus considérable encore que les Algues brunes. Tantôt elles ont un thalle extrêmement ramifié, comme les Céramiées, qui forment ces élégantes arborisations roses sur les rochers; d'autres fois, elles forment des lames, comme le Porphyra (pl. I, fig. 4); enfin, elles peuvent être incrustées de calcaire, et acquièrent alors, avec la dureté de la pierre, l'aspect des branches de corail; telles sont les Corallines (pl. I, fig. 6).

Les Algues se reproduisent soit par des spores (Nostocs), ou par des œufs, comme les Spirogyres, les Fucus[1]; ou enfin à la fois par des œufs et des spores, comme les Algues rouges.

1. On peut observer facilement chez les Spirogyres et le Fucus vésiculeux les phénomènes de la reproduction.

Quand on examine les Spirogyres au mois d'avril (fig. 408), on voit

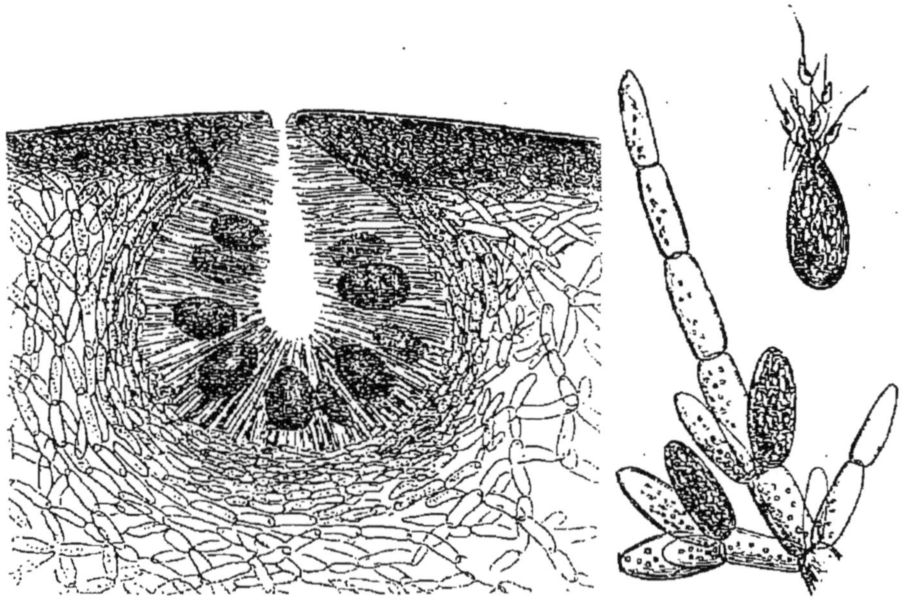

Fig. 411. — Coupe d'une massue de Varech montrant les oogones ou sacs d'œufs; à droite se trouve un des poils qui tapissent les cavités et qui forment les anthéridies, dont une isolée est dessinée au moment où les anthérozoïdes sortent.

chaque filament envoyer vers le filament le plus voisin, et de chacun de ses articles, de petits tubes qui mettent bientôt les filaments en

Usages des Algues. — Les Algues sont employées quelquefois dans l'alimentation; tels sont les Fucus, les Laminaires; on les emploie aussi en médecine, pour préparer des cataplasmes. D'autres Algues sont utilisées pour détruire les vers intestinaux : Algues rouges (Corallines). Les Varechs sont surtout employés comme engrais, ou bien on les brûle pour extraire la soude que renferment leurs cendres.

Champignons.

Plantes sans chlorophylle, vivant sur les matières animales ou végétales.

Les Champignons, caractérisés, comme nous venons de le dire, par l'absence de chlorophylle, ne peuvent pas se nourrir des matières minérales contenues dans l'air. Ils doivent prendre leur nourriture toute faite, en l'empruntant aux matières organiques provenant du corps des êtres vivants. Les uns vivent sur le fumier, les feuilles mortes, comme les Champignons comestibles : Agaric, Cèpe, etc. D'autres se développent même sur le corps des plantes ou des animaux vivants; ils sont alors appelés *parasites*, ils provoquent souvent des maladies graves. La rouille du Blé, la carie du Seigle, la maladie de la Pomme de terre, le muguet des enfants, sont provoqués par des Champignons parasites.

communication (fig. 408). Alors le contenu de chaque article d'un des filaments passe dans le filament opposé et se mélange avec le contenu de celui-ci. Le résultat de cette fusion est un *œuf*. Il y a autant d'œufs que d'articles dans le filament.

Chez les Fucus, les organes de reproduction sont localisés dans des renflements en forme de massue, terminant les découpures du thalle (fig. 409). Ces massues sont criblées de petits trous qui aboutissent à des cavités renfermant les organes de reproduction. Dans les unes (fig. 411), au milieu des poils qui tapissent les parois on voit de grosses masses arrondies, qui sont les *oogones* ou organes qui contiennent les œufs. Dans d'autres cavités, qui ne contiennent que des poils, les articles de ces poils forment de petits sacs, appelés *anthéridies;* ces sacs se rompent et laissent échapper de petits corpuscules mobiles, appelés *anthérozoïdes*.

Quand les œufs sont mis en liberté, les anthérozoïdes nagent dans l'eau et viennent s'accoler aux œufs, qui ne peuvent germer qu'après avoir reçu leur contact.

Champignons vivant sur les débris de végétaux : Agaric comestible. — Le Champignon de couche ou Agaric comestible, que nous prendrons d'abord comme exemple, vit sur les matières végétales en décomposition, notamment sur le fumier.

On le cultive habituellement dans des caves ou dans des

Fig. 412. — Champignon de couche ou Agaric comestible, à divers états de développement.

carrières abandonnées. Examinons le fumier sur lequel il pousse : nous verrons les brins de paille entourés d'un duvet blanc, appelé blanc de Champignon ou *mycélium*. C'est le thalle de ces plantes, au moyen duquel elles se nourrissent des substances renfermées dans le fumier. Bientôt on aperçoit de place en place de petits corpuscules blancs, renflés en massue; chacun présente une partie renflée, appelée *chapeau*, supportée par une région rétrécie constituant le *pied* (fig. 412).

Peu à peu les bords du chapeau, attachés au pied, déchirent la membrane qui les fixait, et le chapeau s'étale. On voit alors que la face inférieure porte un grand nombre de lames rayonnant depuis le pied jusqu'aux bords; elles sont colorées d'abord en violet, puis brunissent peu à peu au moment de la maturité. Ce sont ces lames qui portent les spores, et la couleur qu'elles prennent est due aux spores dont elles sont couvertes. Il suffit, pour s'en convaincre, de couper au ras du chapeau un Champignon bien mûr, et de déposer celui-ci sur une feuille de papier blanc : au bout de quelques heures, quand on enlève le chapeau, on voit des

Fig. 413. — Amanite bulbeuse à divers états de développement.

traînées de poussière noire dessiner sur la feuille la trace des lames fixées sur le chapeau. Cette poussière est formée par des amas de spores qui sont tombées de la surface des lames.

Le Champignon de couche est donc formé par deux parties : le *mycélium*, qui vit dans les débris de plantes et y puise la nourriture, et les *appareils à spores*, les chapeaux, qui se développent çà et là sur le mycélium.

L'Agaric comestible est le type d'un groupe de Champignons appelés *Basidiomycètes* et qui portent leurs spores, au nombre de deux ou de quatre, à l'extrémité de certains filaments renflés en massue. Les Champignons communs appartiennent à ce groupe; citons notamment les Bolets ou Cèpes, les Clavaires ou Crêtes-de-Coq, les Hydnes, les Polypores, les Lycoperdons.

Ces Champignons sont tellement nombreux, qu'on a dû les diviser en plusieurs groupes.

Les uns sont pourvus de chapeaux et portent les spores

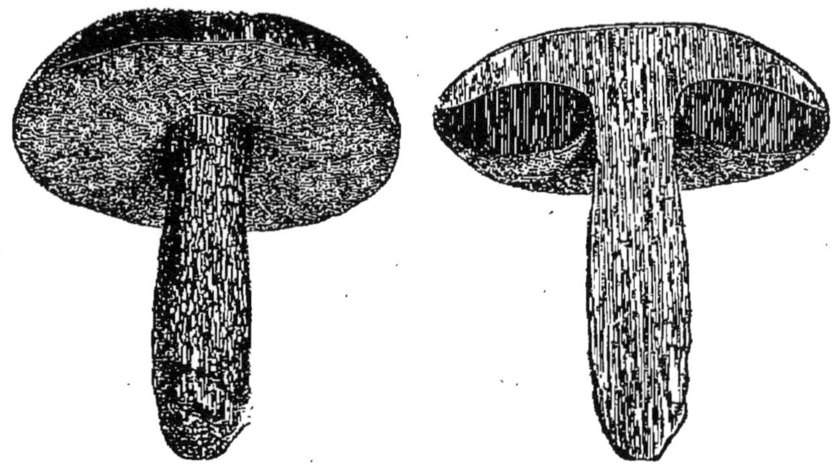

Fig. 414. — Bolet entier et coupé en long; le chapeau est garni de tubes à la face inférieure.

sur les lames fixées à la face inférieure de ceux-ci; tels sont les Agarics (Agaric comestible, Chanterelle, Oronge, Ama-

Fig. 41 — Hydne; le chapeau est couvert de pointes saillantes.

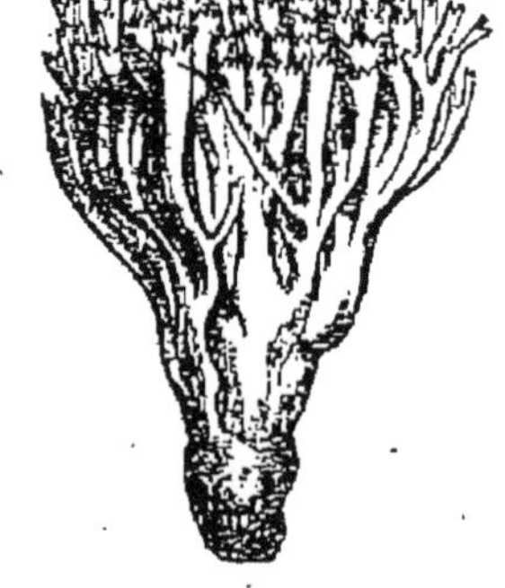

Fig. 416. — Clavaire, champignon dépourvu de chapeau.

nite bulbeuse (fig. 413), etc. D'autres ont les spores fixées sur des tubes à la face inférieure des chapeaux. Ex. : Bolets (fig. 414), Polypores; les Hydnes ont les spores fixées sur un grand nombre de pointes placées à la face inférieure du chapeau (fig. 415).

Enfin les derniers, qui sont dépourvus de chapeaux, portent leurs spores sur toute la surface : Clavaires (fig. 416); ou renfermées dans des cavités qui s'ouvrent à la maturité : Lycoperdons.

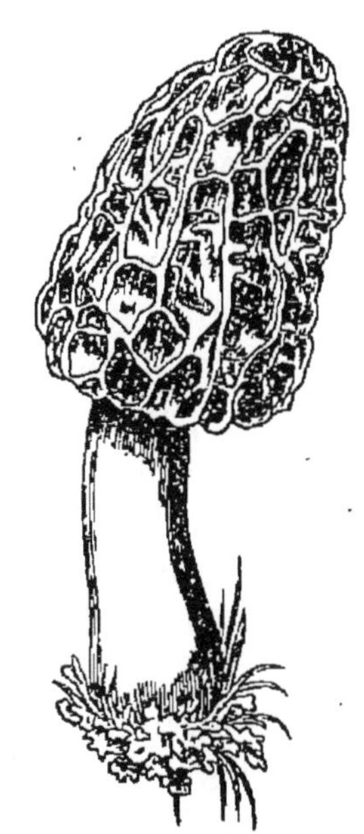

Fig. 417. — Morille. Champignon à spores formées à l'intérieur des filaments. C'est un Champignon Ascomycète.

Morille. — La Morille (fig. 417) a la forme d'une massue, dont la surface est couverte de plis contournés en tous sens. Les spores sont développées sur toute la surface du chapeau ; mais, au lieu d'être fixées sur des filaments du Champignon, comme chez les Agarics ou les Polypores, elles apparaissent à l'intérieur de ceux-ci, dans de petits sacs appelés *asques*. A la maturité, ces sacs se rompent et projettent les *spores*, qui sont ordinairement au nombre de huit dans chaque sac. On donne le nom d'*Ascomycètes* aux Champignons à spores intérieures, formées dans les asques, comme dans la Morille.

Les Truffes (fig. 418), les Pezizes (fig. 419) appartiennent

Fig. 418. — Truffe ; les spores sont placées au milieu de la substance charnue.

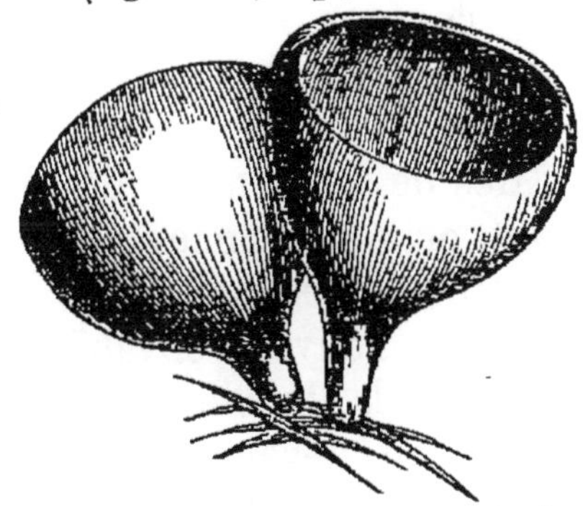

Fig. 419. — Pezize, à spores placées dans l'intérieur de la coupe.

à ce groupe, ainsi que les moisissures vertes qui se développent sur les Oranges, les Confitures et les Pruneaux.

On peut citer encore comme appartenant à ce groupe la Levure de Bière, qui vit dans le jus sucré du Raisin, des Pommes, et transforme le sucre en alcool et en acide carbonique.

Champignons parasites. Rouille des Graminées. — Nous prendrons comme exemple de Champignons parasites la Rouille du Blé, qui cause de grands dégâts dans les champs de céréales. On remarque souvent que les feuilles du Blé (pl. II, fig. 4) sont couvertes de taches de couleur de rouille, formées par des amas de spores d'un Champignon appelé Puccinie (*Puccinia graminis*). Pendant tout l'été, les spores qui se développent sur les feuilles du Blé, et qui forment des taches de couleur orangée, sont transportées par le vent sur les Graminées voisines, et la maladie se développe de proche en proche (pl. II, fig. 5, 6). A la fin de l'été, les taches de rouille deviennent tout à fait brunes, parce qu'il s'y développe des spores d'une autre espèce, qui résistent à l'humidité et à la gelée. Ces spores sont incapables de propager la maladie sur les Graminées nouvelles, mais si elles rencontrent un buisson d'Épine-Vinette, elles germent (pl. II, fig. 7, 8) sur les feuilles de cet arbuste et développent dans son corps des filaments mycéliens. On voit alors bientôt les feuilles d'Épine-Vinette (pl. II, fig. 1) se couvrir de taches de couleur orange qui constituent de petits sacs remplis de spores (pl. II, fig. 2, 3); ces sacs se rompent et les spores, appelées *spores d'Æcidium*, sont mises en liberté. Elles ne peuvent se développer sur l'Épine-Vinette où elles ont pris naissance; mais si le vent les transporte sur des Graminées saines, elles y germent, et bientôt ces plantes sont de nouveau envahies par la Rouille.

Ainsi la Puccinie est un Champignon qui ne peut accomplir son développement complet qu'à la condition d'être transporté successivement sur l'Épine-Vinette et sur le Blé; la présence des haies d'Épine-Vinette au voisinage des champs de Blé favorise donc le développement de la Rouille. Ce fait a été remarqué depuis longtemps par les agriculteurs.

Pl. II.

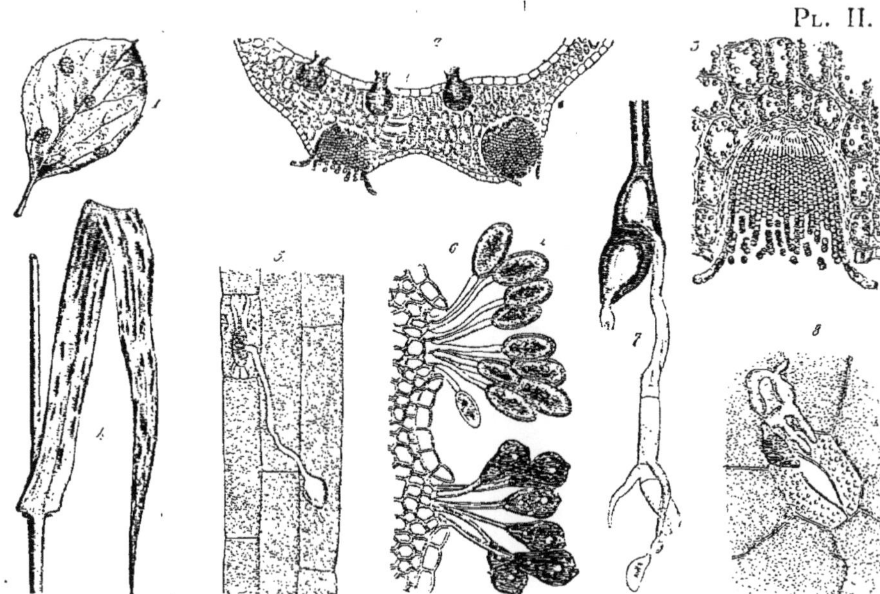

A. L. Clément et Millot, del.

S. Krakow imp.

Développement de la rouille du blé.

L'Ergot du Seigle, l'Oïdium de la Vigne, le Péronospora, sont aussi des Champignons parasites.

Rôles et usages des Champignons. — Quelques Champignons sont comestibles : ils appartiennent aux Basidiomycètes (Agarics, Bolets) et aux Ascomycètes (Truffe, Morille). Mais les espèces comestibles sont souvent peu différentes des espèces très vénéneuses, et comme il n'existe *aucun* caractère permettant de distinguer très sûrement les bons des mauvais, on ne doit consommer les Champignons des bois qu'avec la plus grande réserve.

C'est avec le tissu coriace des Polypores, assoupli par le martelage, que l'on fabrique l'Amadou.

Lichens.

Plantes à thalle, non aquatiques, ayant les appareils à spores disposés en forme de disques.

Les Lichens sont des plantes très semblables aux Champignons par leurs organes reproducteurs : ils s'en distinguent par leur thalle, très souvent membraneux, et par leur couleur verte.

Si l'on examine un Lichen, par exemple un *Physcia*, Lichen poussant sur l'écorce des arbres, on voit des lames vertes appliquées contre l'écorce ; elles constituent le *thalle* (fig. 421). En certains points du thalle (fig. 420, 421), on aperçoit de petits disques arrondis, en forme de coupe, et appelés *apothécies :* ce sont les organes renfermant les spores ; ils ont souvent une couleur différente de celle du thalle.

Les *apothécies*, examinées sur une coupe en travers, ont la même structure que la membrane qui occupe la surface de l'appareil à spores des Morilles ou des Pezizes. En effet, leur surface est couverte de filaments grêles, au milieu desquels se trouvent des sacs en forme de massue qui forment les *asques ;* celles-ci contiennent les *spores*, généralement au nombre de huit.

En étudiant la constitution et le développement des Lichens, on a montré que ces plantes sont formées par l'association d'une Algue et d'un Champignon : c'est l'Algue qui, au moyen de la matière verte, nourrit le Champignon en l'absence de matières organiques ; c'est le Champignon qui produit les spores.

Grâce à cette association, les Lichens peuvent vivre dans des conditions où les Algues et les Champignons seuls ne pourraient

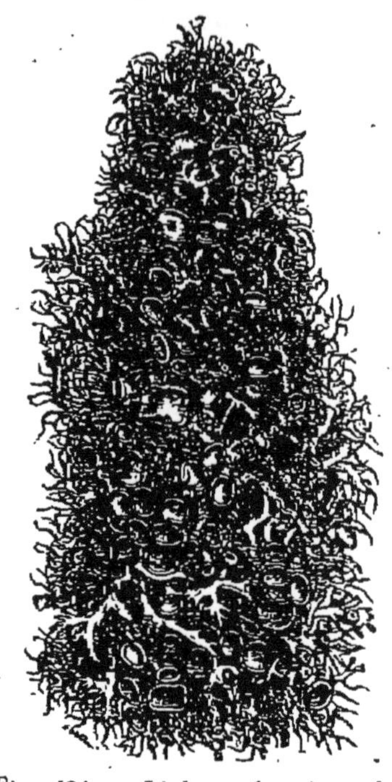

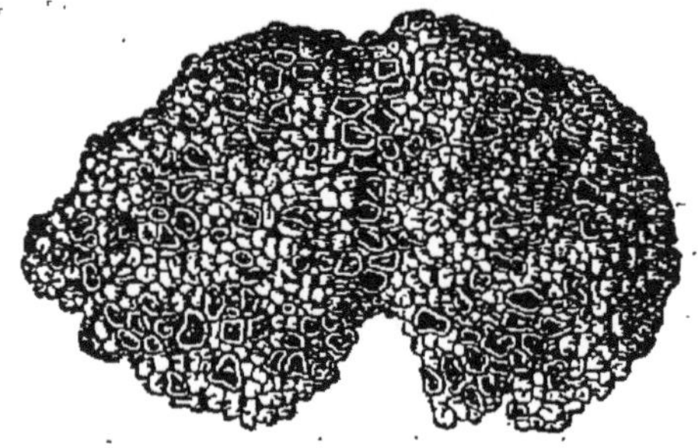

Fig. 420. — Lichen vivant sur les pierres ; les disques bruns qu'il présente forment les apothécies.

Fig. 421. — Lichen vivant sur les arbres (*Physcia*) ; il présente de nombreux disques ou apothécies.

Fig. 422. — Lichen d'Islande. On aperçoit sur les ramifications du thalle de petits disques qui forment les apothécies.

subsister. Les Lichens sont en effet les dernières plantes qu'on trouve sur les hautes montagnes ou dans les régions polaires ; en outre, ce sont les Lichens qui apparaissent les premiers sur les rochers, et ils contribuent, en accumulant leurs débris, à la formation de la terre végétale.

Importance et usage des Lichens. — Les Lichens jouent un rôle important dans la nature, puisqu'ils contribuent à former la terre végétale. Quelques-uns sont employés en médecine, comme le Lichen d'Islande (*Cetraria Islandica*), (fig. 422) ; d'autres, comme le Lichen des Rennes (*Cladonia rangiferina*), constituent en grande partie la nourriture des Rennes en Laponie. Enfin les *Roccella* sont employés à la fabrication d'une matière colorante rouge, l'orseille.

TROISIÈME PARTIE

DISTRIBUTION DES VÉGÉTAUX DANS LES GRANDES RÉGIONS DU GLOBE

CHAPITRE I

INFLUENCES QUI MODIFIENT LA RÉPARTITION DES VÉGÉTAUX

Stations variées des plantes différentes. — Examinons une vallée parcourue par un petit cours d'eau et cherchons comment les plantes s'y trouvent distribuées.

Dans les prés placés au voisinage des cours d'eau et dans les régions inondées, les plantes sont en grande partie constituées au printemps par des Carex, des Joncs, des Linaigrettes dont les panaches blancs simulent parfois une prairie couverte de neige; plus tard les Menthes, les Chardons, les Épilobes, les Roseaux encombrent les bords du ruisseau ombragé par des Saules, des Peupliers, des Aunes.

Dans les parties de la prairie qui ne sont pas inondées, les Carex sont moins nombreux, la Primevère officinale, la Saxifrage des Prés, les Lychnis se mélangent aux Graminées (Bromes, Fétuques, Dactyles, Paturins, etc.) et aux Légumineuses (Trèfle, Lotier, Sainfoin), qui forment le fond de la végétation.

Gravissons la pente du vallon exposée au Midi, explorons les pelouses qui bordent la lisière des bois ou les taillis récemment aménagés : de nombreuses espèces de Violettes associées aux Primevères, aux Anémones, disputent le terrain aux Luzules et à quelques Carex. Plus tard, au milieu des Graminées, les jolies Orchidées indigènes, Ophrys abeille, Ophrys mouche, Orchis pyramidal, se mélangent aux Polygalées à fleurs bleues ou roses. Sous le couvert des bois formé par des Chênes, des Hêtres, des Charmes et des Noisetiers, l'Anémone Sylvie, la Jacinthe, l'Aspérule odorante, la Pervenche et la Pulmonaire forment au printemps des parterres fleuris. Quelques Mousses, quelques Lichens se rencontrent çà et là avec des Fougères dans les endroits abrités et humides.

La pente opposée du vallon, tournée du côté du Nord, ne présente pas une végétation aussi abondante. Dans beaucoup d'endroits le soleil n'arrive pas, même en l'absence de feuillage. La neige et les glaces de l'hiver se conservent plus longtemps, l'humidité est permanente ; aussi la végétation est-elle toujours en retard, les arbres bourgeonnent plus tard, fleurissent moins souvent et leurs fruits mûrissent moins bien. Les Fougères, les Mousses, les Champignons couvrent le sol de la forêt. Çà et là, au milieu des tapis de verdure formés par ces plantes, on voit apparaître les Arums ou Gouets, les Mercuriales, la Pulmonaire; quelques Anémones, Violettes et Primevères se montrent aussi, mais leur floraison est tardive.

La description que nous venons de donner s'applique à une vallée dont le sol est calcaire ou mélangé de calcaire et d'argile. Si la nature du terrain change, et que le sol soit formé par des sables et des grès où la silice domine, l'aspect de la végétation varie; les Hêtres, les Charmes disparaissent ou deviennent plus rares, le Châtaignier forme souvent seul des bois ou des forêts d'une grande étendue. Le Pin sylvestre, l'Épicéa, le Bouleau sont souvent associés au Châtaignier.

Dans les parties découvertes, où la culture est pauvre, le Genêt à balai, les Bruyères, la Fougère aigle se disputent la place; le sol des prairies offre la Petite Oseille; les pelouses, les taillis présentent les Digitales et des Mousses telles que le Polytric.

On voit par cette description que les différents végétaux ne se développent pas également dans les mêmes régions;

on appelle *stations* d'une plante les régions dans lesquelles cette plante peut prospérer.

Influences qui modifient les stations des plantes : chaleur, lumière, humidité, sol.

Les influences qui modifient les stations des diverses plantes peuvent être expliquées d'après l'exemple que nous venons de donner. L'influence la plus importante, celle qui domine la répartition des plantes, est la chaleur et la lumière. Nous venons de voir en effet que les pentes exposées au nord présentent toujours une végétation qui contraste par sa maigreur avec le riche développement des espèces sur les pentes exposées au midi.

L'humidité plus ou moins grande qui règne dans le sol et dans l'air influe aussi sur la répartition des plantes. Ainsi les Saules, les Peupliers, les Aunes se plaisent dans les plaines, et au bord des ruisseaux, tandis que le Pin sylvestre, le Chêne prospèrent dans des sols plus secs et occupent le flanc des montagnes. De même les Carex, les Joncs, les Chardons, les Menthes, les Prêles affectionnent les terrains marécageux ou tourbeux, tandis que les Luzules, les Violettes, les Ophrys vivent dans des terrains secs.

Enfin la nature du sol intervient à son tour pour modifier l'aspect de la végétation. Le Hêtre, le Tilleul prospèrent dans les terrains calcaires ; le Châtaignier, le Bouleau, le Pin viennent dans les terrains sablonneux.

Influence de la chaleur sur la répartition des plantes.

Végétation des montagnes. — De toutes les influences qu'exerce le milieu sur la répartition des végétaux, la plus importante est la distribution de la chaleur. Cette influence s'observe avec une grande netteté dans la végétation des hautes montagnes, telles que les Alpes et les Pyrénées : c'est là que nous l'étudierons d'abord.

Lorsqu'on s'élève dans les Alpes, par exemple, la température de l'air diminue graduellement, de sorte que la neige et la glace amoncelées pendant l'hiver fondent plus difficilement. Les plantes ne pouvant se développer à la température de la glace, comme nous l'avons vu, il en résulte que la période de végétation devient de plus en plus courte à mesure qu'on monte davantage; on atteint même une région où la végétation est rendue impossible, la neige et la glace couvrant le sol toute l'année. Dans les Alpes la limite des neiges perpétuelles est à environ 2700 mètres.

Dans les vallées des hautes régions montagneuses, jusqu'à 1300 mètres en moyenne, la culture des céréales est encore possible sur les pelouses, dans les prairies; mais au-dessus de cette limite on rencontre des forêts d'une grande étendue, composées d'arbres qui perdent leurs feuilles pendant l'hiver : le Hêtre, le Chêne dominent, on y rencontre aussi le Sapin pectiné (*Abies pectinata*); ces forêts s'élèvent ordinairement jusqu'à 1800 et 1900 mètres. Quand on a dépassé cette altitude et jusqu'à 2200 ou 2300 mètres, on rencontre des forêts où dominent les Conifères : Pin sylvestre, Épicéa, Pin cembro, Mélèze, accompagnés fréquemment par le Bouleau pubescent.

Au-dessus de 2300 mètres, la durée de l'été est trop courte pour que les forêts puissent se développer; le sol jusqu'à la limite des neiges perpétuelles forme les prairies, les pelouses alpines couvertes de plantes vivaces dont les tiges souterraines, protégées par la neige, traversent sans périr les mois d'hiver pour développer au printemps des tiges aériennes, des feuilles et des fleurs. Ces végétaux sont toujours de très petite taille, ce sont des Rhododendrons ou Roses des Alpes aux fleurs rouges si brillantes, des Saxifrages, des Gentianes accompagnées de petits arbustes nains qui ne dépassent pas la taille de deux ou trois décimètres : le Bouleau nain, l'Aune vert, le Saule herbacé, dont les tiges rampent parmi les Mousses et les Lichens qui accompagnent cette végétation.

On peut donc distinguer plusieurs zones (fig. 423), en gravissant un des sommets des Alpes, depuis les prairies jusqu'aux neiges perpétuelles, et au-dessus des régions envahies par la culture, :

Fig. 423. — Vue dans la chaîne des Alpes et indication des zones de végétation. A, limite des neiges. 2700 mètres; B, limite des forêts, 2300 mètres; C, limite des cultures, 1300 mètres.

1° La zone des forêts d'arbres à feuilles caduques : Hêtre, Chêne;

2° La zone des forêts de Conifères : Pin de montagne, Pin cembro, Mélèze, Bouleau;

3° La zone alpine, dépourvue de forêts, caractérisée par les Rhododendrons, les Saules et les Bouleaux rampants.

Ces zones de végétation se reconnaissent à une certaine distance par la teinte spéciale que les plantes impriment au sol qui couvre les flancs des montagnes, mais elles ne sont pas régulièrement distribuées : dans les pentes exposées au midi, elles se relèvent avec la limite des neiges éternelles; elles s'infléchissent au contraire fortement dans les pentes exposées au nord.

Végétation aux diverses latitudes. — Lorsqu'on voyage dans les plaines d'Europe en se dirigeant du sud au nord, depuis l'Algérie, l'Espagne et la France jusqu'à la partie septentrionale de la Suède et en Laponie, on observe des variations de température comparables à celles que nous venons de constater en gravissant les Alpes.

Ainsi que dans les montagnes, la durée de l'hiver augmente graduellement au détriment de l'été : cette saison dure en effet six à sept mois dans le midi de la France, et au nord de la Suède sa durée est réduite à trois mois. C'est pourquoi les changements que l'on observe dans la distribution des plantes en se déplaçant du sud au nord de l'Europe sont semblables à ceux que l'ascension des Alpes nous a révélés.

Les bords de la Méditerranée sont peuplés d'arbres au feuillage toujours vert, tels que les Oliviers, les Lauriers, les Orangers, les Grenadiers, les Myrtes. Les forêts sont constituées par le Chêne vert, le Chêne-Liège, l'Olivier, auxquels se mélangent çà et là le Pin d'Alep, le Pin pignon; c'est la région méditerranéenne, dans laquelle beaucoup de plantes des pays chauds peuvent être acclimatées : les Palmiers, les Eucalyptus, etc.

Au nord de la Provence commence la zone des forêts, qui s'étend jusqu'à la partie septentrionale de la Suède (voyez la

Fig. 124. — Forêt d'Épicéas en Russie.

carte de la page 339). On y distingue d'abord la zone des forêts d'arbres à feuilles caduques, c'est-à-dire dont les feuilles tombent toutes en automne en laissant les arbres dépouillés pendant l'hiver. Cette région est surtout caractérisée par le Hêtre et le Chêne pédonculé, associés au Châtaignier, aux arbres de plaines, Orme, Aune, Saule, Frêne, ainsi qu'à quelques Conifères : Sapin pectiné, Pin; et aux Pomacées : Sorbiers, Poiriers, Pommiers. Le Hêtre ne dépasse pas l'extrême sud de la péninsule scandinave et n'existe que sur une région très restreinte de la Russie. Le Chêne pédonculé s'élève plus au nord, et sa limite correspond avec la limite de la culture du Blé; c'est dans toute l'étendue couverte par le Chêne pédonculé que l'on peut cultiver le Blé.

La dernière zone forestière (fig. 424) est formée par les Conifères, tels que le Sapin, l'Épicéa, le Pin sylvestre, le Mélèze, auxquels s'associe le Bouleau; cette zone, qui est caractérisée en ce que la période d'été, pendant laquelle la végétation a lieu, dure seulement trois ou quatre mois, couvre tout le nord de la Suède et de la Russie.

Enfin dans les régions polaires, la Laponie, l'Islande, le Spitzberg, quand la neige et la glace sont fondues, sous l'action du soleil, à la surface du sol seulement, les arbres ne peuvent se développer : la végétation est alors constituée par des plantes de petite taille qui forment les prairies arctiques, par des arbustes tels que le Bouleau nain, le Saule des Lapons, le Saule herbacé, dont la taille ne dépasse pas 10 ou 20 centimètres; par des plantes vivaces, telles que les Rhododendrons, les Bruyères, les Saxifrages, et enfin par des Mousses et des Lichens. Ces derniers végétaux occupent parfois d'immenses étendues dans les plaines arctiques et forment ce que l'on appelle les *toundras*.

En résumé, l'influence de la chaleur qui règne pendant l'été sur la végétation des diverses latitudes se traduit de la même façon que sur les montagnes élevées; on distingue :

1° La zone méditerranéenne, arbres à feuillage toujours vert : Olivier, Laurier.

2° La zone des arbres à feuilles caduques : Hêtre, Chêne;

3° La zone des arbres résineux : Pin, Mélèze, Épicéa, Bouleau ;

4° La zone arctique : Rhododendron, Saxifrage, Lichens, Mousses ; arbustes nains : Bouleau, Saule.

Carte indiquant la répartition des végétaux en Europe dans la direction du nord au sud et de l'ouest à l'est.

Influence de l'humidité sur la répartition des végétaux.

Nous avons vu que l'humidité est, ainsi que la chaleur, nécessaire au développement des plantes. Or, en raison de la distribution des continents et des mers, la répartition des pluies est très variable dans l'Europe moyenne, quand on se dirige de la Bretagne vers la Russie en traversant la Suisse et l'Autriche.

Sur les côtes, et jusqu'à une certaine distance de l'Océan,

en Angleterre et en Irlande, les pluies sont abondantes pendant toute l'année; en outre, la température moyenne de l'été est peu différente de celle de l'hiver: le climat est constant. A mesure qu'on s'avance dans l'intérieur du continent, les pluies deviennent moins nombreuses, les différences entre l'été et l'hiver s'accentuent : l'hiver est très froid, l'été est chaud et sec. C'est ainsi qu'à Moscou la différence entre l'été et l'hiver est de 26 degrés, tandis qu'elle ne dépasse pas 13 degrés à Saint-Malo, comme on peut en juger par letableau suivant :

	TEMPÉRATURE MOYENNE.	
	Été.	Hiver.
Saint-Malo	18°,9	5°,6
Paris	18°,1	3°,3
Strasbourg	18°,1	1°,1
Prague	18°,9	0°,4
Cracovie	19°,1	— 3°,3
Moscou	16°,8	— 10°,3

Climats maritime et continental. — On appelle *climat maritime* ou *uniforme* le climat des contrées où les températures extrêmes de l'été et de l'hiver sont peu différentes; on nomme *climat continental* ou *extrême* celui des contrées, telles que la Russie et la Sibérie, où l'hiver est très froid et l'été très chaud.

Ces modifications du climat déterminent des changements dans la répartition des végétaux, de l'ouest à l'est de l'Europe.

Région des forêts. Arbres à feuillage persistant. — Ainsi le littoral de l'Océan jusqu'au Danemark et à l'Angleterre constitue une première région : la région des arbres toujours verts, qui supportent l'hiver doux de ces contrées et les brouillards ou les pluies.

Le Laurier, l'Arbousier, l'Ajonc, le Houx, les Bruyéres, sont les formes caractéristiques. Le Myrte, le Laurier-Rose, les Grenadiers, les Figuiers sont cultivés en pleine terre dans les Iles-Britanniques ou sur le littoral (Jersey). Le Pin maritime prospère aussi dans ces régions et s'associe aux Chênes verts, Châtaigniers, Hêtres.

Arbres à feuilles caduques et Conifères. — A une certaine distance des côtes, depuis la France jusqu'à la Russie occidentale, s'étend une région où les arbustes verts font défaut, à cause de la température trop basse de l'hiver; les pluies sont encore assez abondantes pour permettre le développement des forêts d'arbres à feuilles caduques. Là se rencontrent associés aux Hêtres le Charme, les Chênes (Chêne Rouvre, Chêne chevelu), le Pin sylvestre, l'Épicéa, le Sapin pectiné, les Bouleaux, les Frênes, les Ormes, etc.

Le Hêtre et le Charme disparaissent d'abord dans la région occidentale de la Russie; les Chênes s'étendent plus à l'ouest, avec les Conifères et le Bouleau. (Voyez la carte de la page 339.)

Steppes. — Enfin, dans toute la Russie orientale et méridionale ainsi qu'en Sibérie, les forêts disparaissent : c'est la région des *steppes*, caractérisée par un hiver très froid, un été très chaud et très sec, les pluies ne se produisant qu'au printemps et en automne. Sauf au voisinage des cours d'eau, cette région constitue de vastes espaces dépourvus de culture et de forêts, où se développent pendant le printemps quelques végétaux annuels ou vivaces capables de résister à la sécheresse de l'été. Ce sont surtout des Graminées à feuilles raides et piquantes (*Thyrsa*, *Stipa*), qui atteignent jusqu'à six mètres de hauteur, associées à quelques espèces fourragères (*Festuca*, *Triticum*, etc.), des arbustes épineux ou pourvus de tiges vertes, sans feuilles, et enfin des Chénopodées voisines des Salicornes, à tiges et à feuilles charnues, accompagnées d'Armoises couvertes d'un duvet très épais. Ces plantes sont accompagnées de Monocotylédones bulbeuses (Liliacées) ou à rhizomes (Iridées).

Les steppes herbeuses (à Graminées), sablonneuses (à buissons épineux) ou salées (à Salicornes) sont parcourues par des peuplades nomades dont les troupeaux vivent des maigres pâturages de ces contrées.

Régions de culture en France.

Ce qui précède nous permet de faire comprendre la variété des cultures qui existent en France à cause de la diversité des climats. (Voyez la carte ci-dessous.)

Le littoral de la Méditerranée est caractérisé par la culture

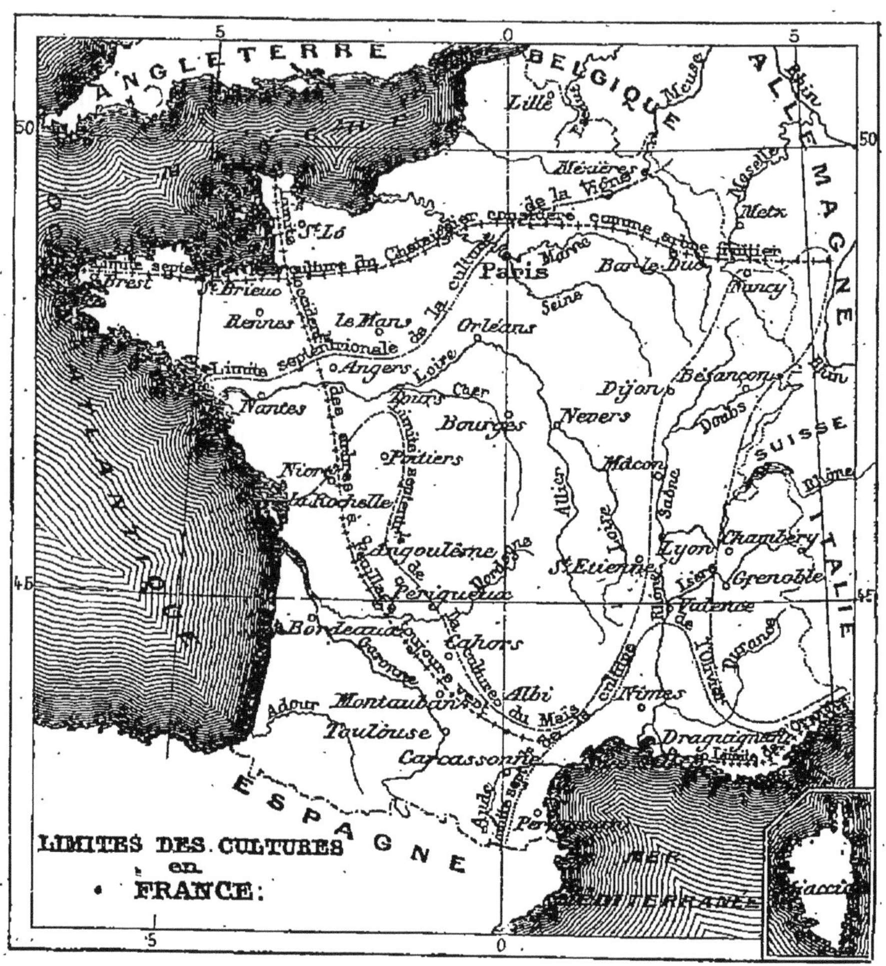

Carte de France indiquant quelques importantes régions de culture.

de l'Oranger, occupant une région très restreinte, dans le Var et les Alpes-Maritimes, et celle de l'Olivier, dans toute la Provence et la vallée du Rhône jusqu'à Valence. C'est dans la région de l'Oranger qu'on a pu acclimater quelques Palmiers, les Eucalyptus de l'Australie.

Le littoral de l'Océan jusqu'à la Bretagne et la Normandie possède un climat humide et uniforme, favorable au développement des arbres à feuillage vert, tels que les Figuiers, Lauriers, Arbousiers, Grenadiers, et à la culture de nombreuses plantes d'ornement.

En ce qui concerne la culture des arbres fruitiers ou des plantes donnant des fruits à boisson, la culture de la Vigne couvre la plus grande partie de la France, sauf la Bretagne et le littoral de la Manche, parce que l'été n'est pas assez chaud pour mûrir les fruits de cet arbuste. Par contre, la culture des arbres à fruits à pépins (Pommiers, Poiriers) est surtout prospère en Bretagne, dans la Normandie, la Picardie.

La culture des Céréales est possible dans toute la France; cependant la culture du Maïs est limitée au bassin de la Garonne, du Rhône et de la Saône; cette culture est exclue du Plateau central, des Alpes et du Jura, à cause de la trop courte durée de l'été et des gelées. Le Blé, l'Orge, le Seigle prospèrent dans des climats plus froids, s'élèvent à une assez grande altitude dans les montagnes.

Quant aux forêts qui couvraient autrefois le sol de la Gaule et qui ont disparu peu à peu devant les cultures, elles sont surtout développées maintenant dans les régions montagneuses des Vosges, du Jura, des Alpes.

CHAPITRE II

FLORE DES DIVERSES RÉGIONS DU GLOBE

Europe et Asie.

L'Europe et l'Asie, qui s'étendent depuis l'Équateur jusqu'au Pôle, présentent les trois régions distinguées déjà : régions tropicale, tempérée et arctique.

1° Région tropicale. Jungles, Savanes. — La région

Fig. 425 — Figuier des Banians ou Multipliant dans l'intérieur d'une forêt de Java : on aperçoit un Bananier auprès du tronc.

tropicale proprement dite comprend l'Inde, l'Indo-Chine, jus-

Fig. 426. — Intérieur de forêt dans l'Indo-Chine

qu'aux monts Himalaya ; elle est essentiellement caractérisée par un climat chaud et humide, qui favorise le développement de plantes extrêmement nombreuses et variées.

C'est là qu'on trouve de nombreux Palmiers, tels que les *Corypha*, les *Caryota*, les Palmiers Betel, qui fournissent des produits importants ; des Bananiers (*Musa*) aux larges feuilles, employées à couvrir les huttes, aux fruits estimés ; des Bambous, des Cycadées, des Fougères arborescentes (*Alsophiles*) dont le tronc s'élève parfois à 15 ou 16 mètres. Citons encore les Figuiers des Banians, appelés Multipliants parce que leurs racines adventives s'échappent des branches et pénètrent dans le sol de manière qu'un seul pied, en s'enracinant ainsi, forme parfois des forêts étendues (fig. 425). A ces végétaux s'associent de nombreuses plantes grimpantes, notamment des Palmiers Rotangs, dont les tiges, en s'entrelaçant, forment des fourrés impénétrables ; des plantes parasites, telles que des Orchidées, maintenant répandues dans les serres (*Vanda*, *Phajus*, etc.). On trouve aussi de nombreuses espèces utiles : l'Arbre à thé, le Camphrier, le Cafier, le Cotonnier, le Riz, la Canne à sucre.

Tantôt ces plantes forment des forêts immenses appelées *jungles* (fig. 426) ; rendues impénétrables par les lianes enchevêtrées ; d'autres fois ce sont des prairies ou *savanes* riches en Graminées qui résistent aux étés secs.

Cultures. — Le Riz est la plante alimentaire par excellence dans cette région ; viennent ensuite le Cotonnier, le Cafier, surtout cultivé à Java, la Canne à sucre, la Noix muscade, le Giroflier, le Cannelier, le Camphrier.

Citons aussi le bois de Teck, estimé pour sa dureté et son inaltérabilité, les Bambous, etc.

Chine et Japon. — La Chine et le Japon possèdent des plantes analogues à celles de la région tropicale, notamment des Palmiers (*Corypha*), des Bambous, dont les tiges servent à construire des ponts, des maisons (fig. 427), et qui s'associent aux végétaux de la région méditerranéenne ; ces

Fig. 427. — Forêt de Bambous en Chine.

végétaux, constitués par des Lauriers, des Cistes, des Orangers, supportent un été sec.

2° Région tempérée. Zone des forêts. — La zone tempérée est en grande partie occupée par les forêts de Hêtres, de Chênes, dans les endroits où la culture ne s'est pas introduite. Ces forêts de la zone tempérée se distinguent des forêts vierges tropicales par le petit nombre d'espèces variées qu'elles renferment : ce sont des Hêtres, des Chênes, des Pins. On distingue dans cette région des forêts le Hêtre, qui cesse le premier, le Chêne pédonculé et enfin les Conifères, tels que le Pin sylvestre, le Mélèze, ce dernier occupant au nord avec le Bouleau l'extrême limite de la végétation arborescente.

Cette région est caractérisée par des pluies assez fréquentes pendant la saison chaude pour que le développement des plantes puisse s'effectuer dès que l'hiver vient de finir.

Steppes. — Il existe néanmoins au sud de la Sibérie une grande étendue presque déserte. C'est la région des steppes, qui s'étend depuis la Crimée jusqu'au milieu de la Chine et comprend le versant nord de l'Himalaya, avec le Tibet, le plateau de Pamir, la Perse, la Turquie, l'Afghanistan en Asie et le sud de la Russie.

La pauvreté de la végétation dans les steppes est due, comme nous l'avons vu, à un hiver froid et surtout à un été absolument sec, de sorte que les plantes ne peuvent vivre que pendant deux ou trois mois, au printemps.

La culture ne peut se développer qu'au voisinage des cours d'eau et dans les plaines qu'ils peuvent irriguer; il se constitue ainsi des domaines de culture séparés par de vastes espaces, tantôt entièrement dépourvus de végétation et formant des déserts, tels que le désert de Gobi; tantôt des steppes, avec des plantes épineuses analogues à nos Ajoncs, des Graminées, des Chénopodées, formant un tapis verdoyant au printemps et se desséchant en été.

Les steppes sont habitées par des peuplades nomades.

3° Région arctique. — La région arctique occupe tout le

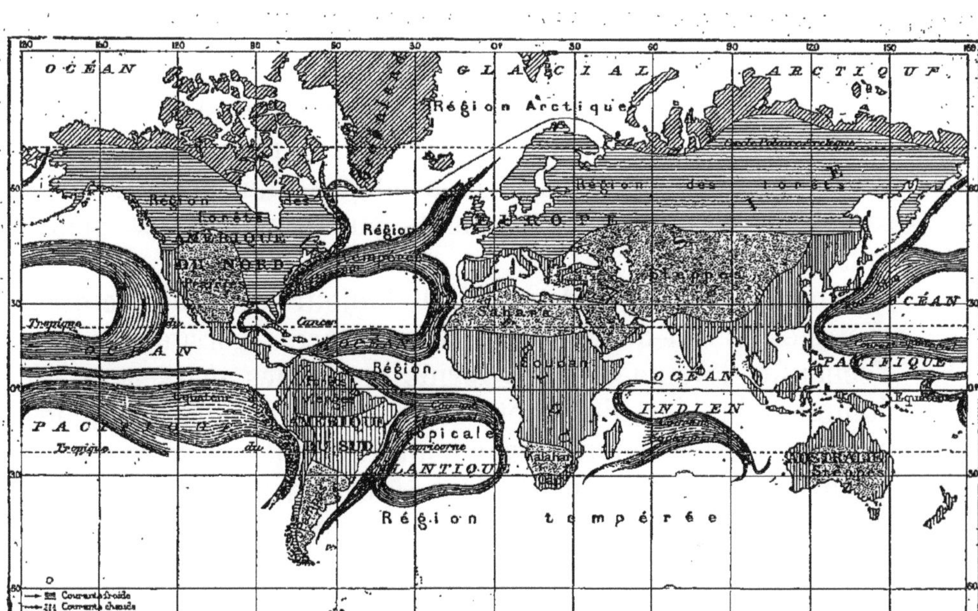

Cartes indiquant les zones de végétation à la surface de la terre.

nord de la Sibérie et de la Russie; elle comprend également l'Islande, le Spitzberg, la Nouvelle-Zemble.

Au point de vue du climat, elle est caractérisée par la longueur de l'hiver et la courte durée de la période de végétation, qui ne dépasse pas trois mois; en outre la température de l'été au mois de juillet ne dépasse pas 8 ou 10 degrés, elle n'est souvent que de 2 ou 3 degrés.

Au point de vue de la végétation, elle est caractérisée par l'absence de toute culture (l'Orge même ne mûrit pas en Islande), ainsi que par l'absence de forêts.

Toundras. Prés. — Dans les plaines de la Sibérie, de grandes étendues du sol sont couvertes de Mousses (Polytric, Sphaignes) ou de Lichens (Lichens des Rennes) et forment les *Toundras;* les Mousses couvrent les plaines humides; les Lichens couvrent les plaines plus sèches ; ces derniers seuls offrent quelques aliments aux rennes, aux bœufs musqués.

Dans les toundras le sol est toujours gelé à quelques centimètres au-dessous de la surface. Lorsque le sol s'échauffe davantage, il se forme tantôt des marécages où dominent les Graminées et les Carex, tantôt des prés, des herbages renfermant un grand nombre de plantes vivaces dont la taille est en moyenne de 10 à 15 centimètres de hauteur On retrouve là, comme nous l'avons vu, des végétaux analogues à ceux des hautes montagnes : Saxifrages, Renoncules, Myosotis, Soldanelles qui fleurissent dans la neige, et des arbustes, Rhododendrons, Bouleaux nains, Aune vert, Saules (*Salix lanata, S. polaris*).

Il est remarquable de voir que toutes ces plantes des prairies arctiques offrent des fleurs aux couleurs extrêmement vives, bien plus brillantes que dans nos climats.

Afrique.

Lorsqu'on examine la flore de l'Afrique, on constate que toute la région comprise entre les tropiques, et qu'on désigne sous le nom de Soudan, est couverte d'une riche flore, comparable à la flore tropicale de l'Asie. Cette région est

Fig. 428. — Forêt de Deleb (*Borassus Æthiopicum*), dans le Soudan.

séparée de la zone méditerranéenne et de la zone du Cap par d'immenses étendues arides, les déserts du Sahara au nord et les déserts du Kalahari au sud.

1° Région tropicale. Soudan. — La région tropicale comprend tout le bassin du Niger, du Sénégal, du Zambèze et la plus grande partie du Nil avec la région des grands lacs.

Fig. 429. — Un affluent du Nil, montrant les Papyrus qui croissent sur les bords.

Cette région est caractérisée par une ou deux périodes de pluies, qui durent de quatre à huit mois et favorisent le développement de végétaux moins variés que dans l'Asie tropicale, mais très nombreux.

Au point de vue botanique, les herbes vivaces sont représentées par de nombreuses Graminées à tige herbacée, la

Canne à sucre sauvage, les Andropogons, qui couvrent d'immenses étendues avec leurs chaumes ayant 2, 3 et même 5 mètres de hauteur. Les bords des fleuves ou des lacs sont encombrés de roseaux gigantesques, de *Papyrus* qui gênent beaucoup la navigation (fig. 429).

Parmi les arbres, le Baobab aux dimensions colossales est spécial à cette région ; la base a de 6 à 8 mètres de diamètre et la hauteur ne dépasse pas 26 mètres. Citons encore les Figuiers, qui laissent pendre de leurs branches de nombreuses racines adventives ; les Palmiers, qui, bien moins variés que dans l'Inde et surtout en Amérique, sont représentés par le Doum (*Hyphaene*), le Deleb (*Borassus Æthiopicum*), à tige souvent ramifiée ; le Palmier à huile (*Elæis Guianeensis*) ; les Pandanus, les Dragonniers et enfin les Bananiers.

Les plantes les plus importantes au point de vue commercial sont le Cafier, les Acacias, qui fournissent la gomme, les Bananiers et les Palmiers.

Savanes et forêts de l'Afrique tropicale. — Ces végétaux forment, suivant la fréquence des pluies, *des forêts* ou des plaines couvertes de plantes herbacées, les *savanes*.

Les forêts ne renferment pas d'arbres de haute taille, la végétation y est peu variée, et l'on peut les parcourir en tous sens, sauf dans certaines régions où l'on constate des enchevêtrements de lianes (fig. 430) et de Rotangs ; dans ces forêts, les Baobabs, les Acacias, les Palmiers à huile, le Deleb sont associés, mais on parcourt souvent une étendue considérable en en rencontrant que la même espèce. C'est dans ces forêts que les éléphants trouvent un refuge.

Les savanes sont parfois exclusivement composées de Graminées à tige élevée de 2 à 5 mètres ; c'est seulement dans les plateaux que le gazon, moins élevé, offre des végétaux variés, tels que des Orchidées, Liliacées et surtout des buissons et des arbustes épineux ou des plantes grasses qui résistent à la sécheresse.

Cultures. — Les cultures de l'Afrique tropicale les plus importantes sont : les Bananiers, aux fruits estimés ; le Manioc, le Colocasia, la Patate, cultivés pour leur rhizome succulent

Fig. 450. — Pandanus couvert de plantes grimpantes, près du Zambèze.

Fig. 431. — Village d'Abyssinie montrant les Baobabs, les Palmiers et les champs de canne à sucre.

et qui remplacent nos céréales, dont la culture est inconnue.

Cependant le Riz, le Maïs s'y développent admirablement, et quelques céréales, telles que le Millet (*Sorghum vulgare*) ainsi qu'une espèce d'Houlque, sont l'objet d'une culture assez importante. La Canne à sucre est aussi très cultivée (fig. 431).

2° Déserts de l'Afrique tropicale. Sahara. — Le Sahara, qui occupe toute la longueur du continent et sa partie septentrionale jusqu'à une petite distance du littoral de la Méditerranée, est une immense étendue de sables ou de rochers presque dépourvue de végétation, parce qu'il y pleut rarement.

Les parties les plus stériles sont des plateaux rocailleux, où l'on trouve à peine quelques buissons épineux ou quelques Chénopodées succulentes; la région des dunes, occupée par des sables mouvants, est aussi déserte, et ne présente çà et là que des amas arrondis de substance végétale emportés par le vent. Ces amas sont constitués par un Lichen (*Parmelia esculenta*) qui se dessèche facilement sans périr et qui recommence à se développer dans une atmosphère humide (fig. 432). Il est comestible et constitue la Manne. Ces régions sont parcourues par des peuplades nomades qui promènent leurs troupeaux et utilisent comme pâturages les rares herbes qui se développent.

Les seules régions où la végétation persiste et se développe sont les vallées (*oueds*), parce que dans ces régions les nappes d'eau souterraines sont à une petite distance du sol. C'est dans les *oueds* que se trouvent placées les *oasis*, c'est-à-dire les bosquets de Dattiers qui se groupent autour des sources ou des puits creusés dans le sable. Quelques-unes de ces oasis renferment 60 000 et même 300 000 Dattiers (fig. 433); elles nourrissent alors une population parfois nombreuse.

Désert du Kalahari. — Il existe aussi au sud de l'Afrique de grandes étendues dépourvues de végétation et formant les déserts de Kalahari, qui confinent à la colonie du Cap. Cette région n'est pas aussi pauvre que le Sahara. On y rencontre, surtout au nord : des forêts constituées exclusivement par diverses espèces d'Acacias (fig. 255 p. 200), pourvus d'épines qui rendent la marche très dangereuse; des prairies à Graminées, et enfin, au sud, des plaines rocailleuses où la végétation ne dure qu'un ou deux mois.

Région du Cap de Bonne-Espérance. — La région du

Fig. 432 — Vue des collines de sable dans le désert du Sahara, avec un campement (*douar*) de peuplades nomades.

Cap de Bonne-Espérance n'est pas riche en forêts, et les arbres n'y atteignent pas de grandes dimensions, mais elle est très riche en Monocotylédones bulbeuses, Liliacées, Orchidées et surtout Iridées, qui s'associent à des arbustes ou à des arbres, où dominent les Bruyères, les Pélargoniums, les Protéacées, les Acacias.

Fig. 435. — L'oasis de Gafsa, dans le Sahara.

Régions septentrionales de l'Afrique. Maroc, Algérie, Tunisie. — Ces régions présentent dans la partie littorale le climat méditerranéen, et ce que nous avons dit de cette végétation dans les régions d'Europe nous dispense d'y revenir.

Australie.

L'Australie, quoique encore peu connue, présente une végétation aussi particulière que les formes animales qu'on y a rencontrées.

Parmi les arbres, les Eucalyptus, spéciaux à cette contrée, sont les plus remarquables par leurs dimensions, par la rapidité de leur croissance et par la disposition de leurs feuilles. Leur tronc atteint souvent 100, 120 et même 140 mètres de hauteur; ils s'accroissent quatre fois plus vite que nos chênes et donnent un bois de bonne qualité. Leurs feuilles, courbées en forme de faux, à limbe placé verticalement, donnent un aspect spécial aux forêts d'Australie : de loin elles paraissent touffues; sous le couvert, on est étonné de ne pas trouver d'ombre.

A côté des Eucalyptus il faut signaler : les Protéacées, arbustes aux feuilles étroites, d'un vert sombre ou blanchâtre, et les Épacridées, semblables à nos Bruyères, qui forment des buissons serrés, souvent impénétrables, occupant des régions étendues. A ces végétaux caractéristiques s'ajoutent, mais en faible proportion, des Monocotylédones arborescentes, des Orchidées aériennes, des Palmiers, des Mimosées et des Fougères arborescentes.

Savanes forestières. — Dans les régions où l'humidité favorise la végétation, on rencontre les *savanes forestières* (*Grassland*), constituées par des forêts clairsemées d'Eucalyptus, avec quelques Acacias dont le feuillage, en raison de la disposition verticale du limbe, laisse pénétrer la lumière en conservant une certaine humidité sur le sol. Il en résulte que le sol de ces forêts est couvert d'une riche végétation de Graminées, associées, suivant la saison, à des Monocotylédones ou à des Immortelles.

Ces prés boisés constituent, en l'absence complète de culture, la principale richesse de l'Australie et favorisent l'élevage du bétail.

Buissons. — Le *shrub* est constitué par des fourrés de buissons formés de Protéacées et de Bruyères, à l'exclusion des Graminées; il est remarquable par la richesse des fleurs qui se développent pendant la saison sèche, mais il présente un des obstacles les plus grands pour la colonisation, parce qu'on ne peut s'y frayer un passage ni par la hache, ni par le feu.

Steppes et déserts. — Enfin, dans la région centrale ou occidentale de l'Australie, la pluie tombe rarement et l'on n'observe plus que des steppes couvertes d'un gazon servant au pâturage, ou de véritables déserts analogues à ceux qui existent dans les steppes de l'Asie.

Amérique.

Quand on part de l'Équateur pour se diriger dans l'Amérique, soit dans l'hémisphère nord, soit dans l'hémisphère sud, on retrouve les mêmes variations de température dont nous avons signalé l'importance en Europe et en Asie au point de vue de la répartition des végétaux; par suite, on distingue dans le Nouveau Monde les régions tropicales, tempérées et arctiques, semblables à celles que nous avons étudiées.

Régions tropicales. — La plus grande partie de l'Amérique du Sud, avec le Brésil, le Pérou, la Bolivie et les États de l'Équateur, occupe la région des tropiques; il faut y joindre le Mexique et les Antilles.

Les végétaux de cette région présentent des formes extrêmement nombreuses et plus variées que dans l'Asie et l'Afrique.

Les Palmiers atteignent là leur plus grand développement. Les Liliacées arborescentes sont représentées par les Fourcroya, les Yucca, les Agavés. Les Orchidées aériennes sont très nombreuses et vivent avec d'autres plantes parasites sur le tronc des arbres. Citons également les Bambous, les Roseaux, les Bananiers, les Balisiers, les Broméliacées (Ananas, fig. 434). Les cours d'eau et les lacs présentent un Nénuphar gigantesque, le *Victoria regia*, dont les feuilles ont 2 mètres de diamètre (fig. 435). A ces plantes il faut ajouter de nombreux arbres : les Césalpiniées (*bois de Campêche, bois tinctoriaux*), les Mimosées (Acacias); les Rubiacées, les Cinchonas, l'Ipécacuanha ; les Cacoyers, les Apocynées (*Strychnos*), qui fournissent des poisons violents ; toutes ces plantes contribuent à varier l'aspect des paysages.

Fig. 434. — Ananas.

Forêts vierges. — La plus grande partie des plaines basses qui bordent l'Amazone et l'Orénoque dans le Brésil et les Guyanes sont occupées par des forêts vierges impénétrables formées par des Mimosées, Césalpiniées, Lauriers, Rubiacées, Palmiers ou Palétuviers aux troncs couverts de plantes parasites (fig. 436). C'est là qu'on trouve des Orchidées, telles que la Vanille, des Aroïdées et des plantes grimpantes, Lianes, Salsepareille, formant un fouillis inextricable de plantes vivantes et de troncs desséchés, sur lesquels poussent des Fougères, des Mousses, des Lycopodiacées, Sélaginelles (fig. 437). On ne peut pénétrer que très difficilement dans ces forêts en se frayant un passage avec la hache, et les seules voies de communication sont constituées par les cours d'eau, dont les bords, peuplés

Fig. 135. — *Victoria regia* sur le lac Nuna, dans le bassin de l'Amazone

de Saules, de Roseaux à tige élevée de 5 à 7 mètres, de Bananiers, de Balisiers (fig. 438), cachent la vue de la forêt et en défendent l'accès. Ces forêts sont en outre sou-

Fig. 436. — Arbre chargé de plantes parasites.

vent inondées à l'époque des pluies, et l'on voit les arbres plongeant pendant des mois entiers leurs troncs dans une couche d'eau de 3 à 10 mètres. Dans ces régions dépourvues de toute culture on n'exploite que les produits naturels de la forêt, qui constituent la principale richesse.

Fig. 457. — La forêt vierge dans l'Amérique du Sud (Nouvelle-Grenade).

Ce sont : le Caoutchouc fourni par le *Syphonia elastica*, le Cacao, la Vanille, la Salsepareille, de nombreux bois précieux ou des bois de teinture (bois de Campêche), les Cardulovica servant à la fabrication des chapeaux de Panama, le Phytéléphas donnant l'Ivoire végétal.

Fig. 438. — Balisiers sur les rives de l'Ucayali, affluent de l'Amazone.

Dans la région sud du Brésil, les forêts vierges sont peu nombreuses et limitées au littoral ; elles présentent des Palétuviers, des Cocotiers, des Césalpiniées, des Cycadées, une Conifère spéciale, les Araucarias, et surtout l'Ipécacuanha. Ces forêts sont plus rares vers le centre et sont remplacées par des savanes.

Savanes. — Dans certaines régions, telles que le Vénézuéla, ces forêts alternent avec les savanes ou prairies couvertes de Graminées associées à la Sensitive et aux Cactées; ces prairies humides, appelées *llaños*, sont exposées pendant l'été à une température de 50 degrés, qui les dessèche et transforme les prairies verdoyantes en un vaste désert où la culture est impossible et que les forêts ne peuvent envahir.

Mexique. Andes tropicales. — La partie montagneuse de l'Amérique tropicale présente une végétation plus variée, à cause des différences d'altitude. Des Cactées nombreuses, des Agavés, caractérisent la région sèche; des Cycadées, Fougères, Palmiers, Bananiers, se développent dans les parties humides; enfin des arbres, tels que les Chênes, Aunes, Tilleuls, se développent sur les pentes arrosées par les pluies.

On peut très bien observer dans les Andes les modifications de la flore que nous avons signalées dans les Alpes.

Ainsi, en gravissant les Andes péruviennes, on rencontre d'abord des Bananiers, tels que les Héliconias (fig. 439), et des Palmiers à formes nombreuses (*Cocos*, *Elæis*, *Mauritia*, *Chamædorea*, etc.), associés à des Fougères; ces plantes représentent la région chaude et s'élèvent jusqu'à 1500 mètres. Puis on pénètre dans la zone des forêts ou zone tempérée, qui s'étend de 1500 à 3000 mètres, avec des Chênes et surtout des forêts de Quinquinas. Des buissons de Liliacées, de Composées s'élèvent jusqu'à 3300 mètres, et la région alpine commence à ce moment avec des arbustes spéciaux associés à des Graminées et enfin des Lichens jusqu'à 4800 mètres, où commence la limite des neiges.

Cultures. — Des cultures importantes, comme celles du Café, du Maïs, de la Canne à sucre, des Cocotiers, existent aux Antilles ou dans le Brésil.

La zone des forêts vierges fournit d'importants produits : le Cacao, la Vanille, le Caoutchouc, l'Ipécacuanha; les nombreuses forêts des Andes sont exploitées pour les Quinquinas.

Fig. 439. — Héliconias dans le Pérou.

Région tempérée de l'Amérique du Nord, zone des

Fig. 440. — Forêt de Sequoias gigantesques dans le comté de Calaveras (Californie).

forêts. — L'Amérique du Nord constitue la zone des forêts, qui s'étend depuis la Floride jusqu'au Canada.

Dans la Louisiane, la Floride, où le climat est déjà chaud, on trouve, mélangés aux arbres à feuilles caduques, dont les espèces sont semblables à celles de l'Europe, l'Olivier américain, le Tulipier, les Magnolias, les Palétuviers, les Azaléa, les Palmiers, les Yuccas.

Plus au nord, dans la Pensylvanie, de nombreuses espèces de Châtaigniers, de Noyers, de Chênes, associés au Hêtre

Fig. 441. — Tronc de *Sequoia gigantea.*

rouge ou aux Tulipiers, donnent une grande variété aux forêts. Enfin à la limite septentrionale les Conifères dominent, avec le Sapin blanc, le Pin de Weymouth, les Cyprès.

Dans cette région, qui comprend presque toute l'étendue des États-Unis, les cultures sont les mêmes qu'en Europe, et en outre le Maïs, la Canne à sucre, le Cotonnier y prospèrent; par contre la vigne s'y développe mal.

La Californie, dont le climat est moins froid que celui des États-Unis, présente une flore semblable à celle de la région méditerranéenne. On doit surtout signaler l'abondance des Conifères de haute taille, notamment le *Sequoia gigantea* (fig. 440), dont le tronc atteint parfois une hauteur de 130 à 140 mètres sur une largeur de 10 à 11 mètres (fig. 441).

Prairies. — La région centrale de l'Amérique du Nord forme d'immenses plateaux dans lesquels les cours d'eau se sont creusé des lits étroits et profonds; leur profondeur atteint souvent plusieurs centaines de mètres. Cette région possède un climat analogue à celui des steppes d'Asie, c'est-à-dire un hiver froid, un été chaud et dépourvu de pluies; c'est seulement pendant quelques mois, au printemps, que les pluies favorisent la végétation.

On rencontre alors d'immenses étendues, appelées *prairies*, couvertes de Graminées dont le chaume a de 1 à 3 mètres, qui sont mélangées à des Composées, aux Œnothères, aux Mimosées et surtout aux Cactées (fig. 442). Ce sont ces dernières, Cierges, Opuntia, Mamillaria, qui persistent seules pendant la saison chaude et donnent aux prairies leur aspect spécial. Les Cierges s'élèvent parfois à 16 ou 19 mètres (fig. 443); à ces plantes s'associent, comme dans les steppes, des Chénopodées, des Armoises.

Région tempérée de l'Amérique du Sud. Zone des forêts. — La zone des forêts est peu développée, car elle est confinée dans l'Amérique septentrionale, sur le versant occidental des Andes et sur la Terre-de-Feu.

Le climat de cette région est caractérisé par une excessive humidité : les pluies y sont presque constantes en hiver comme en été. On trouve dans ces forêts des Hêtres (*Fagus antarctica, F. betuloides*), associés à des Laurinées, Magnoliacées et quelques Conifères. Des arbustes tels que des Bruyères, des Epines-Vinettes, des Véroniques accompagnent ces arbres et vivent sous leur couvert.

Pampas. — On nomme *pampas* l'immense étendue de plaines dépourvues de forêts qui s'étend à l'est des Andes, dans toute la région située au sud du Brésil (fig. 444).

Ces plaines dépourvues de cultures offrent d'excellents pâtu-

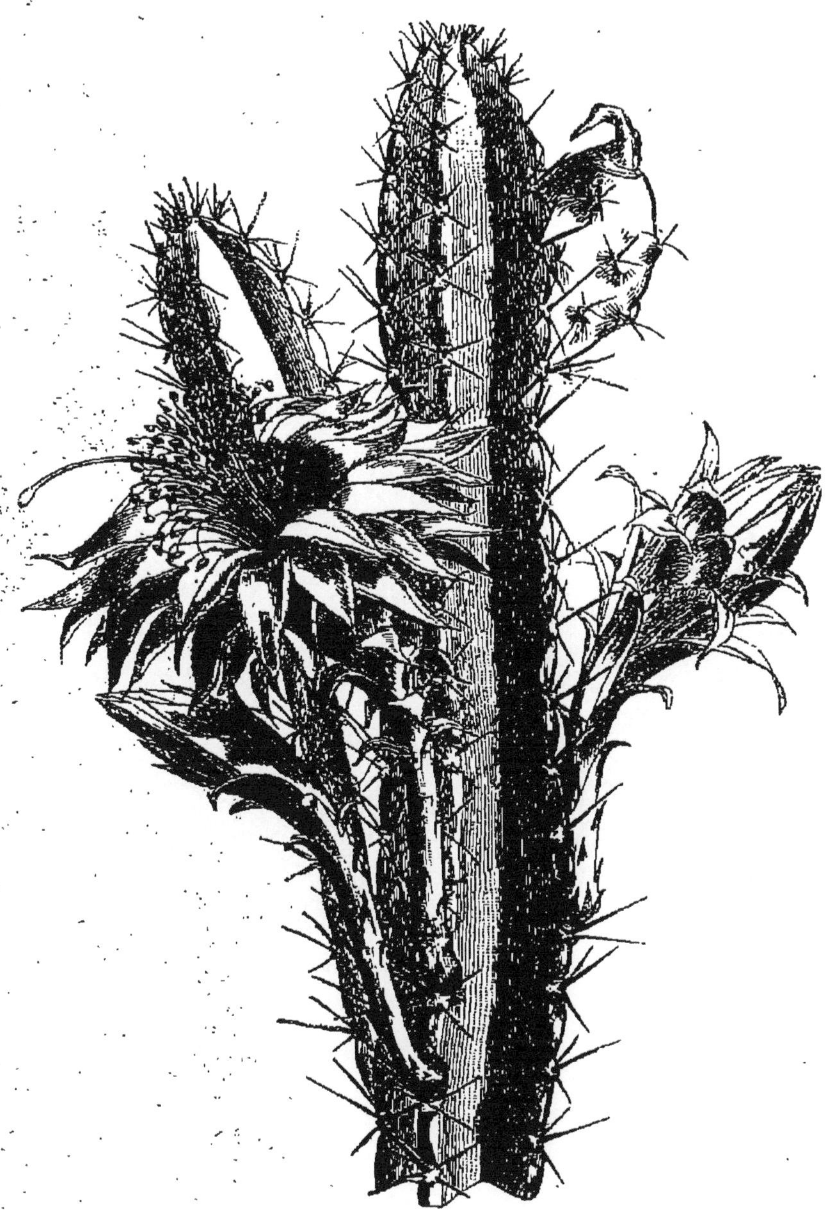

Fig. 442. — Extrémité fleurie d'une Cactée.

rages : aussi l'élevage des bestiaux est-il la principale industrie des habitants. Il constitue une source importante de richesses.

Fig. 443. — Cierges, Opuntias et Dragonnier des *prairies* de l'Amérique du Nord.

Dans la région nord-ouest, les pampas sont formées par des broussailles, des Cactées épaisses; mais la région moyenne est couverte d'un riche tapis de Graminées mélangées à quelques plantes vivaces, sans aucun arbre ni buisson.

La région méridionale est inculte et constitue les

Fig. 444. — Vue de la pampa, dans l'Amérique du Sud.

steppes de la Patagonie, à sol caillouteux présentant des arbustes épineux.

L'importance des pampas comme régions d'élevage est très grande; malheureusement, en certaines parties les Graminées ont disparu, étouffées par quelques plantes introduites d'Europe, notamment par les Chardons, qui couvrent de grands espaces et suppriment la végétation indigène.

Région arctique. — La région arctique, dépourvue de forêts et de cultures, ne se rencontre que dans l'Amérique du Nord; elle présente les mêmes caractères que la région arctique de l'Europe et de l'Asie, déjà étudiée plus haut; mais, à cause des courants froids et des glaces qui descendent du Groenland (voyez la carte de la page 349), cette région a sa limite méridionale à une latitude beaucoup plus basse, puisqu'elle descend au-dessous du 60e degré de latitude, qui passe au nord de l'Écosse.

FIN

TABLE DES MATIÈRES

PREMIÈRE PARTIE

ÉTUDE DE LA PLANTE ET DE SON MODE DE VIE

CHAPITRE I. — Parties dont se compose la plante. — Conditions a remplir pour la faire vivre.

CHAPITRE II. — Racine.

CHAPITRE III. — Tige.

CHAPITRE IV. — Feuille.

CHAPITRE V. — Multiplication des plantes.

CHAPITRE VI. — Manière dont la plante se reproduit ; fleur, fruit, graine.

CHAPITRE VII. — NUTRITION ET DÉVELOPPEMENT DE LA PLANTE.

DEUXIÈME PARTIE

ÉTUDE DES DIFFÉRENTS GROUPES DE PLANTES

CHAPITRE I. — DIFFÉRENTES SORTES DE PLANTES.

CHAPITRE II. — DICOTYLÉDONES.

CHAPITRE III. — DICOTYLÉDONES DIALYPÉTALES.

CHAPITRE IV. — DICOTYLÉDONES APÉTALES.

CHAPITRE V. — Monocotylédones.

CHAPITRE VI. — Gymnospermes.

CHAPITRE VII. — CRYPTOGAMES A RACINES.

CHAPITRE VIII. — CRYPTOGAMES SANS RACINES.

TROISIÈME PARTIE

DISTRIBUTION DES VÉGÉTAUX DANS LES GRANDES RÉGIONS DU GLOBE

CHAPITRE I. — INFLUENCES QUI MODIFIENT LA RÉPARTITION DES VÉGÉTAUX.

CHAPITRE II. — FLORE DES DIVERSES RÉGIONS DU GLOBE.

31 267. — PARIS, IMPRIMERIE LAHURE
9, rue de Fleurus, 9

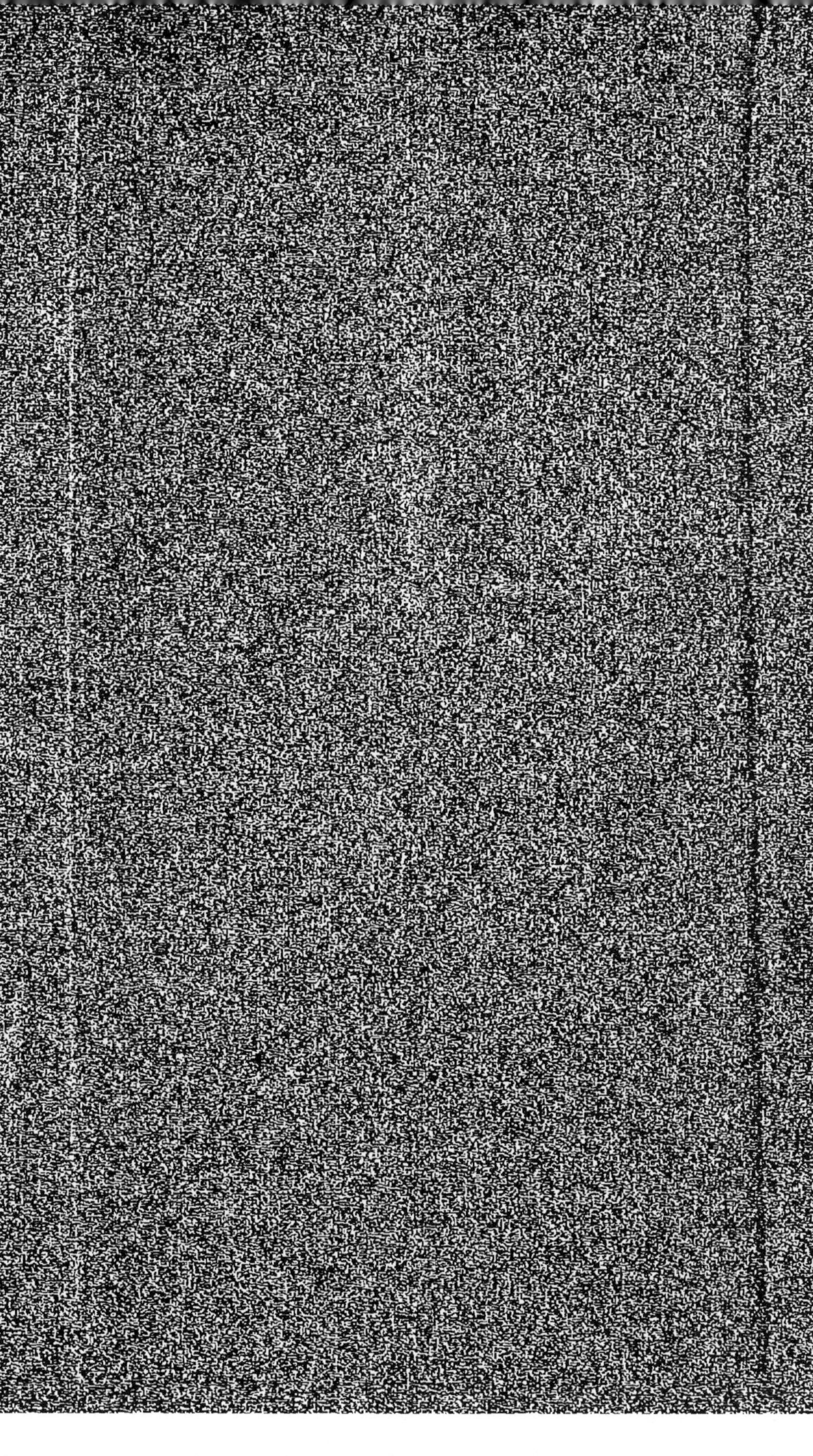

www.ingramcontent.com/pod-product-compliance
Ingram Content Group UK Ltd.
Pitfield, Milton Keynes, MK11 3LW, UK
UKHW012006240726
13965UKWH00001B/197

9 782013 612210